钻井提速工具研发及应用

李 玮 著

科学出版社

北京

内 容 简 介

  本书是针对油气田钻井提速技术需求撰写的，系统介绍了PDC钻头破岩机理及优化设计、提速工具研发及现场应用等内容。本书共包括10章，分别从研究背景、各油田岩石物理及力学性质分析、PDC钻头破岩机理与分析、钻速方程及现场应用、PDC钻头定向双齿设计实践、射吸式冲击器研发、扭力冲击器研发、粒子冲击钻井工具研发、随钻扩眼器研发、套铣钻头优化设计等方面展开论述。本书既有翔实的理论分析，又有大量的试验支撑，是一本凝聚着作者多年研究成果的理论联系实际的专业书籍。

  本书语言通俗易懂，理论知识重点突出且实用性强，图文并茂，是一本可供广大钻井技术人员、管理人员和工作人员使用的参考书，同时又可供钻井科研机构、石油院校科研人员参考。

图书在版编目（CIP）数据

钻井提速工具研发及应用/李玮著. —北京：科学出版社，2024.11
ISBN 978-7-03-077425-5

Ⅰ.①钻…　Ⅱ.①李…　Ⅲ.①油气钻井-钻井工具-研究　Ⅳ.① TE921.07

中国国家版本馆 CIP 数据核字（2024）第 009706 号

责任编辑：吴凡洁　崔元春/责任校对：王萌萌
责任印制：师艳茹/封面设计：赫　健

科 学 出 版 社 出版
北京东黄城根北街 16 号
邮政编码：100717
http://www.sciencep.com

北京市金木堂数码科技有限公司印刷
科学出版社发行　各地新华书店经销
*
2024 年 11 月第 一 版　开本：787×1092　1/16
2024 年 11 月第一次印刷　印张：23 1/4
字数：551 000
定价：298.00 元
（如有印装质量问题，我社负责调换）

前　言

钻井提速是钻井工程永恒的主题。为适应油气田勘探开发日益发展对钻井提速的需求，便于钻井工程科研管理干部、工程技术人员和工作人员开展工作，作者根据自身在钻井提速工具研发方向的实践经验，总结了近十年来的研究成果，历经两年多的时间，撰写了这本《钻井提速工具研发及应用》。

本书撰写的目的是满足石油行业从事钻井工程的各级技术人员的需要。本书着重突出钻头破岩机理和提速工具研发这条主线，面向井下工具研发科研一线，为广大使用者提供一本理论联系实际的专业书。

本书在撰写过程中，得到了中国石油渤海钻探工程技术研究院、吉林油田钻井工艺研究院、大庆钻探工程公司钻井工程技术研究院、冀东油田钻采工艺研究院等单位的支持和帮助。在此，作者表示衷心的感谢。

本书由李玮教授负责全书撰写、统稿和定稿工作。全书共 10 章内容：第 1 章为研究背景；第 2 章为各油田岩石物理及力学性质分析；第 3 章为 PDC 钻头破岩机理与分析；第 4 章为钻速方程及现场应用；第 5 章为 PDC 钻头定向双齿设计实践；第 6 章为射吸式冲击器研发；第 7 章为扭力冲击器研发；第 8 章为粒子冲击钻井工具研发；第 9 章为随钻扩眼器研发；第 10 章为套铣钻头优化设计。

科研团队李思琪、赵欢、徐金超、盖京明、李卓伦、焦生杰、邹林浩、徐兴盛、李英等负责了全书部分章节的审校。

本书由黑龙江省头雁团队——"油田高效开发及智能化创新研究团队"、国家自然科学基金面上项目"万米深井 PDC 钻头冲击破岩机理及提速方法研究"资助完成。

由于当今石油钻井工具研发与应用发展较快，以及作者经验不足、水平有限，本书难免存在不足之处，恳请广大读者多提宝贵意见。同时衷心希望更多感兴趣的同行投入井下工具研究中来，以便产生更多更新的研究成果。

作　者
2024 年 1 月

目　录

第**1**章

绪　论

1.1　我国油气田难钻地层概况

我国油气资源剩余储量丰富，主要包括常规油气、非常规油气、海域油气等几大类。2016 年中国石油天然气集团有限公司（简称中国石油）第四次油气资源评价结果显示，常规油资源储量为 1080.3 亿 t，可采储量为 272.5 亿 t，可采储量占资源储量的比例为 25.2%；致密油资源储量为 125.8 亿 t，可采储量为 12.3 亿 t，可采储量占资源储量的比例为 9.8%；油页岩油资源储量为 533.7 亿 t，可采储量为 131.8 亿 t，可采储量占资源储量的比例为 24.7%；常规气资源储量为 78.4 亿 m^3，可采储量为 48.5 亿 m^3，可采储量占资源储量的比例为 61.9%；致密气资源储量为 21.9 亿 m^3，可采储量为 10.9 亿 m^3，可采储量占资源储量的比例为 50%；页岩气资源储量为 80.2 亿 m^3，可采储量为 12.9 亿 m^3，可采储量占资源储量的比例为 16%。在资源评价数据中，致密油、致密气评价范围不包括济阳山凹陷、东濮凹陷、南襄盆地、苏北盆地等，其他资源类型评价范围均为全国范围[1]。

从我国陆地油气资源分布格局来看，东部老区作为国内石油资源主力产区，浅层和中深层的勘探程度较高，深层及超深层勘探程度很低，具有很大的石油资源潜力；中部地区是天然气富集区，有超过一半的天然气资源量都在深层；西部地区是国内石油产量的主要战略接替区。

我国深层和超深层的石油、天然气分别占总剩余储量的 30%（134.1 亿 t）和 60%（15.24 万亿 m^3），且随着勘探开发深度的增加，深层和超深层石油储量呈现稳步增长的态势。西部地区塔里木盆地、准噶尔盆地和柴达木盆地的石油资源量占全国总资源量的 38%，其中西部地区 73% 的石油资源量在深部地层。东部地区是我国石油的主力产区，其中深部地层尚有 53 亿 t 的石油储量。中部地区（包括陕甘宁、四川两大盆地）是天然气的集中区，但天然气探明率极低，有 52% 的天然气资源量在深部地层。因此，在中浅层油气勘探开发程度日益深入的情况下，深层必然成为中国陆上油气勘探开发的重要方向[2]。

从钻井提速角度来说，我国油气田难钻地层主要是一些岩石强度高、地层坚硬、研磨性强、可钻性差、机械钻速（ROP）低的地层。这些地层分布在浅层、深层、超深层，但总体而言，还是在深层和超深层分布较多[3]。

从地域上来看，这些难钻地层主要分布在塔里木盆地、四川盆地、松辽盆地等地区。这些地区地质条件十分复杂，遭遇诸多世界级钻井技术难题，给"优质、安全、高效"钻井带来很大挑战。

塔里木山前地区作为西气东输的源头，是塔里木油田的重要组成部分。塔里木山前构造主要是指塔里木盆地北部地区天山南缘的山前构造带，该地区地质条件十分复杂，钻井提速难度大。该地区地层岩石硬度大，可钻性极差，泥岩容易剥蚀掉块，导致卡钻；地层研磨性强，钻头难以吃入，钻井速度慢，钻井周期长；地层软硬交互频繁，岩石强度与可钻性差异大，钻头选型困难；砾石含量多，钻头适应性差，单只钻头进尺少，钻井成本高[4]。

四川盆地元坝地区是中国石油化工集团有限公司（简称中国石化）天然气增储上产的重点区域。陆相自流井须家河组砂泥岩研磨性强，分布有砾石层，硬度高，可钻性差，钻头选型困难。其中，雷克组玄武岩地层硬度在2000～5000MPa，可钻性级值为6～10级，给钻井提速带来极大的困难[5]。

松辽盆地深部地层营城组广泛分布着火成岩。火成岩的硬度在704～4648MPa，可钻性级值为5.21～9.88级，该段地层属硬到极硬地层。由于火成岩地层岩石硬度高、研磨性强、可钻性差、岩性非均质强，火成岩钻井提速一直是大庆油田十几年来重点攻关的核心问题之一[6]。

以上三个地区的难钻地层，在我国油气田的难钻地层中极具代表性，存在的钻井提速难题也是世界级的。很多钻井工程师都说："在复杂地质条件下，深井、超深井钻井就是天天在跟一些世界级难题打遭遇战！"例如，中国石化川东北探区就是经常打"遭遇战"的"战区"，这里主要目的层高含硫、高压、高温、高产、埋藏深，地层具有压力系统多、压力窗口窄、稳定性差、可钻性差、倾角大、易斜等特点，钻井工程面临"喷、漏、卡、塌、堵、硬、斜"等诸多技术难题。

1.2 我国超深井钻井概况

2022年，我国原油总消耗量7.12亿t，进口量5.13亿t，对外依存度达到72.05%，超过能源安全红线。这严重威胁国家能源安全，同时对国内油气资源开发提出了前所未有的挑战。随着国家"深地"项目的实施，我国对油气资源勘探开发不断深入，钻探深度逐渐向超深层、特深层发展。未来，特深层中万米埋深的古生界、元古界油气资源将成为我国油气资源战略接替领域之一。

我国对于深井、超深井的定义：完钻井深4500～6000m的直井为深井，6000～9000m的直井为超深井，完钻井深超过9000m的直井为特超深井。我国70%的石油资源埋藏在深部地层，开采难度较大，所以急需发展超深井、特超深井钻井技术，以满足日益增长的开采需求。"十三五"末，我国深井和超深井占我国西部钻井的比例为31%～65%。截至2020年，我国已经钻成井深大于7000m的超深井100余口，已钻成16口井深超过8000m的超深井，其中最深为TS5井，井深9017m。我国已经初步形成9000m特超深井钻探关键技术体系，但是在万米深井钻探技术方面尚未取得实质性进展[7]。

截至2014年底，世界范围内大于6000m的超深层油气藏有104个，大于8000m的超深层油气藏有28个。最深油气田为墨西哥湾深水泰伯（Tiber）油田，埋深10000m，井深 10685m，水深 1259m，温度 126.7℃，压力 137.9MPa。2022 年，全世界已钻成超过 9000m 的特超深井 8 口、超万米特超深井 2 口，其中包括苏联 KL3 井（12262m）、美国泰博探井（10685m）。由此可见，美国及欧洲的万米井钻探技术处于世界领先水平[8]。

我国深井和超深井钻井技术起步较晚，大体经历了三个阶段：第一阶段是 1966～1975 年的起步阶段。1966 年 7 月 28 日我国在大庆油田钻成第一口深井 SJ6 井，井深 4719m。第二阶段是 1976～1985 年的初步发展阶段。1976 年 4 月 30 日在四川地区完成了第一口超深井 NJ 井，井深 6011m。第三阶段是 1986 年至今的规模应用阶段。20 世纪 90 年代以来，国内各大石油公司、科研单位、高等院校重点针对塔里木盆地、川东地区深层油气勘探进行了复杂地质条件下深井、超深井钻井技术联合攻关，大大提高了深井超深井钻井技术水平。

2006 年 7 月 12 日，中国石化西北油田分公司部署的 TS1 井成功钻至井深 8408m，被誉为当时陆地上"亚洲第一深井"，该井的钻探对于在塔里木盆地寻找古生界大型原生油气藏具有十分重大的意义。

2016 年 3 月 6 日，中国石化在四川盆地川东北地区的一口重点探井——MS1 井，完钻井深 8418m，创亚洲第一超深钻井纪录。该井位所处构造带地质状况复杂，需要分别钻遇陆相地层、海相地层，难度在国内罕见。

2018 年 9 月 20 日，中国石化西北油田分公司 SBP1 井完钻井深 8450m，成为当时亚洲陆上第一深井，一举创下亚洲陆上钻井的井深、录井、电成像测井、常规测井、完井、取心的最深纪录，标志着我国地球物理勘探、油藏精细描述、钻完井等技术和工艺迈上新台阶。

2019 年 2 月 19 日，位于新疆塔里木盆地西北油田的 SBY1 井，完钻井深 8588m，打破了 2 月 14 日 SB5-5H 井完钻井深 8520m 的纪录，创亚洲陆上钻井最深纪录，标志着我国已掌握世界先进的超深井钻井技术。

2020 年 1 月 19 日，位于新疆阿克苏地区库车市境内的中国石油风险探井 LT1 井，完钻井深 8882m。该井井深超过了珠穆朗玛峰的海拔，成为当时亚洲陆上第一深井的同时，更标志着塔里木盆地寒武盐下超深层勘探取得重大突破，证实在塔里木盆地 8200m 以深地层中依然发育原生油藏和优质储盖组合。

2021 年 11 月，TS5 井是中国石化部署在塔里木盆地塔河油田主体老区的一口预探井，完钻井深 9017m。该井克服了可钻性差、高温、超深井取心收获率低等技术难题，刷新亚洲陆上直井最深纪录。

近年来，随着工艺技术的不断完善，我国在超深井机械钻速、钻井周期等方面都取得了很大进步。2010 年在塔里木油田轮南、塔中、哈得等区块完成一口 8000m 左右的深井，钻井周期一般为 50～60 天。而在 15 年前，类似井的钻井周期一般需要一年以上。然而，我国超深井钻井技术与国外先进水平依然有着不小的差距，井下工具及测量仪器方面与国外先进水平差距更大。

现代钻井技术已不单单是构建油气通道，而是成为提高勘探发现率、开发采收率的技术，其整体朝着更深、更快、更便宜、更清洁、更安全、更智能及信息化、集成化、自动化方向发展，目标是降低"吨油成本"，实现效益最大化，全方位支持油气勘探开发。

超深井钻井技术在今后较长时期内将是我国实施油气资源战略、提高勘探开发效益的重要技术支持手段。它的发展趋势主要是：

（1）向集成化、信息化、智能化、自动化方向发展。深化复杂地质条件下深井、超深井钻井技术，开发具有更深钻探能力、更高自动化程度、更符合健康-安全-环境（health，safety and environment，HSE）要求的深井、超深井钻机和井下工具，以及实时测量工具，向信息化、集成化、自动化闭环钻井技术发展。

（2）向有利于提高油气采收率方向发展。加强已成熟特殊工艺井技术，包括定向井、水平井、丛式井、大位移井、欠平衡钻井、气体钻井技术等在深井、超深井钻井中的应用和发展，实现对油气资源的高效勘探与开发。

（3）向高效破岩技术方向发展。目前旋转钻井仍是油气勘探开发广泛应用的钻井方式，超高压水射流、空化射流、旋冲钻井、导向钻井、垂直钻井、气体钻井等新技术的应用，提高了破岩效率，而激光钻井、熔融钻井等钻井技术的研究则为石油钻井提供了新的破岩方式，以期大幅度提高破岩效率，提升钻进速度。

1.3 高效破岩技术概况

在油气田开发日益深入的今天，高效破岩技术一直是安全、快速钻井的基本保障之一。破岩效率直接决定着钻井速度和成本，更决定着钻井工程的经济效益。下面将简要介绍当前常用的各种高效破岩技术。

1.3.1 钻头

钻井的目的在于破碎岩石形成井筒。钻头是破碎井底岩石的主体。就当前技术现状而言，没有钻头就无法进行钻井。钻头工作的岩体内部环境十分复杂。作用在井底岩石上的力，除钻压（WOB）、扭转剪切力外，还有上覆岩层压力、钻井液液柱压力及地层孔隙压力等。因此，要达到破碎岩石获得进尺的目的，不仅需要选择高质量的钻头，还必须使钻头施加于岩石上的载荷超过岩石的硬度、强度等限值。所以，钻头十分重要，是钻井技术研究的重要方向。

常用的钻头主要有刮刀钻头、牙轮钻头、聚晶复合片金刚石（PDC）钻头、金刚石钻头等。当前PDC钻头在油田现场使用最为普遍，占整个钻头使用量的三分之二以上。

1. 刮刀钻头

刮刀钻头是旋转钻井历史上最早普遍应用的一种钻头，其结构简单、制造方便，在泥岩和页岩等软地层中可以得到高的机械钻速和钻头进尺，在钻遇较硬地层或软硬交错硬夹层时，钻头吃入困难，钻井效率低。刮刀钻头有多种类型，其中两刀翼的称作两刮刀钻头或鱼尾刮刀钻头，三刀翼的称作三刮刀钻头，四刀翼的称作四刮刀钻头，如图1-1所示。

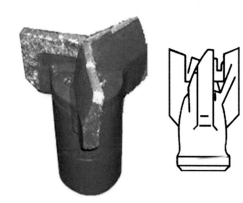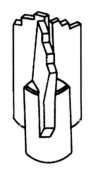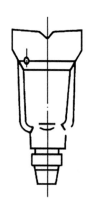

图 1-1　刮刀钻头及其示意图

刮刀钻头刀翼背部的合理几何形状应满足等强度条件。刀翼底部有平底、正阶梯和反阶梯等几种形状，如图 1-2 所示。平底刮刀钻头形成的井底只有一个裸露自由面，而阶梯刮刀钻头（阶梯数一般取两阶梯和三阶梯）形成的井底自由面较多。因此，在功率一定的情况下，阶梯刮刀钻头机械钻速比平底刮刀钻头要快。就阶梯刮刀钻头而言，正、反阶梯刮刀钻头的实际钻进效果也是不同的。正阶梯刮刀钻头易磨成锥形，引起钻头缩径，重新下钻时必须进行划眼，不利于提高钻速。反阶梯刮刀钻头虽然在一定程度上能够解决缩径问题，但整钻严重，有时甚至把"外阶"整断。反锥刮刀钻头是根据反阶梯的优点设计的，不仅能较好地保持钻头直径，而且由于锥形井底对钻头的扶正而具有防斜作用。

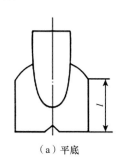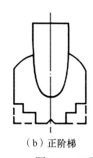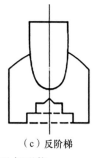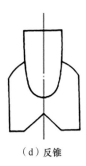

（a）平底　　　　　　（b）正阶梯　　　　　　（c）反阶梯　　　　　　（d）反锥

图 1-2　刀翼底部几何形状

当前，刮刀钻头在油气钻井中已经不再使用。但是，刮刀钻头作为钻头历史上承上启下的一个钻头类型，在旋转钻井初期起到了十分重要的作用。当前，应用最为广泛的 PDC 钻头，就是在刮刀钻头的基础之上发展起来的。

2. 牙轮钻头

牙轮钻头是石油天然气钻井中主要的机械破岩工具之一，其工作性能直接影响钻进速度和钻井成本。在 2000 年前后的二十年里，牙轮钻头是石油钻井中使用最多、适应性最强的钻头。即使到今天，牙轮钻头依然有很多井下应用场合。

牙轮钻头的结构主要包括钻头体、巴掌、牙轮、牙齿、喷嘴等部分。按钻头上牙轮的个数可将牙轮钻头分为单牙轮钻头、两牙轮钻头、三牙轮钻头和四牙轮钻头，其中使用最多的是三牙轮钻头。

牙齿是牙轮钻头破碎岩石的主要元件，对于牙齿的基本要求是破岩效率高、寿命长。牙轮钻头的牙齿有铣齿（也称钢齿）和硬质合金齿（简称镶齿）两大类，如图1-3所示。硬质合金齿是用碳化钨粉末冶金的方法压制、烧结而成，如图1-4所示。硬质合金齿的底部都是圆柱体，它是镶入牙轮壳体的齿孔部分。硬质合金齿的齿形对钻头的进尺和机械钻速有很大的影响，而确定齿形的依据是岩性，同时要考虑齿本身的强度、材料性质及镶装的要求等。目前国内外常用的硬质合金齿齿形大致有楔形齿、锥形齿、三棱形齿、球形齿、勺形齿、平顶形齿、斜楔形齿等几种。

（a）铣齿牙轮钻头　　　　　　（b）镶齿牙轮钻头

图1-3　铣齿牙轮钻头和硬质合金齿牙轮钻头

图1-4　碳化钨硬质合金齿

钻头水眼是在钻头体的适当位置开出的孔道，与钻头体内腔流道相连通，构成了钻井液由钻杆内部进入井底的通路。喷射钻井需要在钻头水眼处安装硬质合金喷嘴，且对与水眼有关的钻头结构有特殊的要求，即钻头体内腔流道应使钻井液流动时阻力最小；喷嘴形状应有较好的射流特性（流量系数大、等速核长）；可以根据水力设计要求，选用和更换喷嘴；水眼的布置（喷射方向、水眼位置的高低、数量等）要有利于清除岩屑。

牙轮钻头在井底对岩石的破碎作用是与其运动规律紧密相关的。牙轮钻头的牙轮运动过程是复合运动，既有自转，又有公转。实际上，钻头及牙轮的圆周运动，使得钻头轮齿在不断进行着单齿与双齿交替接触井底的变化，致使轮轴轴心位置不断地升高和降低，由此轮轴和整个钻头随着牙轮的滚动过程就产生了垂直于井底平面的纵向振动，这种纵向振动造成了轮齿的动压入作用。

牙轮钻头的破岩方式以冲击和压碎作用为主。钻进时，钻头上承受的钻压经牙轮作用在岩石上。岩石承受的压力除静载以外还有冲击载荷，这是由于钻头的纵向振动产生的。实际钻进过程中井下情况十分复杂，冲击载荷很难进行精确计算。实践表明，井底振动除有单双齿交替接触井底所引起的较高频率振动外还有低频率、振幅较大的振动，这是由井底不平引起的。

牙轮钻头工作时所产生的冲击载荷虽有利于破碎岩石，但是也会使钻头轴承过早损坏，使轮齿特别是硬质合金齿崩碎，使钻柱处于不利的工作条件，因此在钻进中，特别是钻硬岩层时要使用减震器，以减少冲击载荷的影响。

为了提高牙轮钻头对中硬岩层和软岩层的破碎效率，除了要求牙齿对井底岩石有压碎、冲击作用外，还要求其有一定的剪切作用。剪切作用主要是通过牙轮在井底滚动的同时还产生轮齿对井底岩石的滑动来实现的。产生滑动的主要因素有三个，即超顶、复锥和移轴，如图 1-5 所示。当牙轮锥顶不与钻头轴线重合时就会有滑动产生。实际上，对于钻极软到中硬地层的钻头，一般是兼有移轴、超顶和复锥的；对于中硬或硬地层，一部分钻头有超顶和复锥；对于极硬和研磨性很强的地层，所用的钻头是纯滚动而无滑动的，即单锥、不超顶、不移轴设计。

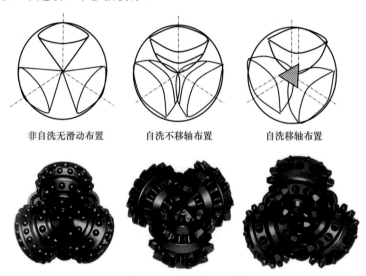

非自洗无滑动布置　　　　自洗不移轴布置　　　　自洗移轴布置

图 1-5　牙轮的布置方案

3. PDC 钻头

20 世纪 80 年代，PDC 钻头问世。PDC 钻头能显著提高钻井效率，从投入使用到现在已经 40 余年，得到了国内外各油田的广泛应用。

聚晶金刚石是经过筛选的人造金刚石微晶体在高温高压下烧结而成的复合材料，是继人造金刚石单晶之后发展起来的新型超硬材料，具有金刚石高硬度、高耐磨性和硬质合金韧性好的优异性能，可以单独作为破岩切削单元。实践表明，PDC 钻头在钻进时具有钻速快、效率高、寿命长等优势，大大降低了钻井的综合成本和成孔周期，取得了明显的经济效益。

PDC 钻头结构包括钻头体、刀翼、切削齿、水眼等，如图 1-6 所示。其结构设计参数包括切削结构参数和水力结构参数。切削结构参数包括冠部形状、切削齿空间结构参数、切削齿分布、刀翼数量与结构、保径结构等，水力结构参数包括喷嘴数量与尺寸、喷嘴空间结构参数、流道结构与尺寸。

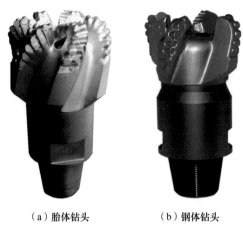

（a）胎体钻头　　　　　　（b）钢体钻头

图 1-6　PDC 钻头结构

PDC 钻头的设计思路包括：对 PDC 齿的岩石切削机理进行深入研究，力争获得最佳的机械钻速；对影响钻头工作稳定性的因素进行精确分析，通过 PDC 齿切削结构的数据模型设计，力求对地层具有更强的攻击力；采用最新结构的 PDC 齿，提高钻头的研磨性和抗冲击能力。

PDC 钻头的设计原则主要包括：

（1）力平衡设计。降低钻头径向和轴向振动，提高 PDC 齿切削效率和钻头机械钻速。

（2）能量平衡设计。均匀分布 PDC 齿载荷，将 PDC 齿受破坏的可能性降到最低。

（3）硬夹层钻进设计。降低冲击载荷，增加钻头的稳定性，提高钻头过夹层的切削效率。

（4）保径设计。改善工作面的稳定性，降低钻头振动。

PDC 钻头性能直接关系到钻井效率，改进钻头往往能起到事半功倍的效果，对于水平井、深井、超深井尤为如此。国内外石油公司和油服公司高度重视 PDC 钻头技术的改进和创新，其中切削齿的改进和创新是 PDC 钻头技术发展的主攻方向之一。材质的持续改进，提高了 PDC 切削齿的性能；形状和结构的创新，实现了 PDC 切削齿的多样化，非平面切削齿、活动式切削齿、个性化复合片等新型 PDC 切削齿层出不穷。

近年来，国内外持续推出新型切削齿及新型布齿方式的 PDC 钻头，这些切削齿以高破岩效率、个性化的设计方法，以及针对不同目标地层与传统切削齿复合片结合使用，往往能起到意想不到的使用效果。2015 年，为了解决常规 PDC 钻头在页岩气田极具挑战性的层状结构中钻进时机械钻速低、过渡地层钻进不稳定的问题，史密斯（Smith）公司提出了 StingBlade 系列金刚石锥形齿钻头[9]，如图 1-7 所示。这种锥形齿钻头运用犁耕和剪切的联合破岩机理更有效地破碎高抗压强度地层，并能明显减小定向钻进时的扭矩波动，从而更好地控制工作面。锥形齿与常规齿配合，形成多种创新切削结构。

图 1-7　StingBlade 系列金刚石锥形齿钻头

2014 年，阿特拉（Ulterra）公司提出 CounterForce 系列 PDC 钻头 [9]，该钻头将 PDC 切削齿复合片互成角度布置，将单齿切削模式转为双齿联合破岩模式，促使岩石裂纹扩展。通过抑制横向振动将机械能重定向到地层，实现横向振动辅助破岩，使钻头从实质上控制井底，并获得抓地力和稳定性，从而减小钻头振动造成的复合片损伤。CounterForce 钻头创造性地采用复合片定向技术，是 PDC 钻头设计技术上的一次飞跃性进步。

从上述调研可以发现，PDC 钻头的发展非常迅猛，新型 PDC 钻头层出不穷，PDC 钻头的发展不仅在加工制造工艺，还集中在切削齿形态创新、切削齿布齿创新、钻头的个性化设计等多个方面。从创新角度来看，目前我国的钻头创新性研究远少于国外，大多数情况下国内开展相关研究时国外已有应用。PDC 钻头技术在各方面日趋完善，但仍需进一步提高，开发出性能和质量更加优良的 PDC 钻头，以满足深井、超深井、大位移井和非常规油气开发的需要。

1.3.2　钻井参数强化钻井

钻井参数很大程度上影响各种地层的钻井机械钻速。所以，在现场实钻中，钻井参数调节是一项重要工作。

钻井参数可分为固定参数和可调控参数两大类。固定参数主要指地层参数，地层可钻性，地层对钻压、转速、水力参数和钻井液参数的敏感指数，以及地温梯度、地层化学组分对钻井液的适应性等。可调控参数主要指钻进中的机械破岩参数、水力参数、钻井液性能和流变参数三类大参数。具体地说，机械破岩参数指钻头类型、钻压与转速；水力参数指泵型选择、泵压、排量和水眼组合；钻井液性能和流变参数指钻井液体系、密度、初切力、流失学模式、流变参数。所有的可调控参数的优选都应以地层固定参数为依据。

影响 PDC 钻头机械钻速的主要因素为岩石力学参数、机械破岩参数、水力参数。对于相同的地层，岩石抗压强度越高，岩石研磨性越大，岩石可钻性级值越大，PDC 钻头的机械钻速越小。

在井底充分净化的前提下，钻压与机械钻速几乎呈线性关系，如图 1-8 所示，但岩石强度不同，机械钻速随钻压变化速率也不同。随钻压增大，PDC 钻头切削齿吃入深度增加，切削岩屑增多，机械钻速增加；随钻压增大，井底岩石岩性由脆性向塑性转化，有利于切削，机械钻速增加；随抗压强度增加，机械钻速随钻压增加速度降低，相同钻压条件下，机械钻速大幅下降。

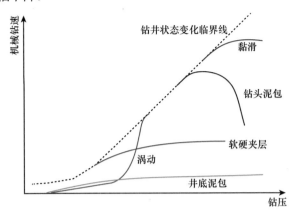

图1-8　不同情况下钻压与机械钻速关系图

钻头水力参数对机械钻速也有很大影响，机械钻速与钻头水功率呈线性关系，井底压差增大，岩屑的压持效应明显，PDC钻头机械钻速随井底压差增大呈下降趋势。

当前，国内油气勘探业务量大、任务重，对勘探开发工程技术的要求越来越高，为实现油气增储上产，钻井提速提效是大势所趋，也是发展的必由之路，而钻井参数强化是提高机械钻速的一项重要的基础工作[10]。在北美页岩气水平井钻井提速上，钻井参数采用大钻压、大排量、大扭矩、高泵压、高转速（简称"三大两高"）的措施，在提高机械钻速、保证携砂效果、降低井下复杂事故等方面作用显著，配合工厂化钻井、高造斜率旋转导向钻井系统和个性化技术，可使水平井平均钻井周期锐减40%以上。

在不断探索与实践中，国内钻井提速取得了较好成绩，其中川渝页岩气水平井钻井提速成效显著[11]。通过推行"三大两高"钻井参数强化钻井，规模应用精细控压、"预分法"防碰、"一趟钻"等优快钻井技术，深井、水平井平均建井周期分别缩短28%、20%。中国石油集团渤海钻探工程有限公司基于循环压耗、岩屑运移、钻柱受力、波动压力等参数，建立了6种计算模型，采用"三大两高"极限参数。在GY1-1-9H井进行现场试验，破岩效率提高了61.2%，运移效率提高了16.8%，射流水功率和冲击力提高了36%，综合机械钻速提高了58.57%。

威远页岩气创新建立以强化参数为核心，即"三大两高两低"，配套旋转导向等5项高效钻井工具、52MPa高压管汇等8项钻井装备，保障实现极限钻井，成为页岩气新一轮提速的主体技术，2018～2020年机械钻速提高30%以上，如图1-9所示。

但与国际先进水平相比，国内钻井参数的提升速度还极为缓慢，整体偏低，主要是设备整体性能、钻井工具、工艺流程等因素制约了钻井提速。当前，我国钻井硬件设备适应性不理想已成为限制钻井参数强化的关键因素之一，主要是钻井装备、地面设备及钻井工具本身规格型号不匹配、长期服役硬件老化及相关易损配件质量未满足要求等，导致钻井参数难以强化或强参数工况下硬件较难保证长时间正常运行。

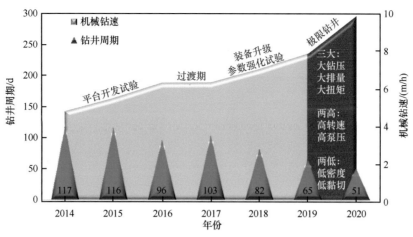

图 1-9 威远页岩气历年钻井提速发展阶段

1.3.3 螺杆钻具

目前国内外广泛使用的井下动力钻具是涡轮钻具和螺杆钻具。螺杆钻具是用油基泥浆、浮化泥浆及黏土泥浆等作动力液，是一种把液体压力能转换为机械能的容积式井下动力钻具，如图 1-10 所示。当泥浆泵产生的高压泥浆流经旁通阀进入马达时，转子在压力泥浆的驱动下绕定子的轴线旋转，马达产生的扭矩和转速通过万向轴和传动轴传递给钻头，从而实现钻井作业。

图 1-10 螺杆钻具结构

螺杆钻具主要由旁通阀总成、马达总成、万向轴总成、传动轴总成四部分组成。旁通阀总成部件主要由阀体、阀芯、阀套、弹簧、阀口总成组成，它的作用是在下钻时，允许环空（钻杆与井壁的环形空间）的泥浆由旁通阀阀体侧面的阀口孔流向钻杆内孔，起钻时使钻杆内孔的泥浆从阀体侧面的阀口流入环空（图 1-11），起到起、下钻时不致使泥浆溢于井台上，以及保护马达的作用。

马达总成由转子和定子两部分组成，如图 1-12 所示。转子表面有镀有耐磨材料的钢制螺杆，其上端是自由端，下端与万向轴相连。定子包括钢制外筒和硫化在外筒内壁的橡胶衬套，橡胶衬套内孔为一个螺旋曲面的型腔。定子与转子之间形成若干个密封腔，在泥浆动力作用下，密封腔不断形成与消失，完成能量交换从而推动转子在定子中旋转。马

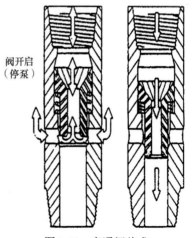

图 1-11 旁通阀总成

11

达可形成几个密封腔就称几级马达。

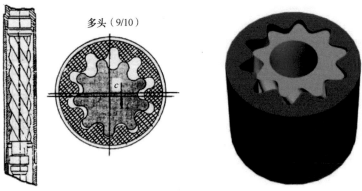

图 1-12　马达总成

9/10-转子螺纹线头数与定子螺纹线头数比；c-偏心距

万向轴总成位于转子下端，其作用是把马达产生的扭矩和转速传递到传动轴上。对其的要求是具有较好的挠性功能，才能实现把转子的偏心运动转换成传动轴的定轴转动。因此，一般万向轴采用万向瓣形和柔性轴形式，如图 1-13 所示。

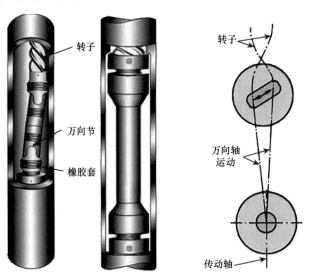

图 1-13　万向轴总成

水平钻井中，一般在传动轴壳体上带有稳定器。中曲率造斜时，为保证造斜率，往往要压缩万向轴壳体弯点至钻头的距离，轴向尺寸较小。传动轴总成是螺杆钻具最易损坏的部位，井底环境恶劣，轴承组负荷重，且为幅度很大的交变载荷，很容易造成滚珠、滚道磨损，甚至碎裂。

螺杆钻具的使用效果和使用时间与螺杆钻具的选型、现场工况及操作人员的使用密切相关。因此，在螺杆钻具使用前，井场技术人员和司钻应该首先了解螺杆钻具的结构原理和使用参数，并按使用手册的要求合理使用螺杆钻具。

螺杆钻具适于牙轮和 PDC，长度短、压降相对低（3～7MPa）、转速相对稳定（受输出扭矩的影响较小)、操作较方便,但对油基钻井液敏感,不适于高密度钻井液;橡胶定子与钢芯转子在高密度及泥浆净化不好条件下易磨损,随着间隙的增大,输出转速和扭矩下降;橡胶存放时间长了会老化;橡胶定子耐高温性差,超深井钻井作业存在一定的局限性。

螺杆钻具的提速机理包括以下几点[12]:螺杆钻具质量的不断提高,使得其可以很好地发挥 PDC 钻头在钻进时的效能,靠井下马达直接驱动钻头破岩钻进,所以其动力损失较小,极大地优化了工具在井下的工作状态;直螺杆+PDC 钻头配合钟摆钻具在高陡地层中使用,钻压小,机械钻速快,降斜防斜效果明显。

国内的螺杆钻具产品主要占据中低端市场,使用寿命一般为120～200h,马达初始整机效率低于 45%,且在工作 50～80h 后,整机效率衰减严重;国外的螺杆钻具的马达定子橡胶研制和线型设计水平较高,其同类产品使用寿命可达 300h 以上,马达初始整机效率为 55% 左右,工作过程中整机效率可以保持在 48% 以上,所以国外产品可以大幅减少起下钻次数,缩短钻井周期,提高钻井经济效益。

我国塔里木盆地、四川盆地、准噶尔盆地的油气埋存深度大,井底温度高,需要使用抗高温螺杆钻具。X-treme 抗高温等壁厚螺杆是贝克休斯(Baker Hughes)公司为满足钻井对螺杆高性能、高可靠性要求而设计,具有耐高温、大扭矩、长寿命、可适应大部分钻井液体系等优点[13]。其最大的特点是采用了耐高温橡胶的等壁厚马达,该马达定子采用预定制特定断面形状的钢制外壳,然后进行注胶形成薄且等厚的橡胶层,并且传动轴总成采用 PDC 圆柱推力轴承,其可靠的材质及更小的接触应力能够保证推力轴承承受更恶劣的钻压环境和坚硬的地层。

抗高温螺杆+PDC 钻头钻井技术质量可靠、性能稳定、机械钻速高,可有效降低井下事故,能够在研磨性强、坚硬、可钻性差的地层进行有效钻井。对软到中硬地层的适应性很好。

抗高温螺杆+PDC 钻头钻井技术在哈拉哈塘区块的应用情况如附表 1-1 所示。应用表明,抗高温螺杆+PDC 钻井技术在哈拉哈塘区块的提速效果十分显著。在二开上部井段的平均机械钻速达到了 16.46m/h,行程钻速达到了 11.76m/h,相对于邻井同井段使用的常规螺杆,平均机械钻速提高了 62.33%,平均行程钻速提高了 45.99%。

1.3.4　涡轮钻具

在硬地层钻井中,涡轮钻具以其独特的优势有着广泛的应用。运用涡轮钻具钻井具有明显提高机械钻速,改善井身质量,以及安全、快速、优质、经济的特点。涡轮钻具主要包括常规涡轮钻具和减速器涡轮钻具,根据井型又分为导向涡轮钻具和直涡轮钻具。常规涡轮钻具配合 PDC 钻头和孕镶式金刚石钻头。减速器涡轮钻具配合牙轮钻头和 PDC 钻头。

常规涡轮钻具主要由涡轮节和径向轴承构成,如图 1-14 所示。涡轮节主要由壳体、转子、定子和涡轮轴组成,其作用是将高压流体的水力能转换成驱动钻头的机械能。径向轴承的主要作用是承受轴向力,并将动力平稳地传递给钻头。

减速器涡轮钻具主要由径向轴承、减速器和涡轮节 3 部分组成,如图 1-14～图 1-17

所以。这 3 部分可分开，之间由螺纹连接。涡轮钻具的动力源是涡轮节，涡轮节在工作时具有扭矩较小、转速较高的特点，但这样的性能输出对钻井作业不够理想。

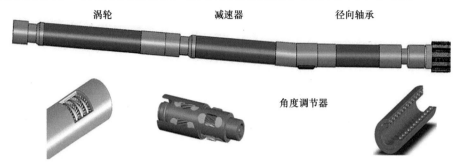

图 1-14　涡轮钻具结构图

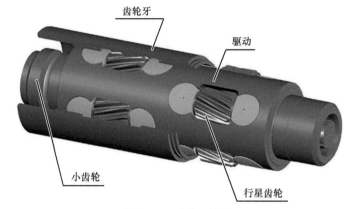

图 1-15　减速器总成

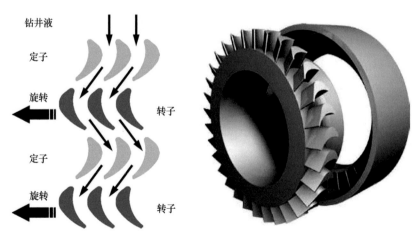

图 1-16　定子与转子

减速器总成主要由行星齿轮、止推轴承、密封系统等组成，其主要作用是将涡轮钻具的高转速通过一定减速比的减速齿轮进行降低，同时将其扭矩按照相应的减速比提高，以满足牙轮钻头和 PDC 钻头的转速及驱动需要。

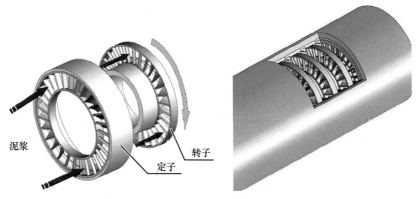

图 1-17　涡轮节总成

　　减速器涡轮钻具没有橡胶元件是其最大优势，在存放的时候不会受到时间限制，不会有损坏，它的工作温度区间为 150～250℃；涡轮钻具+孕镶式金刚石钻头在钻进过程中钻到坚硬的地层时，不会像牙轮钻头那样将小部件掉落；钻出形状规则的井眼，很好地防止了在起下钻时出现的井眼不规则问题；减少了井眼发生问题的概率；偏差控制得很好，这是由于涡轮钻具+孕镶式金刚石钻头钻具组合的刚度、高转数及低钻压。

　　我国涡轮钻具的研发与使用起步较晚，但发展迅速，国内在涡轮钻具的设计、制造、试验等方面都具有一定的技术基础，但也存在着诸多问题，如效率太低、寿命太短、单级涡轮输出力矩太小、整机尺寸过长等，难以满足现代钻井工艺的要求。

　　由于涡轮钻具的实际应用效果转好，世界各国也越来越重视对涡轮钻具的研究，并且有些国家已取得了巨大的成就，研制出了不同用途、不同规格的涡轮钻具。其中最具代表性的是美国 Smith 公司的涡轮钻具和俄罗斯的涡轮钻具[14]。他们均已掌握了涡轮钻具研制开发的成熟技术。近年来，我国在四川地区引进使用了 Smith 公司的高速涡轮钻具，在钻井中体现出良好的工程效果和经济效益，但是由于国外公司的垄断，他们收取巨额的涡轮钻井服务费，涡轮钻井的经济性与常规钻井相比无明显优势。

　　涡轮钻具+孕镶式金刚石钻头在遇到具有复杂地质问题的地层，如遇到有高倾角和断层的地层，以及与牙轮地层不匹配的地层时，或者在岩石强度变化范围大的坚硬地层中，孕镶钻头的效果明显好于硬齿合金钻头，因此涡轮钻具配合孕镶式金刚石钻头对深部高温坚硬难钻地层提速效果显著，适应性良好。

　　涡轮钻具+孕镶式金刚石钻头在哈拉哈塘区块 H6-1 井第二次开钻和 H9-1 井第二次开钻（ϕ241.3mm）下部地层进行应用，应用井段区间为 5642～6169m，应用情况见表 1-1。

表 1-1　涡轮钻具+孕镶式金刚石钻头钻井在哈拉哈塘区块应用情况

井号	井段/m	进尺/m	钻头	邻井	机械钻速			行程钻速		
					本井/(m/h)	邻井/(m/h)	提高比/%	本井/(m/h)	邻井/(m/h)	提高比/%
H6-1	5799～6113	314	MDI51	H601-2	4.17	1.63	156	2.34	1	134
	6113～6169	56	MSI61		2.09	1.84	14	0.6	1.16	−48

续表

井号	井段/m	进尺/m	钻头	邻井	机械钻速			行程钻速		
					本井/(m/h)	邻井/(m/h)	提高比/%	本井/(m/h)	邻井/(m/h)	提高比/%
H9-1	5642~5712	70	FM365	H601-11	2.29	1.5	53	0.97	1.11	−13
	5712~6008	296	FM365		4.12	2.44	69	2.47	1.99	24
平均					3.17	1.85	71.35	1.595	1.315	21.29

由表 1-1 可见，在哈拉哈塘区块应用涡轮钻具+孕镶式金刚石钻头提速工具的平均机械钻速为 3.17m/h，邻井同井段平均机械钻速为 1.85m/h，提高比为 71.35%；平均行程钻速为 1.595m/h，邻井同井段平均行程钻速为 1.315m/h，提高比为 21.29%。

1.3.5 液动冲击器

20 世纪 60 年代以来，苏联、中国、美国、德国、挪威等众多国家对旋转冲击钻井技术进行了大量研究，并在油气勘探开发中进行诸多应用，试验结果表明：旋转冲击钻井技术能够在硬地层中大幅度提高机械钻速，提高机械钻速幅度达 20%~300%。

这个时期的旋转冲击液动冲击器主要是轴力液动冲击器。这种轴力液动冲击器的优点包括：

（1）大大提高硬岩破岩效果，提高钻井速度，节省钻进时间，降低钻井成本；

（2）可防止钻进过程中的井斜问题；

（3）减少钻铤数量及钻柱弯曲，改善钻井工艺参数。

我国液动冲击器技术的发展有两大基本特点：首先，发展较早，早在 20 世纪 50 年代就开始仿照苏联做了相关的研究；其次，技术比较发达，许多科研单位和高校根据自己的需求研制出了不同的液动冲击器。

1966 年以前，地质部勘探技术研究所（现称为中国地质调查局勘探技术研究所）就设计出了 YZ-1 型和 YZ-2 型两种正作用液动冲击器，随后在 1983 年又研制出了一系列 YZ 型液动冲击器，其冲击功为 4.9~13.9J，冲击器频率为 16~34Hz。1982 年，冶金工业部第一冶金地质勘探公司探矿技术研究所设计制造出了 TK-56 型正作用液动冲击器。同年河北省地矿局综合研究地质大队研制出 ZF-56 型正作用液动冲击器，并且投入使用，效果良好。ZF-56 型正作用液动冲击器的工作参数：泵压范围 0.49~3.4MPa，工作流量 40~60L/min，冲击功 7.5~23J，工作频率 20~45Hz。赵洪激和董家梅[15]论述了阀式反作用液动冲击器的工作原理，提出了计算冲击频率和冲击力的方法。要使冲击器的功能尽可能发挥出来，可以增大冲锤弹簧的刚度或者增大钻井液的排量。

长期以来，国内外学者、专家、工程师针对轴力液动冲击器进行了一系列的研发改进，但最终能在现场推广应用的屈指可数。归其原因，主要有以下几个方面[16,17]：

（1）工具的使用寿命较低，一般都在 80h 以内。这个工作时间无法与钻头寿命匹配，进而大大限制了工具的现场推广。

（2）换向弹簧较早断裂，无法达到 1500 万次的稳定振动，弹簧断裂工具失效。

（3）阀开关的接触面、流道变截面处（如入口、出口）易发生冲蚀等，过早造成工具失效。

（4）密封件（主要是活塞环上）、运动副（活塞与缸套之间）的磨损也较易造成活塞上下窜液，降低压降，从而使冲击钻具失效。

按照冲锤冲击力的作用方向，液动冲击器可以分为轴力冲击器和扭力冲击器，具体情况如图 1-18 所示。

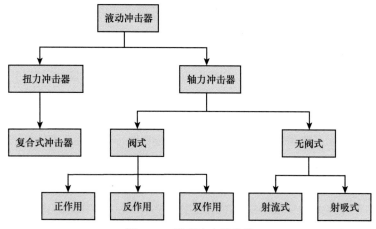

图 1-18　液动冲击器分类

液动冲击器研发起步早，发展速度快，类型多，主要有阀式、射流式和射吸式等。其中阀式又包括正作用、反作用和双作用冲击器。2000 年后，随着扭力冲击器的出现，冲击器的类型进一步完善。由于扭力冲击器配套 PDC 钻头应用成功，2010 年后，国内专家学者大量研发了多种类型的冲击器，其中包括旋扭冲击器、三维冲击器等。国内专家学者逐渐地将轴力冲击器和扭力冲击器结合起来，发展出来功能丰富的复合式冲击器。

液动冲击钻井技术是在钻头上部安装一个液动冲击器，在钻进过程中，依靠高压液流驱动冲击器所产生的高频冲击力不断地施加给钻头，以达到破碎坚硬岩石的效果。液动冲击钻井技术与传统旋转钻井技术相比，更好地利用了坚硬岩石脆性大，而抗剪强度较低、不耐冲击的弱点，且在钻进时只需施加较小的钻压来压持钻头，故能有效地解决坚硬岩层和某些复杂岩层钻探过程中机械钻速慢的问题。

液动冲击钻井相比传统旋转钻井具有很多优点。液动冲击钻井在采矿、地质勘探等方面应用较广，效果也很显著，特别是在硬质地层中能人幅度提高机械钻速。在油气钻井行业，液动冲击钻井经过几十年的发展，取得了一定成果，研制出各种各样的液动冲击器，并进行了相应的现场试验。但是，由于冲击器工作环境恶劣，要实现现场大规模应用，其工作寿命还有待延长，特别是在深井。各种液动冲击器简介如附表 1-2 所示。

液动冲击钻井技术的核心工具是液动冲击器。液动冲击器的主要结构包括配水机构、换向机构、冲锤机构和复位机构。钻井过程中，由于井下钻具工作环境恶劣，温度压力高，同时含有丰富的固体颗粒，这些工况加上钻井工具本身的运动特性和振动，对井下工具的加工材料要求比较高，若井下工具在材质和性能上不能满足要求，容易损坏构件和运动部件。阀式液动冲击器在井下的工作寿命有待延长，稳定性还有待提高，也有待研制出新的结构简单的冲击器。射流式冲击器的工作压降有待降低,射流元件的寿命也需要延长。东北石油大学高效钻井破岩技术研究室在液动冲击器、水力振荡轴向冲击器、高频低幅轴向冲击器等轴向冲击器方面进行了深入研究。

旋冲钻井技术就是在旋转钻井的基础上,再增加一个由冲击器产生的高频冲击作用,使钻头承受周期性的冲击载荷。旋冲钻井属于井下动力钻井的一种钻井方法,它是由冲击载荷与静压旋转联合作用破碎岩石。旋冲钻井技术的核心部件是轴向液动冲击器,其工作原理是在钻头上端安装一个冲击器,钻进过程中,由高压气体或钻井液驱动的冲击器所产生的高频冲击力不断施加给钻头,从而实现旋转钻井与冲击钻井相结合。

在旋冲钻进过程中,钻头除受到旋转钻井过程中的静载荷和动载荷外,轴向冲击器还对钻头施加一个高频的冲击载荷,这样岩石产生形变所需的时间缩短,变形速度增大,被冲击点还来不及对作用力重新分配,应力变化很快接近或超过强度极限,使岩石脆性增加、塑性下降。硬度超高的岩石抗压强度高、脆性大,受到交变冲击载荷后,岩石中裂缝扩展,强度降低,容易破碎形成坑穴和产生剪切体,有利于产生体积破碎。

1.3.6 扭力冲击器

扭力冲击钻井技术主要依靠扭力冲击器配合 PDC 钻头来实现。一方面,扭力冲击器可以消除井下钻头运动时可能出现的一种或多种振动(横向、纵向和扭向)的现象,使整个钻柱的扭矩保持稳定和平衡。另一方面,扭力冲击器把钻井液的能量转换成扭向的、高频的、均匀稳定的机械冲击能量并直接传递给 PDC 钻头,使钻头和井底始终保持连续性。扭力冲击器不仅可以显著提高钻井速度,而且可以有效减少或消除硬地层钻井过程中的钻头无序有害振动,保护钻头,延长钻头寿命。

扭力冲击器产生高频周向振动,瞬时周向线速度非常大,常规 PDC 钻头并不能很好地发挥此工具的工作特性,甚至会快速失效。这就要求 PDC 钻头具有非常高的抗冲击性能和良好的耐磨性。胎体形状、布齿方式、布齿数目、齿的选材与形态(直径、仰角等)都需要进行全新设计。在这方面,Ulterra 公司在专用 PDC 钻头设计方面走在了世界前列,应用效果很好。

2000 年,加拿大的 Ulterra 公司第一次提出了扭力冲击钻井的设想,并成功研制了液压式和涡轮式扭力冲击器,并且将其命名为 TorkBuster,如图 1-19 所示。该工具已经大量投入现场应用[13,16,18]。在艾伯塔(Alberta)的卡罗林(Caroline)油田钻了一个定向井,一次钻进 3050m,节约成本 185000 美元。该工具在中国各大油田也投入了现场应用。附表 1-3 为 TorkBuster 扭力冲击器在中国的主要应用。

图 1-19 Ulterra 公司研制的 TorkBuster 扭力冲击器

后续有很多公司和研究机构对 TorkBuster 扭力冲击器进行了改造。哈里伯顿

（Halliburton）公司研制的旋转冲击装置，由砧座、冲击块、叶轮、涡轮头四个部分组成。冲击块通过连接轴连接分体式结构，转动惯量小，相同频率时冲击能量小。Halliburton 公司的旋转冲击装置采用钻井液直接驱动，不存在涡轮或螺杆等驱动部件，可靠性高。

东北石油大学高效钻井破岩技术研究室成功研制了近钻头谐振冲击器[19]和扭力冲击器[20,21]。如图 1-20 所示，扭力冲击器结构简单，只有液动锤和换向器两个活动件，能够很好地适应深井高温、高压、钻井液密度大等各种复杂工况。当前，该工具在塔里木油田、大庆油田、吉林油田、华北油田等多个油田进行了现场应用。40 多口井的现场试验结果表明，该工具提速效果在一倍以上。

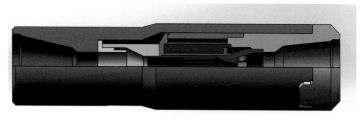

图 1-20　东北石油大学研制的扭力冲击器

扭力冲击器配合 PDC 钻头钻井工艺具有以下优点：①它以冲击破碎为主，剪切地层为辅，可在保证井深的前提下提高机械钻速。将钻井液的能量转变成扭向高频均匀稳定的冲击能量直接传递给钻头，使钻头始终与井底保持连续。②消除钻头"卡–滑"现象，减少反冲扭力，延长了钻头的使用寿命。③减弱了钻柱的扭力振荡，降低下部钻具组合的疲劳程度。

由附表 1-3 可知，扭力冲击器与 PDC 钻头配合在坚硬地层、软硬交错地层、泥质岩含量高的塑性地层、砂砾岩地层、研磨性强和可钻性差的地层都有较好的提速效果，适应范围较广，对于直井、定向井都有较好的适应性。在南海深部地层定向井中，扭力冲击器+PDC 钻头+随钻测井（LWD）防卡–滑效果明显，机械钻速提高 20%以上，扭力冲击器很好地解决了深部地层机械钻速慢的问题，并且可以与 LWD 工具配合在定向井中使用。

由表 1-2 可知，扭力冲击提速工具对哈拉哈塘地区二叠系—奥陶系适应性良好，提速效果显著。在二开下部井段平均机械钻速达到 4.27m/h。与邻井同井段相比，机械钻速提高 165%，克服了其他钻井技术不能克服的二叠系极其坚硬的玄武岩钻进难题，突破了提速瓶颈，大部分井实现从二叠系二趟钻完二开，最大单趟的进尺达到了 827.9m。扭力冲击器缩短了建井周期，消除了黏滑现象，保证了井底钻柱的安全。

表 1-2　扭力冲击提速工具在哈拉哈塘区块应用情况

井号	井段/m	进尺/m	钻头	邻井	机械钻速			节约时间/d
					本井/(m/h)	邻井/(m/h)	提高比/%	
H11-4	5448～6155	707	U513M	H13	4.06	1.72	136	14.59
H11-4	6194～6634	440	U513M	H13	4.11	1.76	134	8.78

续表

井号	井段/m	进尺/m	钻头	邻井	机械钻速			节约时间/d
					本井/(m/h)	邻井/(m/h)	提高比/%	
H802-1	5636~6638.5	1002.5	MT1355CS	H8	3.76	1.44	161	22.7
H13-2	5487~6649	1162	U513M	H13-1	5.16	1.51	242	36.35
平均		827.9			4.27	1.61	165	20.6

1.3.7 水力振荡器

在水平井钻井过程中存在诸多难题。在滑动钻井过程中,钻具摩阻大,造成的钻头加压困难、机械钻速低、井眼轨迹调控困难等问题十分突出。因此,滑动钻井过程,如何克服水平井段摩阻扭矩的问题已经成为水平井安全快速钻井的技术瓶颈。

轴向振动减阻工具可以带动相邻的钻杆和井下工具产生有效的连续轴向振动,并且具有一定的有效传播范围,打破了原先的静摩擦状态,使之转化为动摩擦状态,为解决摩阻难题提供了一种可行的手段。国内外研究者在工具研发的基础上继续分析了轴向振动对摩擦力的影响规律,并研究相关配套工艺技术。通过建立轴向振动减阻模拟试验装置及管柱轴向振动模型等方法,结合试验和理论结果研究振动减阻工具的振动参数(频率、振幅和激振力幅值等),以及钻井工况参数(钻井液黏度、井斜角等)和工具安放位置对减阻效果的影响规律,为轴向激振减阻配套工艺技术发展提供理论依据,指导减阻工具的合理使用。

轴向振动减阻工具中最具代表性的是水力振荡器。该工具在井底钻具进行定向钻进或滑动钻井时应用效果明显,降低了滑动钻井时黏附卡钻、托压的可能性,可施加小钻压钻进,减少因反扭矩而使工具面失控的情况,有效提高了机械效率。另外,可以有效地传递钻压,既可以与牙轮钻头配合也可以与 PDC 钻头一起使用,对钻头齿或轴承无冲击损坏,提高钻头的定向能力和钻头滑动钻井能力,显著提高机械效率。轻微振动井下钻具组合,改善了钻柱与井壁之间的摩擦条件,减少了黏附卡钻、压差卡钻的可能性,不会损坏 MWD(随钻测量)/LWD 工具或滋扰信号传达,减少横向振动和扭矩波动,位于 MWD/LWD 上部或下部皆可。水力振荡器的使用为滑动钻井减小摩擦阻力提供了明显有效的手段。

水力振荡器主要由振荡短节(图 1-21)、动力总成、阀门和轴承系统等部分组成。工具的动力总成是由 1:2 头的马达组成,马达转子的下端固定一个阀片,钻井液通过动力部分时,驱动转子转动,由于马达的特性,转子末端阀片(即动阀片)在一个平面上往复运动。动阀片的下端装有一个定阀片,动阀片和定阀片紧密配合,由于转子的转动,两个阀片过流面积周期性交替变换,从而引起上部钻井液压力发生变化。

图 1-21 水力振荡器振荡短节

由水力振荡器产生的上部钻井液压力变化作用在振荡短节内在的活塞上,由于压力时大时小,短节的活塞就在压力和弹簧的双重作用下在轴向上往复运动,从而使水力振荡器上下的钻具在井眼产生轴向的往复运动。钻具在井底暂时的静摩擦变成动摩擦,摩擦阻力大大降低。因此,水力振荡器可以有效减少因井眼轨迹而产生的钻具拖拉现象,保证钻压有效传递。

水力振荡器产生的振动是温和的振动,不会对钻头或其他钻具产生破坏,振动振幅为 1/8～3/8in[①],振动加速度小于 3g。工作频率和通过工具的流量呈线性关系,频率范围为 11～20Hz,具体见附表 1-4。制约水力振荡器寿命的主要部件是其动力总成,水力振荡器的寿命与螺杆钻具相当。

水力振荡器适用于直井、定向井、水平井的钻进,与 PDC 钻头和牙轮钻头可以很好地兼容,可以和螺杆钻具配合使用来提速。美国国民油井华高(NOV)公司生产的水力振荡器在大港油田六间房区块应用,平均机械钻速提高了 211.2%,百米定向次数下降了49.51%,滑动钻井进尺比例下降了 65.52%。

在苏里格气田鄂尔多斯盆地伊陕斜坡苏 5 区块,应用 4.75in 水力振荡器,如表 1-3所示,完成井深 6183m 的 S5-3-16H1 井水平段长度 2606m 的钻进,机械钻速提高 91%。

表 1-3　4.75in 水力振荡器作业参数及其他要求

项目	参数
钻压/t	4～16
工作排量范围/(L/s)	9.5～17
马达上部丝扣	3.5in API IF Box
马达下部丝扣	3.5in API IF Pin
最高耐温/℃	150
泥浆含砂量/%	≤0.5
铁矿粉	禁用
盐酸	禁用
泥浆漏失材料	若为坚壳类,其颗粒度中型以下

注: IF 表示内平接头; Box 表示母扣; Pin 表示公扣。

应用水力振荡器的成果如下:摩阻、扭矩大大减小,托压大大缓解,钻速明显提高;与邻井同井段相比,滑动钻速提高 100%,平均钻速提高 91%;使用后期,因考虑井下安全,需要控制钻速;最后实钻水平段长度超过设计 106m(总长 2606m)。

1.3.8　射吸式冲击器

射吸式冲击器是轴力冲击器中无阀式液动冲击器的一种类型,其结构简单,便于使用,运动部件较少,液流在腔体内部流动时阻力较小,并且易于维护,使用寿命长。

刘国经等[22,23]对射吸式冲击器进行了深入研究,研发了射吸式冲击器阀控机构、芯阀射吸式液压潜孔锤、蓄能式液压潜孔锤和芯阀蓄能式液压潜等。射吸式冲击器的主要

① 1in=2.54cm。

结构部件包括：上接头、下接头、外壳短接、阀套、射流活塞、冲锤、砧子等，具体如图 1-22 所示。

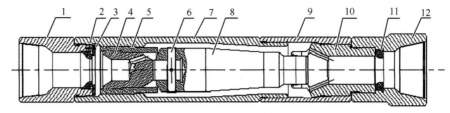

图 1-22 射吸式冲击器结构示意图

1-上接头；2-上喷嘴；3-垫圈；4-射流活塞；5-阀套；6-锁死横梁；7-外壳短接；

8-冲锤；9-外壳下短接；10-砧子；11-下喷嘴；12-下接头

射吸式冲击器的工作原理主要是利用压力液流流过喷嘴时的卷吸作用和阀控液压随动系统的力与位移综合的反馈关系，使阀与活塞的上下腔产生交变压差，推动活塞往复运动，以冲击和振动两种方式输出能量。该工具所使用的驱动动力介质为液体介质，可为泥浆、水、油等，能利用井场现有条件。射吸式冲击器可提高钻进速度及对坚硬岩层的穿透率（ROP），减少钻压，降低钻具旋转速度。射吸式冲击器的性能指标见表 1-4。

表 1-4 射吸式冲击器工作性能表

项目	参数值	
冲锤质量/kg	6	10
钻孔直径/mm	59～76	59～76
冲击器外径/mm	53 或 55	
工作流量/(L/min)	80～140	100～160
工作泵压/(kg/cm²)	20～45	20～50
工作背压/(kg/cm²)	0～50	0～50
压力降/(kg/cm²)	10～20	15～25
单次冲击功/(kgf·m)	0.5～2	1～4
频率/(次/min)	2000～4000	1500～3000
长度/mm	1270	1770
总质量/kg	18	25

注：1kgf=9.806 65N。

射吸式冲击器研发成功后，首先在地矿行业中得到了推广应用，其综合性能明显优于阀式冲击器。该工具与阀式冲击器的区别如下：

（1）操作简单。阀式冲击器工作不稳定，作业过程经常需要更换配件。射吸式冲击器结构简单，更换零件较少，仅需一个三通阀门就可以开始工作。

（2）稳定性好。射吸式冲击器在一定流量下便可开启工作，且流量越大，冲击功与频率也越大，压力和流量的调节幅度也比较大。阀式冲击器必须使用回水阀调节水量，泵量过大与过小都会影响冲击器工作，且回水阀易于损坏。

（3）零件易损性。射吸式冲击器结构简单，无弹簧装置，运动构件少，因而对密封性能要求较低，便于设计成小口径，在相同条件下更容易产生高频率的冲击波，其长度较短，质量较轻。阀式冲击器结构复杂，密封要求高，特别是存在三根弹簧，容易产生疲劳破坏，使用寿命较短。

（4）振动。射吸式冲击器由于喷嘴隔离了活塞上下腔之间压力变化剧烈的区域，使得喷嘴上管路中的压力变化较小，冲击器振动幅度小，工作稳定。相对于阀式正作用冲击器，射吸式冲击器避免了阀门突然关闭产生的强烈冲击水压，这种高压水冲击波会沿着管路系统传递，从而引起冲击器强烈振动。

（5）液能利用。射吸式冲击器的冲锤撞击砧子时，冲锤具有最大的末速度，可以得到较大的冲击力。阀式正冲击器的液能利用较少，在自由行程时间，活塞主要靠惯性移动，活塞还需要压缩冲锤的回动弹簧，当达到冲击砧子的位置时，回动弹簧的反作用力会强烈地抵消冲锤向下的冲击力。

东北石油大学高效钻井破岩技术研究室成功研制了射吸式冲击器[24]。由于其具备上述优点，不仅在地质勘探、水文水井等领域使用具有良好效果，而且在石油钻井、地热钻井、科学深钻等领域应用具有巨大发展潜力。

本章附表

附表 1-1 抗高温螺杆+PDC 钻头钻井技术在哈拉哈塘区块的应用情况

井号	井段/m	进尺/m	对比邻井	机械钻速/(m/h)			行程钻速/(m/h)		
				本井	邻井	提高比/%	本井	邻井	提高比/%
H8-1	1756～5275	3518.5	H801	10.9	9.6	13.54	9.64	5.81	65.92
H7-8	1584～5261	3678	H7-2	13.96	11.97	16.62	10.05	9.42	6.7
H7-6	1534～5692	4158	H701	11.54	7.82	47.57	8.88	6.15	44.39
H13-4	1535～5428	3893	RP7	17.3	9.07	90.74	11.87	8.11	46.36
H7-16	1540～3477	1937	H7-4	32.83	32.89	−0.18	19.27	18.3	5.3
	3477～5236	1759		11.42	7.97	43.29	8.97	7.16	25.28
H13-12	1525～5398	3873	H13	26.6	9.99	166.3	15.56	8.3	87.5
H13-18	1500～4453	2953	H13	29	9.99	190.29	16.87	8.3	103
H802-1	1500～5636	4136	H802	14.64	10.18	43.81	11.21	7.6	47.5
H601-22	1535～5218	3683	H601-1	16.08	9.81	63.91	13.2	7.67	72.1
H10-3	1530～4905	3375	H10	25.76	10.02	157.1	12.74	7.86	62.09
平均		3360.32		19.09	11.76	62.33	12.57	8.61	45.99

附表 1-2 液动冲击器简介

名称	类型	工作原理	工作介质	结构特点	应用情况
旋冲工具	轴力冲击	涡轮驱动螺杆驱动	清水、钻井液	结构复杂，耐振能力弱	已推广应用，使用量不大
正作用	轴力冲击	弹簧驱动水击效应	清水、钻井液	结构简单，性能可靠，寿命短	地矿中已应用
反作用	轴力冲击	弹簧驱动水击效应	清水、钻井液	结构简单，冲击频率低	无推广应用
双作用	轴力冲击	弹簧驱动水击效应	清水、钻井液	结构简单，性能可靠，冲击频率高，密封环节较多并且要求高	地矿中已应用，在石油钻井中试验过
射流式	轴力冲击	附壁射流	清水、钻井液	性能可靠，对钻井液净化要求高，射流元件易损坏，寿命短	地矿中已应用，在石油钻井已应用
射吸式	轴力冲击	射流卷吸水击效应	清水、钻井液	结构简单，工作稳定性差，泵压高	地矿中已应用，在石油钻井试验过

附表 1-3 TorkBuster 扭力冲击器在中国的主要应用

地区	地质	问题	钻具组合	现场试验
玉门鸭儿峡油田	志留系埋藏深，岩性致密坚硬、研磨性强，可钻性差	黏滑现象严重	PDC 钻头+扭力冲击器 PDC 钻头+螺杆钻具	使用扭力冲击器比使用螺杆钻具机械钻速提高 179%，创出玉门鸭儿峡油田机械钻速为 3.97m/s 的最高纪录

续表

地区	地质	问题	钻具组合	现场试验
玉北地区	岩石强度大，泥质岩含量高，塑性强，可钻性较差	钻头泥包和黏滑现象严重	Ulterra 公司 U513MPDC 钻头+清洁液的钻井液	与常规技术相比，平均机械钻速提高 130.77%
			PDC 钻头+螺杆钻具	与常规技术相比，平均机械钻速提高 30.8%，但螺杆寿命短
			孕镶式金刚石钻头+涡轮钻具	与常规技术相比，综合钻井成本降低 30%
庆深气田	致密砂砾岩储层定向井，岩石可钻性差，摩阻扭矩高	黏滑现象严重，小尺寸钻具易弯曲，钻压不能过大	PDC 钻头+扭力冲击器+螺杆导向钻具	与常规技术相比机械钻速提高 88.48%，缩短钻井时间 11.21d
南海深部地层	灰色泥岩与粉砂岩、含砂岩和中砂岩互层，可钻性差、钻头憋跳严重	黏滑现象严重	扭力冲击器+PDC 钻头	机械钻速提高 20% 以上

附表 1-4　水力振荡器结构和工作参数

工具尺寸/in	总长/ft	质量/lbs	推荐流量范围/(gal/min)	温度/℃	工作频率/Hz	工作产生压差/psi	最大拉力/lbs
4 3/4	9	310	150～270	150	18～19（250gal/min）	550～650	354000
6 3/4	9	1000	400～600	150	16～17（500gal/min）	600～700	693000
8	11	1600	500～1000	150	16（900gal/min）	600～700	990000
9 5/8	12 1/2	2000	600～1000	150	12～13（900gal/min）	500～700	1260000

注：1ft=3.048×10⁻¹m；1lbs（磅）=0.4536kg；1gal/min=3.785L/min；1psi=6.89476×10³Pa。

第2章

各油田岩石物理及力学性质分析

2.1 岩石的物理性质

岩石的物理性质是指由岩石固有的物质组成和结构特征所决定的密度、孔隙度等基本属性。岩石的密度是指单位体积岩石的质量，单位为kg/m^3。岩石是由固相、液相和气相组成的，三相物质在岩石中所占的比例不同，矿物岩屑成分不同，密度也会发生变化。根据岩石试样的含水情况不同，岩石的密度可以分为天然密度、干密度和饱和密度，一般未说明含水状态时的密度是指天然密度。

如图2-1所示，以松北高台子、扶余油层两大层系的三肇地区、长垣南、龙虎泡、齐家高台子四个区块为例，分析地层岩石的密度，深度分布在1579.75～2231.38m。岩样的岩性主要为泥质粉砂岩和粉砂质泥岩。岩样的密度分布在2.4～2.56g/cm³，密度均值为2.50g/cm³。龙虎泡地区岩心密度平均值为2.56g/cm³，密度最高，齐家高台子地区密度最低。

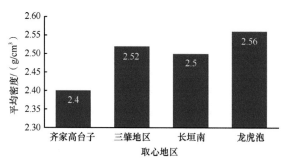

图2-1　各地区岩心平均密度

为了分析国内油田相同深度地层岩石密度分布特征，进一步调研了国内某些盆地部分构造密度随深度的分布情况，具体如表2-1所示。

表2-1　国内各油田盆地密度分布

深度/m	密度/(g/cm³)						
	塔里木盆地		莺–琼盆地		准噶尔盆地霍尔果斯背斜	海拉尔盆地贝尔凹陷苏德尔特构造带	松辽盆地方正断陷
	大宛齐构造	克拉苏构造	东方构造	乐东构造			
1300	2.43	2.47	2.12	2.09	2.42	2	2.32
1600	2.47	2.50	2.16	2.13	2.53	2.25	2.35

续表

深度/m	密度/(g/cm³)						
	塔里木盆地		莺–琼盆地		准噶尔盆地霍尔果斯背斜	海拉尔盆地贝尔凹陷苏德尔特构造带	松辽盆地方正断陷
	大宛齐构造	克拉苏构造	东方构造	乐东构造			
1800	2.49	2.51	2.18	2.15	2.5	2.5	2.44
2000	2.51	2.51	2.21	2.18	2.47	2.55	2.33
2500	2.54	2.53	2.27	2.24	2.41	2.61	2.52
平均值	2.49	2.50	2.19	2.16	2.47	2.38	2.43

对比 5 个盆地共 7 个构造相应深度的岩石密度，其中盆地分布在我国油田中具有一定的普遍性。表 2-1 中列举了深度在 1300～2500m 的各盆地构造岩石密度，密度分布均值在 2.16～2.50g/cm³，其中莺–琼盆地乐东构造的密度均值最小，为 2.16g/cm³，塔里木盆地克拉苏构造的密度均值最大，为 2.50g/cm³。5 个盆地 7 个构造的密度平均值为 2.37g/cm³。测试岩样为致密砂岩，其平均密度为 2.51g/cm³，大于表 2-1 中各盆地的平均密度。致密砂岩的力学特性主要表现出较大的脆性。

岩石的结构和构造特征决定了岩石的非均质性、各向异性和裂隙性。岩石的非均质性、各向异性和裂隙性是岩石材料区别于其他力学材料最突出的结构特征。岩石的非均质性和各向异性影响岩石的力学特性。测试岩样中，部分岩样内部含有裂纹，这会影响岩样的力学性质。

岩石的非均质性是表征岩石物理力学性质随空间变化的一种性质。岩石组成物质的粒度、圆度等性质的非均质性决定了岩石的非均质性。岩浆岩中的晶体颗粒，有的小到显微镜也难观察到，有的达到数十厘米；沉积岩中，有的粒度小到几微米，如石灰岩、泥岩和粉砂岩中的微细颗粒，也有的粒度达数十厘米，如砾岩中的粗大颗粒。同一地点同一种岩石，矿物或岩屑颗粒的尺寸往往也相差很大。一般来说，在其他条件相同的情况下，岩石组成物质的颗粒越细小、岩石越致密、颗粒大小越均匀一致，则其力学性质越均匀。

岩石的各向异性是由其生成条件决定的。岩浆在运移、冷凝成岩过程中，会使片状、板状、柱状矿物做定向排列，形成典型的流纹结构、流线结构和流层结构等。岩石在变质作用过程中，会使原岩中那些本来没有明显方向性排列的片状、板状、柱状矿物，重新做定向排列，或者新产生的一些变质矿物做定向发育，形成片状、片麻状构造。从统计角度分析，有两种情况，一种是如前所述具有定向排列，岩石表现为各向异性；另一种是岩石中的各种矿物都是沿着各个不同方向均匀排列，这样即使岩石含有某些具有明显软弱面的矿物，但是从统计角度来看，软弱面在各个方向上出现的概率是相同的，这就使得软弱面的作用在各个方向上分散了，因此，从宏观角度来看，可以把岩石近似地看作均质体。

2.2 岩石的强度及变形特性

2.2.1 岩石的强度特性

岩石强度是指岩石试件在载荷作用下开始破坏时承受的最大应力（强度极限）及应力和破坏之间的关系，它反映了岩石承受各种载荷的特性及岩石抵抗破坏的能力和破坏的规律。岩石强度不仅取决于岩石的性质，还取决于与内部应力有关的量。例如，岩石强度随外力的性质（静载荷和动载荷）及加载方式而变化，故拉伸、压缩、剪切的强度相差甚远，单向压缩、双向压缩、三轴压缩强度也相差很大。

岩石的单轴抗压强度 σ_c 是指岩石在单轴压力作用下达到破坏的极限强度，在数值上等于破坏时的最大压应力。根据大量单轴抗压强度试验的测试结果，对岩石的单轴抗压强度等级进行分类，具体如表 2-2 所示。

表 2-2　岩石的单轴抗压强度等级分类

类别	岩石分类	σ_c/MPa	岩石类型举例
A	极高强度	>200	石英、辉长岩、玄武岩
B	高强度	100～200	大理岩、花岗岩、片麻岩
C	中等强度	50～100	砂岩、板岩
D	低强度	25～50	煤、粉砂岩、片岩
E	极低强度	1～25	白垩、盐岩

岩石的抗拉强度是指岩石在单轴拉力作用下达到破坏的极限强度，在数值上等于破坏时的最大拉应力。由于岩石是一种具有许多微裂隙的介质，在进行抗拉强度试验时，岩石试件的加工环境和试验环境的易变性，使得在实验室对岩石抗拉强度的获取比对抗压强度的获取困难得多，获取方法分为直接法和间接法两种。

岩石抗剪强度是指岩石抵抗剪切破坏（滑动）的能力，是岩石力学需要研究的岩石最重要的特性之一，往往比抗压强度和抗拉强度更有意义。岩石抗剪强度可用内聚力和内摩擦角表示。

内聚力是指由分子引力引起的物体中相同组成的各部分倾向于聚合在一起的力，又叫黏聚力或凝聚力。对于岩石，内聚力主要是岩石中相邻矿物颗粒表面上的分子（或原子核粒子）相互直接吸引而成。在有效应力情况下，将总抗剪强度扣除摩擦强度，即得到内聚力。内聚力是破坏面没有任何正应力作用下的抗剪强度。不同岩石的内聚力大小差别极大。

内摩擦角是岩石破坏时极限平衡剪切面上的正应力和内摩擦力形成的合力与该正应力之间的夹角，可以反映该种岩石内摩擦力的大小。内摩擦角越大，内摩擦力越大，所以它是反映岩石破坏时力学特性的重要指标。此外，一般坚硬岩石的内摩擦角比软岩石大，也就是说，内摩擦角越小，岩石的强度越小。几种常见岩石的内摩擦角和内聚力的一般变化范围见表 2-3。

表 2-3　几种常见岩石的内摩擦角、内聚力参考值

岩石名称	内聚力/MPa	内摩擦角 $\phi/(°)$
花岗岩	14~15	45~60
玄武岩	20~60	50~55
石灰岩	10~50	35~50
砂岩	8~40	35~50
页岩	3~30	20~35

2.2.2　岩石的变形特性

岩石在载荷作用下，首先发生的物理现象就是变形，并且随着载荷的不断增加和作用时间的增长，最终会发生破坏。岩石在载荷作用下的变形可表现为弹性、韧性和流变变形，而且其变形与所受应力状态有关。同一种岩石在不同受力状态下可能会有完全不同的变形特征。

通过岩石的变形试验，可对岩石的变形特征进行全面深入的了解。根据由变形试验绘制的应力–应变曲线，可对岩石的变形特征进行分析研究。岩石的变形试验分为单轴和三轴试验。米勒（Miller）根据对 28 种岩石进行的单轴试验结果，将其应力–应变（σ-ε）曲线划分成六种类型，如图 2-2 所示。

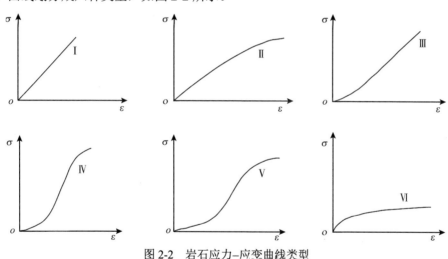

图 2-2　岩石应力–应变曲线类型

（1）弹性类型。应力–应变曲线为直线或近似直线，直到试件发生突然破坏为止，塑性变形不明显。例如，玄武岩、石英岩、白云岩和极硬的石灰岩。

（2）弹塑性类型。这类岩石在应力较小时其应力–应变曲线近似于直线，当载荷增加到一定值后，应力–应变曲线向下弯曲，原因在于在高应力下岩石内部形成微裂隙和部分破坏，随着载荷的增加，曲线斜率逐渐变小直到破坏，如较软的石灰岩、泥岩和凝灰岩等。

（3）塑弹性类型。这类岩石在应力较低时，应力–应变曲线略向上弯曲。原因是岩石在应力作用下其张开裂缝或原微裂缝闭合。当载荷增加到一定值后，应力–应变曲线

逐渐变直，直到发生破坏。例如，砂岩、花岗岩、片岩和辉绿岩等。

（4）塑弹塑性Ⅰ类。这类岩石在应力较小时应力–应变曲线向上弯曲，原因是对于塑弹塑性类岩石，当载荷增加到一定值后，其变形曲线呈直线，最后曲线向下弯曲，并形成 S 形。例如，变质岩中的大理岩、片麻岩等。

（5）塑弹塑性Ⅱ类。这类岩石基本上与塑弹塑性Ⅰ类相同，也是 S 形，但曲线斜率变化较平缓。一般发生在压塑性较高的岩石中，如片岩等。

（6）弹塑蠕变类型。该类应力–应变曲线与岩盐类似。开始有很小的一段直线部分，然后有非弹性的曲线部分，而且继续产生与时间有关的蠕变。例如，某软弱、松散和无内聚力的黏土砂岩等。

以上从岩石的应力–应变全过程和单轴变形特性方面，阐述了岩石应力–应变的复杂性和类型繁多的原因。

2.2.3 实例分析

以松北高台子、扶余油层两大层系的三肇地区、长垣南、龙虎泡、齐家高台子四个区块为例，分析岩石的强度和变形特性，具体见表 2-4。

表 2-4 三轴应力条件下的岩石力学参数测试结果

地区	井号	围压/MPa	杨氏模量/GPa	泊松比	剪切模量/GPa	体积模量/GPa	抗压强度/MPa	抗张强度/MPa	内聚力/MPa	内摩擦角/(°)
三肇地区	F1	0	8.329	0.27	3.67	3.81	63.5	7.02	23.285	21.55
		10	10.14	0.24	4.52	4.47	98.9	10.51		
		37	25.5	0.20	11.57	10.68	146.9	15.66		
	F2	0	6.05	0.31	2.62	2.92	38.8	4.37	14.288	21.9
		15.7	10.181	0.15	4.74	3.99	90.9	9.96		
		38	18.4	0.10	8.75	6.85	105.3	11.46		
长垣南	M4	0	7.228	0.42	2.99	4.13	31.2	3.32	10.669	36.01
		16.1	11.276	0.35	4.79	5.80	132.7	14.05		
		40	12.6	0.12	5.94	4.77	184.8	19.66		
龙虎泡	T8	0	10.517	0.28	4.62	4.86	55.8	6.22	14.658	36.24
		16.5	15.05	0.26	6.66	6.78	123.1	13.21		
		39	15.4	0.10	7.35	5.68	210.4	22.32		
齐家高台子	Q2	0	16.81	0.25	6.712	11.311	177.23	18.28	42.405	39.063
		20	20.963	0.20	8.712	11.764	266.12	28.89		
		40	25.231	0.16	10.906	12.249	355.47	37.46		

测试结果表明：岩样无围压时，杨氏模量范围为 6.05～16.81GPa，泊松比范围为 0.27～0.42，单轴抗压强度为 31.2～177.23MPa；围压条件下，杨氏模量范围为 10.14～25.5GPa，泊松比范围为 0.10～0.35，抗压强度范围为 90.9～355.47MPa，内聚力分布在 10.669～42.405MPa，内摩擦角分布在 21.55°～39.063°。

将测试数据进一步绘制成图,具体如图 2-3～图 2-5 所示。

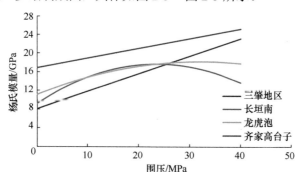

图 2-3 杨氏模量随围压分布关系

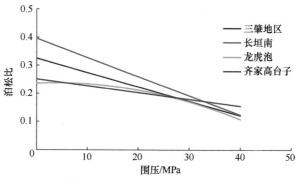

图 2-4 泊松比随围压分布关系

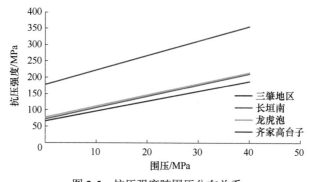

图 2-5 抗压强度随围压分布关系

由表 2-4 中的数据和图 2-3～图 2-5 可知:数据波动不大,规律性比较强,各参数回归相关系数在 0.5 以上,主要分布在 0.7～0.9。从弹性角度看,测试区块岩样杨氏模量、泊松比参数大小处于中等,为中等弹性;杨氏模量的对比顺序为齐家高台子＞龙虎泡＞三肇地区＞长垣南;从脆性角度看,岩石破坏时的应变多在 2% 以内,具有明显的脆性特征;泊松比的对比顺序为长垣南＞三肇地区＞龙虎泡＞齐家高台子。在硬度方面,抗压强度的排序为齐家高台子＞龙虎泡＞长垣南＞三肇地区。

致密油气具有资源潜力大、分布广泛的优点。目前新疆油田、大港油田、长庆油田等均开展了体积压裂的致密油开采,可以通过与新疆油田吉木萨尔凹陷二叠系、大港油田孔二段和沙河街组、鄂尔多斯盆地大牛地气田、苏里格气田二叠系等致密砂岩储层的岩石力学参数进行对比，深入认识不同区块致密砂岩的力学特征。致密砂岩在力学性质方面对比图如图2-6～图2-8所示。

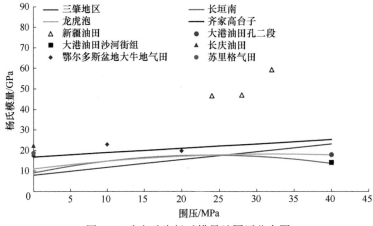

图 2-6   致密砂岩杨氏模量随围压分布图

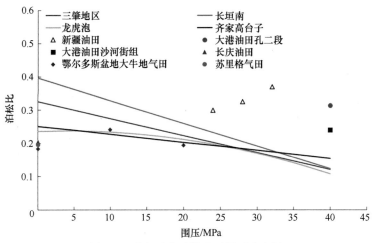

图 2-7   致密砂岩泊松比随围压分布图

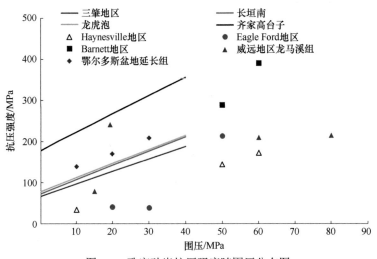

图 2-8   致密砂岩抗压强度随围压分布图

由图 2-6～图 2-8 可知：围压下多个页岩气田杨氏模量参数接近，最相近的页岩气田顺序是伊格尔福德（Eagle Ford）地区、鄂尔多斯盆地延长组、威远地区龙马溪组、海恩斯维尔（Haynesville）地区。围压下，三区块泊松比规律逐渐趋于一致，最一致的页岩气田顺序是鄂尔多斯盆地延长组、威远地区龙马溪组和 Eagle Ford 地区。页岩抗压强度整体分布范围不大，与大庆油田致密砂岩抗压强度分布范围大致相符。围压下，规律上最接近的油田是鄂尔多斯盆地延长组、威远地区龙马溪组。

综上所述，与国内外页岩储层对比表明：大庆油田致密砂岩与鄂尔多斯盆地延长组、威远地区龙马溪组、Eagle Ford 地区等气田最相似，建议在制定钻井提速施工工艺时，可以参考各相关气田。

2.3　地应力

埋藏在地下岩体内的应力称为地应力。地应力有大小和方向。地应力场就是地应力在一个空间范围内的分布。地应力场按空间区域可划分为全球、区域和局部地应力场；按时间可划分为古地应力场和现今地应力场；按主应力作用方式可划分为挤压、拉张和剪切地应力场。

地质构造运动与地形的不断变化，引起地应力的积聚或释放，形成现存的原地应力（或称为残余应力）。而当工程挖掘后，应力受扰动影响而形成的应力称为二次应力或诱导应力。地应力是油气运移、聚集的动力之一，地应力作用下形成的储层裂缝、断层及构造又是油气运移、聚集的通道和场所之一。地应力研究在油气勘探开发中有着十分重要的现实意义。

地应力方向测试主要采用古地磁和黏滞剩磁。古地磁岩心定向是在实验室中测定岩石磁化时的地磁场方向，通过热退磁和交变退磁及磁力仪将原生剩余磁性和次生剩余磁性分开，解释这些物理量就能得到岩心相对于当今地理北极的方向，从而确定岩心方位。黏滞剩磁主要形成于沉积剩磁之后，是长期地质历史时期中于较低的温度阶段获得的剩磁，故可在低温阶段退去；沉积剩磁则是在沉积与成岩作用过程中形成的，它准确记录了岩石形成时期当地的地磁场方向，在高温阶段方可退去。故通过逐步退磁试验可分别获得两组剩磁分量组的平均方向。

地应力大小的测试方法主要应用凯塞（Kaiser）效应。岩石对所受载荷的最大值具有“记忆”效应，只有当加载应力达到或超过先前所施加的最大应力后，才会产生大量声发射，这就是 Kaiser 效应。结合单轴压缩试验和声发射系统测试岩石 Kaiser 效应特征，进而确定岩石地应力；最后通过单轴压缩应力与时间曲线及声发射信号计数与时间曲线，分析得到 Kaiser 效应点，进而得到需要的应力值。具体测试结果如表 2-5 所示。

表 2-5　地应力方向测试结果　　　　　　　　　　[单位：(°)]

地区	井号	偏角	倾角	平均偏角	平均倾角	水平主应力方向
三肇地区	F1	263.3	83.5	250.3	85.55	NE109
		237.3	87.6			

地区	井号	偏角	倾角	平均偏角	平均倾角	水平主应力方向
三肇地区	F2	205.6	84.6	241.27	76.1	NE102.7
		218.3	72.4			
		299.9	71.3			
长垣南	A1	200.1	68.7	206.2	57.8	NE113.8
		212.3	46.9			
	M2	239.1	82.2	244.95	83.65	NE100.05
		250.8	85.1			

综合新疆油田吉木萨尔凹陷二叠系、鄂尔多斯盆地延长组长 7 储层、大港油田孔二段和沙河街组、苏里格气田二叠系等致密砂岩储层水平地应力数据，进一步分析大庆油田致密砂岩的水平应力特征。具体测试数据如表 2-6 所示。

表 2-6 国内各油田相近深度地应力大小情况

油气田	油层、地区	最大水平主应力/MPa	最小水平主应力/MPa	主应力差/MPa	非均质系数
新疆油田	吉木萨尔凹陷二叠系	58.59	51.57	7.02	0.136
鄂尔多斯盆地	延长组长 7 储层	44.80	37.60	7.20	0.191
镇泾油田	延长组	56.36	37.84	18.52	0.489
苏里格气田	二叠系石盒子组	51.14	43.76	7.38	0.169
大港油田	孔二段储层	53.30	44.40	8.90	0.200
	沙河街组储层	70.20	63.60	6.60	0.104
大庆油田	三肇地区	40.32	35.35	4.97	0.141
	长垣南	37.39	32.11	5.28	0.164
	龙虎泡	40.92	34.20	6.72	0.196
	齐家高台子	48.93	40.56	8.37	0.206

表 2-6 中非均质系数为最大主应力和最小主应力之差与最小主应力的比值，用水平两向应力非均质系数可以描述地层岩石的地应力非均质性。

由图 2-9 和图 2-10 可知：从主应力差角度来看，大庆油田三肇地区主应力差为 4.97MPa、长垣南主应力差为 5.28MPa、龙虎泡主应力差为 6.72MPa、齐家高台子主应力差为 8.37MPa，四者的主应力差均值为 6.34MPa，低于国内各油田的平均值 7.06MPa；从主应力非均质系数角度来看，大庆油田三肇地区非均质系数为 0.141、长垣南非均质系数为 0.164、龙虎泡非均质系数为 0.196、齐家高台子非均质系数为 0.206，四者的非均质系数均值为 0.18，略高于国内各油田的平均值 0.16。

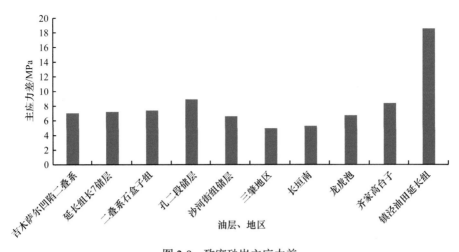

图 2-9　致密砂岩主应力差

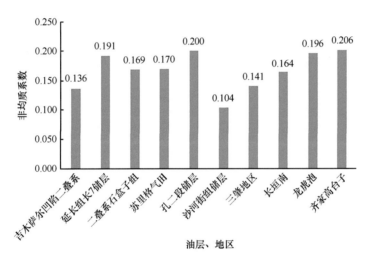

图 2-10　致密砂岩非均质系数

由图 2-11 和图 2-12 可知，国外页岩 Barrnet 区块主应力差为 9.07MPa、Eagle Ford 区块主应力差为 6.02MPa、Haynesville 区块主应力差为 4.32MPa，低于国内四川龙马溪区块页岩主应力差 11.25MPa；从主应力非均质系数角度来看，Barrnet 区块、Eagle Ford 区块和 Haynesville 区块的非均质系数分别为 0.13、0.14 和 0.08，均低于国内四川龙马溪区块。

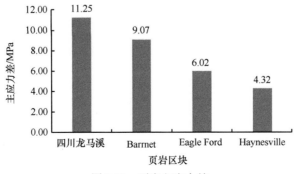

图 2-11　页岩主应力差

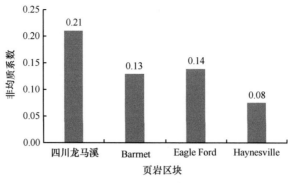

图 2-12 页岩非均匀系数

2.4 岩石的硬度

岩石的硬度也就是压入硬度。根据牙轮钻头破碎岩石的特点，在钻进过程中"压入破碎"起重要作用。牙轮钻头的牙齿在纵向载荷作用下压入岩石（一般是冲击的动载过程），使齿面下的岩石产生体积破碎，形成破碎坑，然后切削齿的滚辗作用使破碎坑扩大，再加上钻头的水力作用不断剥离清除钻屑，冲蚀并扩大岩石的破碎体积。对于切削或磨削型的 PDC 钻头或金刚石钻头，既有钻压作用对岩石的压入，又有扭矩作用对岩石的切削。这两种作用的综合过程，使岩石破碎所需的纵向压入力大大减小。试验证明，压入和切削的综合过程的纵向压入力只相当于静压入破岩时的 1/14～1/6。

由此看来，钻头破岩过程是相当复杂的。为了研究钻头破岩时的岩石力学特性，苏联学者史立涅尔提出了确定岩石硬度和塑性性质的一套方法[25]。钻井时岩石的破碎过程是异常复杂的，钻头破碎工具的形状是多种多样的，破碎载荷不是静载荷而是动载荷，并且破碎载荷的大小及方向都随时间而改变。对于这样复杂的问题，要完全从纯理论上进行分析几乎是不可能的。因此，应设法对实际井底情况进行适当的模拟，在室内研究岩石的破碎作用和影响因素，用圆柱压入法测定岩石的硬度和塑性系数。由于压头压入时岩石的破碎特点对钻井时岩石破碎过程具有一定的代表性，用压入法所测得的岩石力学特性在一定程度上能相对反映钻井时岩石抗破碎的能力。

岩石硬度是指岩石抵抗其他物体压入的破碎强度，即在压头压入岩石后，岩石产生第一次体积破碎时接触面上单位面积的载荷。岩石硬度定量分级标准见表 2-7。

表 2-7 岩石硬度定量分级标准

类别	软		中软		中硬		硬		坚硬		极硬	
级别	1	2	3	4	5	6	7	8	9	10	11	12
硬度/100MPa	≤1	1～2.5	2.5～5	5～10	10～15	15～20	20～30	30～40	40～50	50～60	60～70	>70

塑性系数是指岩石在压头压入后，产生第一次体积破碎时破碎消耗的总功与弹性变形功的比值。岩石塑性系数定量分级标准见表 2-8。两种参数的试验原理均采用圆柱压入法，即用一定直径的平底圆柱体压头压入岩屑表面，随着载荷的增加，压头吃入岩屑

的深度也逐渐增加，直到岩屑产生第一次体积破碎为止，通过测量加载–位移曲线获得岩石的硬度和塑性系数。

表 2-8　岩石塑性系数定量分级标准

类别	脆性	塑脆性（低塑性→高塑性）				塑性
级别	1	2	3	4	5	6
塑性系数	1	1～2	2～3	3～4	4～6	>6

所有岩石的硬度试验曲线可以分为三种类型，如图 2-13 所示。

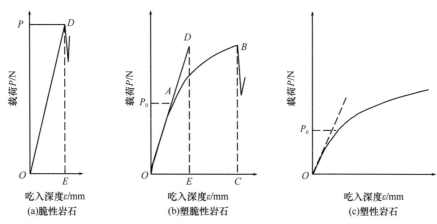

图 2-13　平底圆柱压头压入塑脆性岩石时的变形曲线

P_0-屈服强度；A-屈服点；B-极限强度点；C-极限强度对应的吃入深度；D-OA 延长线与极限强度的交点；E-OA 延长线与极限强度交点对应的吃入深度

变形曲线的纵坐标为压头所加的载荷，横坐标为吃入深度。各井岩样的硬度和塑性测量结果如表 2-9 所示。

表 2-9　岩样的硬度和塑性测量结果

井号	井深/m	取样方向	硬度/MPa	级别	类别	塑性系数	类别
DS16	3034.73～3040.75	垂直方向	539.16	4	中软	1.50	低塑性
		水平方向	408.34	3	中软	1.54	低塑性
XS6	3845.22～3850.88	垂直方向	2200.25	7	硬	1.86	低塑性
		水平方向	2021.85	7	硬	1.21	低塑性
	3724.86～3733.16	垂直方向	3068.46	8	硬	1.16	低塑性
		水平方向	2711.66	7	硬	1.12	低塑性
ZS16	3711.8～3713.32	垂直方向	2128.89	7	硬	1.08	低塑性
		水平方向	1859.31	6	中硬	1.14	低塑性
LT2	2901.31～2903.41	垂直方向	3764.58	8	硬	1.09	低塑性
		水平方向	2311.26	7	硬	1.07	低塑性
LT1	2985.77～2990.77	垂直方向	2069.43	7	硬	1.34	低塑性
		水平方向	2295.40	7	硬	1.75	低塑性

2.5　岩石的可钻性

岩石的可钻性是钻井过程中岩石抵抗旋转破碎的能力，表征钻进岩石的难易程度。在生产实践中常采用数量指标来表示岩石的可钻性，如钻时（h/m）、钻速（m/h）等，并用数量的大小来划分易钻、难钻的可钻性范围。

根据岩石本身固有抗钻能力的大小，结合不同碎岩方式，对岩石可钻性做出定量划分。岩石可钻性是决定钻井效率的基本因素之一，反映了钻进时岩石破碎的难易程度，是合理选择钻进方式、钻头类型和设计钻井参数的依据。

岩石可钻性的影响因素是多方面的，总的来讲有岩石基本属性、技术条件和工艺因素三个方面。

（1）岩石基本属性：岩石的矿物成分、结构和构造、岩石的物理力学性质。

（2）技术条件：井径和井深、钻进方法和破岩工具的结构与质量等。

（3）工艺因素：作用在破岩工具上的有效钻压、转速、钻井液类型和井底净化条件等。

在中国石油大学（华东）的尹宏锦教授等研究人员多年研究结果的基础上，石油工业部于 1987 年确定了我国石油系统岩石可钻性测定及分类方法。此分类方法是用微钻头在岩样上钻孔，通过实钻钻时确定岩样的可钻性。具体方法是，在岩石可钻性测定仪（即微钻头钻进试验架）上使用直径为 31.75mm 的钻头，在钻压 889.66N、转速 55r/min、钻深 2.4mm 的钻井参数下进行试验。

微钻头类型包括微型牙轮测试钻头和微型 PDC 钻头。根据微型牙轮测试钻头和微型 PDC 钻头钻达规定深度需要时间的长短，可将岩石可钻性分成十级。岩石可钻性分级对照表如表 2-10 所示，具体岩石可钻性测试结果如附表 2-1。

表 2-10　岩石可钻性分级对照表

类	级别	可钻性级值 K_d	钻进时间 T/s			
			牙轮钻头	PDC 钻头		
				1 级钻压	2 级钻压	3 级钻压
Ⅰ（软）	1	<2	$<2^2$	$<2^2$		
	2	$2\sim3$	$2^2\sim2^3$	$2^2\sim2^3$	$<2^2$	
	3	$3\sim4$	$2^3\sim2^4$	$2^3\sim2^4$	$2^2\sim2^3$	
	4	$4\sim5$	$2^4\sim2^5$	$2^4\sim2^5$	$2^3\sim2^4$	
Ⅱ（中）	5	$5\sim6$	$2^5\sim2^6$	$2^5\sim2^6$	$2^4\sim2^3$	$<2^2$
	6	$6\sim7$	$2^6\sim2^7$	$2^6\sim2^7$	$2^5\sim2^6$	$2^2\sim2^3$
	7	$7\sim8$	$2^7\sim2^8$		$2^6\sim2^7$	$2^3\sim2^4$
Ⅲ（硬）	8	$8\sim9$	$2^8\sim2^9$			$2^4\sim2^5$
	9	$9\sim10$	$2^9\sim2^{10}$			$2^5\sim2^6$
	10	≥10	$\geq2^{10}$			$2^6\sim2^7$

部分岩石钻到一定深度，不再进尺，破坏面光滑的现象称为打滑。当钻时超过 1024s

后，可钻性级值＞10 级。

我国各油田广泛分布着一些难钻地层。具体调研了大庆徐深、三肇地区，四川的威远、川东北、元坝地区，新疆哈得地区、温吉桑地区、塔里木库车山前，鄂尔多斯红河等区块，具体如附表 2-2、附表 2-3、图 2-14 和图 2-15 所示。

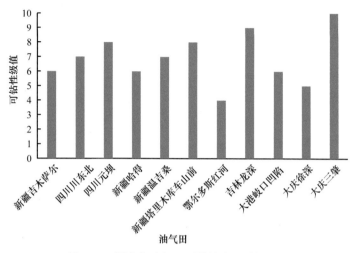

图 2-14　国内各油气田牙轮钻头可钻性分级

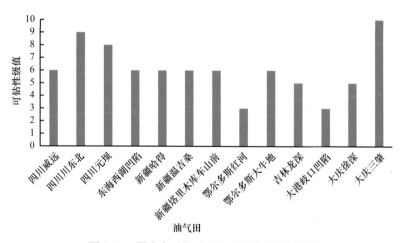

图 2-15　国内各油气田 PDC 钻头可钻性分级

2.6　岩石的研磨性

有学者在研究岩石可钻性的同时，发现一个现象：在用机械方法破碎岩石的过程中，钻井工具（如钻头）和岩石产生连续的或间歇的接触和摩擦，从而在破碎岩石的同时，这些工具本身也受到岩石的磨损而逐渐变钝甚至损坏。岩石磨损这些材料的能力称为岩石的研磨性。

研磨性是钻头工作刃与岩石相摩擦过程中产生微切削、刻划、擦痕等所造成的，属表面磨损。这种研磨性除了与摩擦副材料的性质（如化学组成和结构）有关外，还取决于摩擦的类型和特点、摩擦表面的形状和尺寸（如表面的粗糙度）及摩擦面的介质等因素。可见，研磨性磨损是个十分复杂的问题。

钻头磨损增加了钻头的消耗，降低了岩石破碎效率，增加了起下钻作业时间，致使钻井效率大大降低，因此，岩石研磨性的研究很早以前就引起了人们的重视。史立涅尔等用摩擦磨损法对各种岩石的研磨性进行了比较详尽的研究，得出了一些有实际应用价值的结果，并一直沿用至今。

在钻井过程中，钻头破碎岩石的同时，也会发生自身切削齿磨损，而逐渐变钝甚至损坏，造成钻头破岩效率下降，使岩石的可钻性级值相对提高。可见岩石可钻性和岩石研磨性是不可分离的两个量，在分析可钻性时，必须考虑研磨性造成的不利因素，这样才能更好、更深入地研究岩石可钻性。

研究岩石的研磨性规律，对合理设计破岩工具、提高破岩效率、降低钻井成本等工作都是有益的。常用标准材料研磨法测定岩石的研磨性，用相对磨损率作为岩石相对研磨性指标。

岩石相对研磨性指标采用比率的形式，目的就是排除切削工具磨损量的累积对试验结果造成的影响。该指标表示岩石对切削工具的磨损强度，能较好地反映出在破岩过程中岩石的破碎情况及钻头磨损情况，表达了一种相对磨损强度，具有较好的可比性、可重复性，便于衡量钻进过程中钻头的消耗。试验切削工具可采用人造金刚石孕镶压块，用人造金刚石孕镶微型钻头与一定规格的岩样，采用实际生产规程范围内的试验参数，在研磨性试验机上进行模拟切削破岩试验。该试验可以较好地模拟井下孕镶金刚石对岩石的磨损情况，采用人造金刚石孕镶压块或人造金刚石孕镶微型钻头具有较好的一致性。

相对磨损率为破碎单位体积岩石钻头的磨损质量。依据该参数划分的适用于钻井工程范畴的参考标准如表2-11所示。

表 2-11 岩石研磨性分级参考标准

级别	相对磨损率	研磨性分级
1	<0.3	低研磨性
2	0.3~0.65	中低研磨性
3	0.65~1.0	中研磨性
4	1.0~1.8	中高研磨性
5	1.8~4.5	较高研磨性
6	4.5~6.0	高研磨性
7	≥6.0	极高研磨性

对累积的钻头失重和产生的岩屑进行分析，求得每块岩心的研磨性，结果如附表2-4所示。

调研我国一些油田的高研磨地层，具体包括大庆徐深、三肇地区，四川的威远、川东北、元坝区块，新疆哈得地区，塔里木库车山前，鄂尔多斯红河、大牛地等，具体数据如附表2-5、图2-16所示。

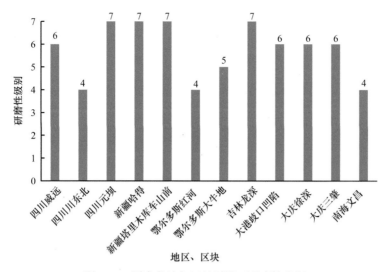

图 2-16　国内各油气田地层岩石研磨性分级

2.7　岩石可钻性分维表示的可行性分析

岩石可钻性的测试方法是以井下取心为对象,进行岩石力学性能测试或微钻法可钻性试验,但这种方法采样费用高,试验周期长,不能在现场直接应用,这对实际应用造成了很大困难。

本节提出一种以井底返出岩屑为研究对象的岩石可钻性测试新方法[26-29]。该方法是对钻井过程中岩石破碎的分形机理及形成过程进行研究。在室内试验的基础上,确定不同类型地层岩石破碎后上返岩屑块度分布函数,计算上返岩屑的分形维数;结合岩石硬度、强度和可钻性级值等的试验结果,确定岩石强度、硬度及可钻性与岩石的这些分形维数的统计模型,找出最能反映岩石破碎难易程度的特征量,随着研究内容的不断深入及室内试验量的增多,将制定用上返岩屑的分形特征表示岩石破碎难易程度的标准。

2.7.1　钻井上返岩屑块度分布与分形维数

岩屑颗粒的分布函数有很多,最具代表性的当数罗辛-拉姆勒(Rosin-Rammler)和戈丹-舒曼(Gaudin-Schuhmann)颗粒分布函数,这在过去已得到验证[30]。

Rosin-Rammler 分布函数式为

$$y = 1 - \exp\left[-\left(\frac{r}{r_0}\right)^n\right] \qquad (2\text{-}1)$$

式中,y 为岩石破碎产物小于尺寸 r 的相对累计量;r 为破碎产物的尺寸(本节中指筛网尺寸,即筛网孔径);r_0 为粒度特性系数;n 为均匀性系数,n 值越小,块度分布范围越广。

Gaudin-Schuhmann 分布函数式为

$$y = 100\left(\frac{r}{r_{\mathrm{m}}}\right)^{n} \tag{2-2}$$

式中，r_{m} 为块度分布直线与 y=100% 线段交点上的 r 值。

用一系列不同孔径的"筛子"对上返岩屑颗粒进行筛选，直径小于 r 的碎屑颗粒漏下去，直径大于 r 的碎屑颗粒留在上面，颗粒总数为 $N(r)$，$M(r)$ 为直径小于 r 的碎屑颗粒的估计质量，M 为碎屑颗粒的总质量，假设碎屑颗粒遵循式（2-1）的频率分布，即

$$\frac{M(r)}{M} = 1 - \exp\left[-\left(\frac{r}{r_{\mathrm{m}}}\right)^{b}\right] \tag{2-3}$$

式中，r_{m} 为平均尺寸，当 $\frac{r}{r_{\mathrm{m}}} \ll 1$ 时，对式（2-3）按级数展开舍去第二项，式（2-3）可变为

$$\frac{M(r)}{M} = \left(\frac{r}{r_{\mathrm{m}}}\right)^{b} \tag{2-4}$$

比较式（2-3）和式（2-4），表明在 r 较小的部分，两式的结果相同；在 r 较大的部分两式相差较大。一般认为 Rosin-Rammler 分布趋向粗粒端，Gaudin-Schuhmann 分布趋向细粒端。对式（2-4）求导，有

$$\mathrm{d}M \propto r^{b-1}\mathrm{d}r$$

由分形的概念可知

$$N(r) \propto r^{-D} \tag{2-5}$$

式中，N 为颗粒总数。

考虑到 $\mathrm{d}M \propto r^{3}\mathrm{d}N$，由

$$r^{b-1}\mathrm{d}r \propto r^{3} \cdot r^{-D-1}\mathrm{d}r \tag{2-6}$$

由式（2-6）可知

$$D = 3 - b \tag{2-7}$$

式中，D 为分形维数；b 为 $\frac{M(r)}{M}$-r 在双对数坐标下的斜率值，为均匀性指数，$\frac{M(r)}{M}$ 为直径小于 r 的碎屑颗粒的累计百分含量。

2.7.2 钻井上返岩屑块度分布分形计算

1. 获得上返岩屑

试验岩屑取自大庆油田 SS2-7 井，该井位于松辽盆地东南断陷区徐家围子断陷带升平构造上，所取岩屑层位在 3270～3620m，该层位岩性为同一岩性砂岩，每隔 10m 取样一次。取样方法是每进尺 10m 就在振动筛上面振动下的岩屑中取一次样，每个样本质量大约为 300g，取出的样本自然干燥，然后装袋，记录深度。

2. 岩屑块度分布的分形计算

将取得的岩屑样本进行筛分，选用 6 个不同孔径的筛子，筛孔是方形，孔径分别为 0mm、0.3mm、0.8mm、1.0mm、1.6mm、2.0mm、5.0mm。附表 2-6 是上返岩屑筛分试验结果，该结果是每一组岩屑用该孔径的筛子筛分后，筛下岩屑质量占该组岩屑总质量的百分比。将附表 2-6 中的块度累计相对量和岩屑尺寸在对数坐标中做相关性图，然后用最小二乘法对图中的点进行回归，得出各组试样的分形维数及其相关系数。图 2-17 是两个不同深度 $\frac{M(r)}{M}$-r 相关关系图。

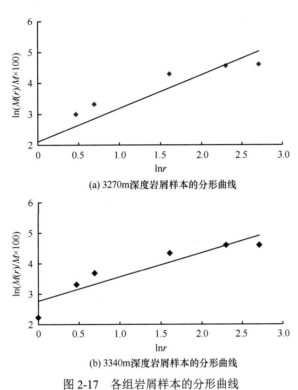

(a) 3270m深度岩屑样本的分形曲线

(b) 3340m深度岩屑样本的分形曲线

图 2-17 各组岩屑样本的分形曲线

附表 2-7 是各组岩样分形维数及其相关系数，由表中数据可以看出：尽管所取岩屑深度不同，但这些样本的块度具有较好的分形结构，统计的相关系数均在 0.84 以上，相关分形维数在 2.3～2.6 变化。从分析结果看，小块度所占的百分比越大，分形维数越大；另外，本岩屑样本是从钻井过程中的振动筛以上取得的，由于振动筛以下部分取样和分离比较困难，如果考虑这部分，统计的相关系数还要高。虽然不同深度岩屑块度具有良好的分形结构，但不同深度下的分形维数不同。

图 2-18 是上返岩屑的块度分形维数随井深变化图，随着深度的增加，钻速下降。钻井上返岩屑的块度分形维数随井深增加而增大，体现了上返岩屑分形维数与钻速有关。

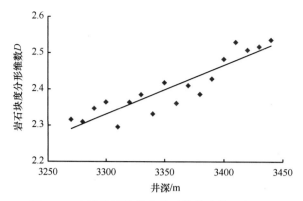

图 2-18　上返岩屑的块度分形维数随井深变化图

2.7.3　钻井上返岩屑分形维数与地层岩石可钻性的关系

取 SS2-5 井的岩心为试验对象，取心深度位于 2200～2600m。该井与取岩屑的 SS2-7 井在同一凹陷构造上，取心层位与取岩屑层位对应，测定岩样的牙轮微钻头可钻性级值、硬度值，具体见附表 2-8。

图 2-19 和图 2-20 为上返岩屑块度分形维数和岩石可钻性级值、硬度的相关性图。

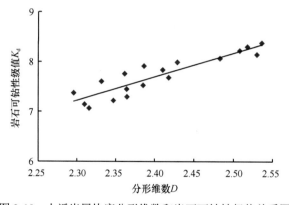

图 2-19　上返岩屑块度分形维数和岩石可钻性级值关系图

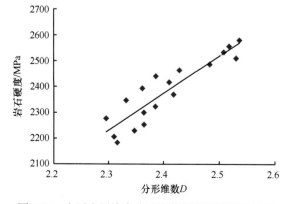

图 2-20　上返岩屑块度分形维数和岩石硬度关系图

由图 2-19 和图 2-20 可知，随着井深增加，岩屑块度分形维数和岩石可钻性级值、硬度的相关性曲线呈正比例关系。对于正常压实的地层，同一种岩性的岩石随深度增加，上覆岩层压力变大，岩石压实程度变大，岩石硬度也变大，因此岩石就越难钻，破碎岩石的碎屑粒度分布趋向细粒，分形维数变大。

2.8　地层抗钻特性的测井解释及区域预测

塔中地区是塔里木油田地质情况复杂且开采难度大的深层油气藏之一。由于塔中地区应力场分布复杂，岩石可钻性差，钻头机械钻速低，油田开发经济效益低，制约了勘探开发的速度。岩石的抗钻特性是描述岩石抗破碎能力各方面性质的总称，主要包括岩石可钻性、硬度、研磨性、单轴抗压强度等。这些抗钻特性参数是岩石破碎机理、钻速优化、个性化钻头设计、钻头型号优选等方面研究的重要基础数据。

目前地层可钻性评价方法有直接法和间接法[31] 两种。间接法是根据一口井获得的钻井资料，如测井资料、录井资料等，结合地层岩石力学理论及人工智能等方法来构建单井可钻性解释及评价模型。如何根据多口井相关资料得到地层可钻性横向、纵向变化规律的研究，目前尚处于起步阶段。分形理论是近几十年发展起来的新学科和新方法。研究表明[27-30]，钻井上返岩屑的分形特征可以用来确定岩石可钻性级值，同时地层测井资料具有明显的分形特征。通过建立测井资料参数与岩石抗钻特性参数之间的回归模型，可以得到该地区逐点的岩石抗钻特性数值和整个钻井剖面岩石抗钻特性的变化趋势。

无论是纵向还是横向，塔中地区地层非均质性都很严重。本节提出在岩石抗钻特性参数测井解释模型的基础上，建立测井资料分形特征计算模型，应用岩石力学理论和分形插值方法获得井间地层抗钻特性参数分布场，以便指导现场生产实践。

2.8.1　测井资料解释模型

1. 岩石力学参数

测井资料可以有效地反映地层岩石的物理力学特性。许多学者对测井资料成果解释进行大量研究，建立了岩石力学参数的解释模型。

纵波速度 V_p 和横波速度 V_s 计算公式为

$$V_p = \sqrt{\frac{E(1-\mu)}{\rho(1+\mu)(1-2\mu)}} = \frac{1}{\Delta t_p} \tag{2-8}$$

$$V_s = \sqrt{\frac{G}{\rho}} = \sqrt{\frac{E}{2\rho(1+\mu)}} = \frac{1}{\Delta t_s} \tag{2-9}$$

式中，Δt_p 为纵波声波时差，μs；Δt_s 为横波声波时差，μs；G 为岩石剪切模量，GPa；ρ 为岩石密度。

横波速度和纵波速度的换算公式：

$$V_s = 0.704 V_p - 0.554 \tag{2-10}$$

杨氏模量 E 的测井解释模型：

$$E = \frac{\rho}{\Delta t_s^2} \frac{3\Delta t_s^2 - 4\Delta t_p^2}{\Delta t_s^2 - \Delta t_p^2}$$ （2-11）

泊松比 μ 的测井解释模型：

$$\mu = \frac{1}{2} \frac{\Delta t_s^2 - 2\Delta t_p^2}{\Delta t_s^2 - \Delta t_p^2}$$ （2-12）

岩石单轴抗压强度 σ_c 的测井解释模型：

$$\sigma_c = 0.0045 E_d (1 - V_{sh}) + 0.008 E_d V_{sh}$$ （2-13）

式中，E_d 为杨氏模量；V_{sh} 为泥质含量。

岩石内聚力 C 的测井解释模型：

$$C = 5.44 \times 10^{-15} \rho^2 (1 - 2\mu) \frac{1+\mu}{1-\mu} V_p (1 + 0.78 V_{sh})$$ （2-14）

2. 岩石抗钻特性参数

研究表明[31,32]，利用地层测井数据可以预测地层岩石抗钻特性参数。首先，需要在室内进行岩石抗钻特性试验，并测定试验岩样的声波时差和密度等；其次，对试验数据进行处理和分析，建立声波时差和抗钻特性参数之间的函数模型；再次，结合塔中地区的测井资料，分析地层的抗钻特性；最后，建立抗钻特性剖面。

统计塔里木盆地塔中地区的岩石力学试验数据和抗钻特性试验数据，如附表2-9～附表2-11所示。根据附表2-9～附表2-11中的各参数数据可以绘制岩石可钻性级值和硬度与声波时差的关系，分别如图2-21和图2-22所示，并根据原始数据拟合函数关系。

PDC 钻头可钻性级值 K_d 和声波时差 Δt 之间的回归曲线方程为

$$K_d = 50.614 e^{-0.036\Delta t}, \qquad R^2 = 0.7659$$ （2-15）

岩石硬度 P_y 和声波时差 Δt 之间的回归曲线方程为

$$P_y = 18260 e^{-0.051\Delta t}, \qquad R^2 = 0.9812$$ （2-16）

由式（2-15）、式（2-16）可知，岩石可钻性级值、硬度参数与声波时差的函数关系十分明显，相关系数 R^2 均在 0.75 以上。这些公式为后续研究塔里木盆地塔中地区岩石抗钻特性参数的区域分布关系提供了基础。

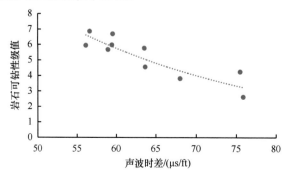

图 2-21 声波时差与可钻性关系回归曲线

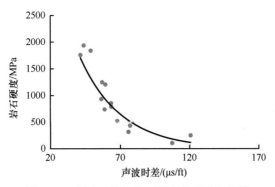

图 2-22　声波时差与岩石硬度关系回归曲线

2.8.2　测井数据处理方法

分形插值理论是预测岩石力学参数和抗钻特性参数的有效方法。首先，应用变尺度分析法计算测井资料数据的分形特征参数；其次，利用分形插值理论直接对原始测井数据进行井间分形插值，形成区域地层的测井数据分布场；最后，将已建立的岩石力学参数和抗钻特性参数解释模型代入测井参数分布场，就可以计算井间地层岩石力学参数和抗钻特性参数的分布场。

1. 测井数据分形特征的 *R*/*S* 分析

分形维数 *D* 是定量描述分形几何自相似性的基本参数。在测井数据的非均质性研究中，通常采用重标极差［$R(n)/S(n)$，简称（R/S）］分析方法来估算测井数据的分形维数 *D*。

假设某条测井曲线具有分形特征，那么某处测井值 $Z(x)$ 随深度变化的分形几何表示为 [33]

$$P\left[\frac{Z(x+h)-Z(x)}{h^{H}}\leqslant y\right]=F(y) \tag{2-17}$$

式中，*h* 为点间距离，m；$F(y)$ 为正态概率密度函数；*P* 为分配几何函数。

赫斯特（Hurst）指数 *H* 和分形维数 *D* 的关系可以表示为

$$D=D_{\mathrm{T}}-H \tag{2-18}$$

在二维数据计算中，分形维数 $D_{\mathrm{T}}=3$，则

$$D=3-H \tag{2-19}$$

因此，求分形维数 *D* 就可以转化为求 Hurst 指数 *H*，而 *H* 可通过变尺度分析法来求取 [34]。

对于一个已知的数据列 $Z(t)$（$t=1, 2, \cdots, n$），其样点序列距离的极差为

$$R(\tau)=\max_{1<t<\tau}\left[\sum_{i=1}^{t}Z(i)-\frac{1}{\tau}\sum_{i=1}^{t}Z(t)\right]-\min_{1<t<\tau}\left[\sum_{i=1}^{t}Z(i)-\frac{1}{\tau}\sum_{i=1}^{t}Z(t)\right] \tag{2-20}$$

标准差为

$$S(\tau)=\left\{\frac{1}{\tau}\sum_{i=1}^{t}\left[Z(t)-\frac{1}{\tau}\sum_{i=1}^{t}Z(t)\right]^{2}\right\}^{\frac{1}{2}} \tag{2-21}$$

式中，τ 为计算间隔，并且 $\tau < n$。

绘制出双对数坐标 $R(\tau)/S(\tau)$ 与 τ 的散点图，用最小二乘法对直线进行拟合，拟合直线的斜率为赫斯特指数。

变尺度分析法揭示了测井资料在一定空间或时间间隔内的变化规律。在双对数坐标上，绘制曲线呈现线性变化，那就说明测井资料存在着分形的关系。如果 $0 < H < 1/2$，说明这种分形关系具有反持久性，过去的增加（或减少）意味着未来的减少（或增加）；$H=1/2$，说明分形关系不具有持久性，是一个独立的随机过程；$1/2 < H < 1$，说明这种分形关系具有持久性，过去的增加（或减少）也意味着未来的增加（或减少）。由于受到现场实际条件的限制，一般找不到地层水平方向上的测井数据，但可以由测井数据在垂直方向上计算出 H，而且水平方向和垂直方向上具有相同的 H。这样水平方向的 H 可由垂直方向的 H 求出。

2. 井间测井数据分布的分形插值方法

通过分形插值方法可以获得井网的测井数据分布场，再应用地层岩石可钻性级值、硬度的测井解释模型，可获得该地区岩石可钻性级值和硬度的分布场。

1）随机中点位移法

随机中点位移法能在模拟地层参数发散效应的同时再现原始数据的方差结构，是一种模拟地层形貌和其他特征的实用方法。具体的原理如下所述。

（1）一维随机中点位移法：在给定区间内，有一给定两个端点值的线段，线段的中点值为其两个端点值的平均值再加上随机位移量；然后再对移位后形成的两个线段进行上述中点细分，并移位、递归，直到满足要求为止。

（2）二维随机中点位移法：实现思想与一维的类似，原理如图 2-23 所示。

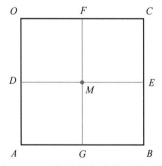

图 2-23　二维随机中点位移法原理

设正方形基平面 $OABC$ 的 4 个顶处的高度数据值已知，分别为 Z_O、Z_A、Z_B、Z_C，则该正方形中心 M 和边中点 D、E、F、G 处的高度值分别为

$$Z_M = \frac{Z_O + Z_A + Z_B + Z_C}{4} + \sqrt{1 - 2^{2H-2}} 2^{-H} \sigma^2 G_s \qquad (2\text{-}22)$$

$$Z_D = \frac{Z_O + Z_A + Z_M}{3} + \sqrt{1 - 2^{2H-2}} 2^{-H} \sigma^2 G_s \qquad (2\text{-}23)$$

$$Z_F = \frac{Z_O + Z_C + Z_M}{3} + \sqrt{1 - 2^{2H-2}}\, 2^{-H} \sigma^2 G_s \qquad (2\text{-}24)$$

$$Z_E = \frac{Z_C + Z_B + Z_M}{3} + \sqrt{1 - 2^{2H-2}}\, 2^{-H} \sigma^2 G_s \qquad (2\text{-}25)$$

$$Z_G = \frac{Z_A + Z_B + Z_M}{3} + \sqrt{1 - 2^{2H-2}}\, 2^{-H} \sigma^2 G_s \qquad (2\text{-}26)$$

式中，σ^2 为原始数据方差；G_s 为服从标准正态分布的高斯随机数。

通过随机中点位移法，在原有的 4 个已知点的基础上生成 5 个符合随机分形运动的空间点。然后通过递归调用，就形成了具有随机分形特性的数据集。

2）改进随机中点位移法

在实际井位中，不可能很规则地把 4 口井的位置设置为正方形的 4 个边角点，即使有这样的四口井，那也是很少见的。因此，需要对随机中点位移法进行加权处理，即将式（2-26）修正为

$$Z_M = q_O Z_O + q_A Z_A + q_B Z_B + q_C Z_C + \sqrt{1 - 2^{2H-2}}\, 2^{-H} \sigma^2 G_s \qquad (2\text{-}27)$$

式中，q_O、q_A、q_B、q_C 为 4 个角点对井点 M 影响的权值函数。

选取距离函数作为权值函数，则有

$$q_i = \frac{\dfrac{1}{d_i^2}}{\displaystyle\sum_{i=1}^{m} \dfrac{1}{d_i^2}}, \qquad i = O, A, B, C \qquad (2\text{-}28)$$

式中，d_i 为第 i 个已知点到被估点 M 的距离。如果 4 个边角点对 M 的影响相同，则式（2-28）变成式（2-26），即传统的二维随机中点位移公式。

3）井深归一化处理

由于地层厚度要发生横向的变化，在实际计算前，必须进行深度对齐和校正。本节采用井深归一化的方法，将同一地层不同深度值归一化为相对深度：

$$Z' = \frac{Z - Z_u}{Z_d - Z_u} \qquad (2\text{-}29)$$

式中，Z 为采样点的真实深度；Z_u 为某层位的顶部深度值；Z_d 为某层位的底部深度值；Z' 为归一化后的相对深度值。

以塔中地区的 D1 井、D2 井等深井的测井资料作为基础数据，根据上述计算方法来建立塔中地区井间岩石抗钻参数分布场。

2.8.3 实例计算及分析

1. 测井数据预处理

测井资料数据中存在很多的突变数据，会使解释出来的岩石力学参数成果曲线值不合理，所以在进行分形维数计算前，需要对测井资料数据进行噪声处理。这里的噪声是

指测井数据样本中的个别值，其数值明显偏离数据曲线所属样本的其余观测值。判断噪声的方法有很多，正态分布情形下检验噪声的常用方法有格鲁布斯（Grubbs）检验、狄克松（Dixon）检验、奈尔（Nair）检验等。以 D1 井测井数据为例，绘制图 2-24。

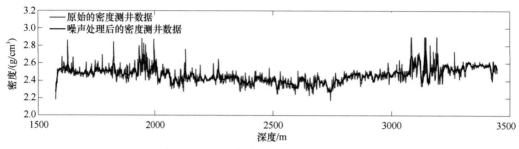

图 2-24　D1 井密度分布曲线的噪声处理

由图 2-24 和图 2-25 可知：在密度测井和伽马测井（GR）曲线中，不难发现一些数据点的值明显偏离实际值。在密度测井曲线中，个别密度值特别大，大于 $3.0g/cm^3$，个别值又特别小，小于 $2.2g/cm^3$。在伽马测井曲线中，也有类似的现象，有的个别值特别大，有的个别值特别小。而通过噪声处理后，可以过滤掉很多突变，密度和伽马测井曲线变得比较平滑，即图 2-24 和图 2-25 中的黑色曲线。这样的数据能更好地反映岩石力学参数和抗钻特性参数的分布规律。

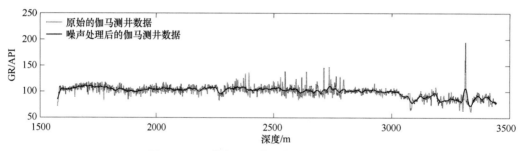

图 2-25　D1 井伽马测井分布曲线的噪声处理

2. 测井数据的分形特征

以 D1 井、D2 井测井数据为例，应用噪声处理后的测井数据，根据式（2-16）～式（2-20）对测井数据进行 Hurst 指数计算，可得各测井曲线的 Hurst 指数，如图 2-26 和图 2-27 所示。

测井数据具有分形特征，这是运用分形理论评价地层抗钻特性的前提。在建立岩石抗钻特性的测井解释模型时，主要使用密度、伽马和声波时差三个测井数据。应用 R/S 分析方法计算的测井曲线的 Hurst 指数 H、相关系数 R^2 和分形维数 D 如表 2-12 所示。

由表 2-12 可以看出，相关系数 R^2 均大于 0.9，并且 Hurst 指数均大于 0.5。这说明塔中地区 D1 井、D2 井的测井数据具有很好的分形特征及相关性。

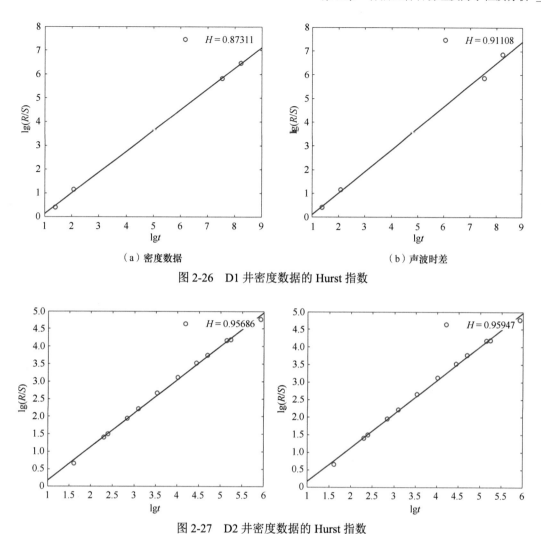

（a）密度数据　　　　　　　　　　　　　　　　（b）声波时差

图 2-26　D1 井密度数据的 Hurst 指数

图 2-27　D2 井密度数据的 Hurst 指数

表 2-12　声波测井曲线的分形特征参数表

井号	测井数据	Hurst 指数 H	相关系数 R^2	分形维数 D
D1 井	密度	0.873	0.952	2.127
	声波时差	0.911	0.986	2.089
	伽马	0.856	0.975	2.144
D2 井	密度	0.957	0.945	2.043
	声波时差	0.96	0.936	2.04
	伽马	0.955	0.928	2.045

3. 测井数据解释成果曲线

以 D1 井测井数据为例，根据式（2-16）～式（2-20）对应用噪声处理后的测井数据进行计算，可得岩石抗钻特性参数的解释成果曲线，如图 2-28～图 2-30 所示。

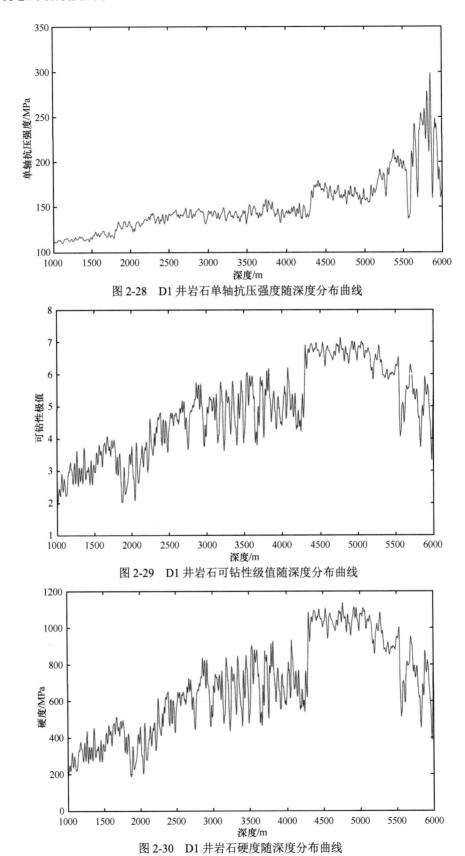

图 2-28　D1 井岩石单轴抗压强度随深度分布曲线

图 2-29　D1 井岩石可钻性级值随深度分布曲线

图 2-30　D1 井岩石硬度随深度分布曲线

由图 2-28～图 2-30 可知，D1 井的岩石单轴抗压强度分布在 100～300MPa，硬度属于中等和硬，可钻性级值分布在 2～7 级，硬度分布在 200～1200MPa。这与图 2-21 和图 2-22 中数据吻合较好。

4. 岩石力学参数的井间分布预测

以塔中地区 D1 井、D2 井测井数据为例，应用噪声处理后的测井数据，根据上述公式对测井数据进行计算，可得井间岩石抗钻参数的解释成果。

由图 2-28～图 2-30 可知，D1 井在 4000～4600m 地层中，岩石的抗压强度、可钻性级值和硬度有大幅度升高的层段。为了了解这一层段地层岩石抗钻特性的井间分布，绘制图 2-31～图 2-33。由图 2-31～图 2-33 可知：基于随机中点位移法对 D1 井、D2 井

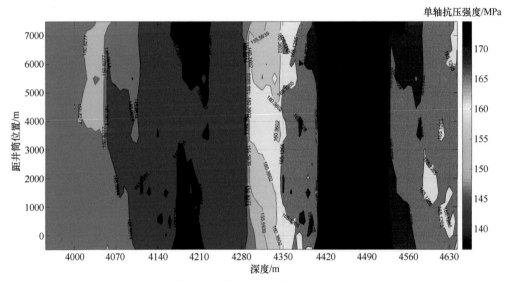

图 2-31　D1 井和 D2 井间岩石单轴抗压强度随深度分布场

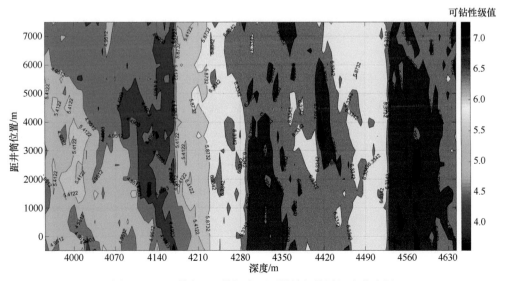

图 2-32　D1 井和 D2 井间岩石可钻性级值随深度分布场

4000～4600m 地层岩石抗压强度、可钻性级值和硬度进行井间插值预测，并得出抗压强度、可钻性级值和硬度值垂直纵剖面的分布图。在纵向上，岩石杨氏模量、抗压强度、可钻性级值由浅层向深层表现出一定的层理分布，且逐渐增大。岩石可钻性级值主要分布在 2～7 级，这与 D1 井测井数据解释成果的岩石可钻性级值规律是一致的。

图 2-31～图 2-33 的深度跨度比较大，一些细节信息很容易忽略。因此，进一步绘制 D1 井、D2 井 4245～4325m 地层的岩石单轴抗压强度、可钻性级值和硬度分布场图，如图 2-34～图 2-36 所示。

由图 2-34～图 2-36 可知，岩石单轴抗压强度、可钻性级值和硬度有明显的层状分布特征。根据这些数据，可以及时调整钻头型号和钻井参数，为这些地层的快速钻井奠定基础。

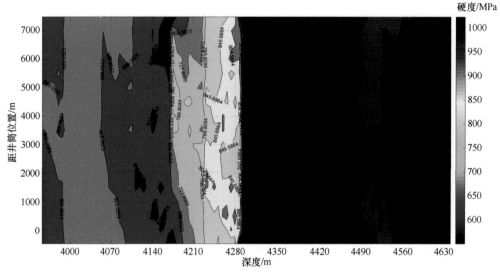

图 2-33　D1 井和 D2 井间岩石硬度随深度分布场

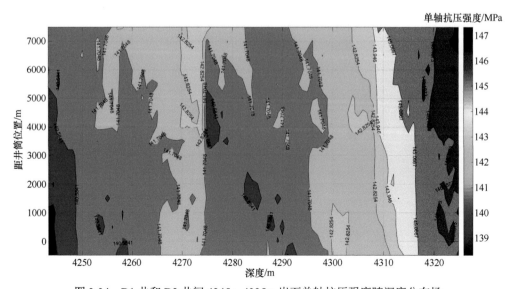

图 2-34　D1 井和 D2 井间 4245～4325m 岩石单轴抗压强度随深度分布场

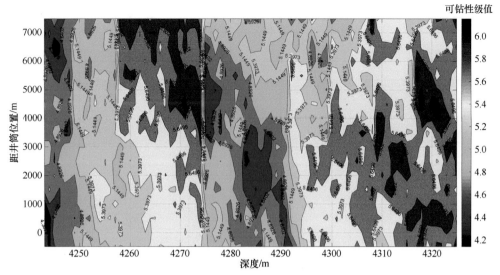

图 2-35　D1 井和 D2 井间 4245～4325m 可钻性级值随深度分布场

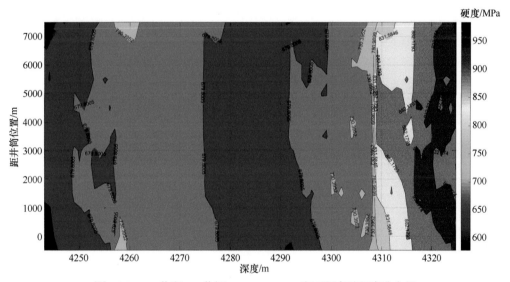

图 2-36　D1 井和 D2 井间 4245～4325m 岩石硬度随深度分布场

经过以上研究，可得出以下结论：

（1）基于统计数据和试验数据，建立了岩石抗钻特性数据与声波时差的回归模型，其相关系数 R^2 分布在 0.75 以上，相关性显著。

（2）建立了单井测井数据分析的分形原理和井间测井数据分布的分形插值方法。应用 R/S 分析法计算了塔中地区 D1 井、D2 井数据的 Hurst 指数，相关系数 R^2 均大于 0.9，并且 Hurst 指数均大于 0.5。这说明塔中地区 D1 井、D2 井测井数据具有很好的分形特征及相关性。

（3）基于随机中点位移法对 D1 井、D2 井不同深度地层岩石单轴抗压强度、可钻性级值和硬度进行了井间插值，得出岩石单轴抗压强度、可钻性级值和硬度的垂直纵剖面的成果图。实例计算表明，运用分形理论可以计算地层抗钻特性参数的分布场，有效地体现了地层宏观变化趋势和内部空间结构精细变化的自相似性。

本章附表

附表 2-1　岩石可钻性测试结果

井号	井深/m	垂直方向				水平方向			
		微牙轮钻头		微 PDC 钻头		微牙轮钻头		微 PDC 钻头	
		钻时/s	可钻性级值	钻时/s	可钻性级值	钻时/s	可钻性级值	钻时/s	可钻性级值
D16	3034.73～3040.75	48.23	5.18	19.77	5.3	46.5	5.52	21.73	5.43
		5 级		5 级（2 级钻压）		5 级		5 级（2 级钻压）	
X6	3845.22～3850.88	43.6	5.45	18.25	5.2	41.6	5.13	19.85	5.4
		5 级		5 级（2 级钻压）		5 级		5 级（2 级钻压）	
	3724.86～3733.16	打滑	>10	打滑	>10	打滑	>10	打滑	>10
		10 级		10 级（3 级钻压）		10 级		10 级（3 级钻压）	
Z16	3711.8～3713.32	打滑	>10	打滑	>10	打滑	>10	打滑	>10
		10 级		10 级（3 级钻压）		10 级		10 级（3 级钻压）	
L1	2985.77～2990.77	打滑	>10	打滑	>10	打滑	>10	打滑	>10
		10 级		10 级（3 级钻压）		10 级		10 级（3 级钻压）	
LX3	3311.80～3316.9	打滑	>10	86	9.43	打滑	>10	73.1	9.19
		10 级		9 级（3 级钻压）		10 级		9 级（3 级钻压）	

附表 2-2　国内各油田牙轮钻头可钻性分级

油气田	区块	层系	岩样深度/m	岩性	可钻性分级
新疆吉木萨尔	泉子街	芦草沟组	3285	砂岩	6
四川气田	川东北	飞仙关组	6391	云质灰岩	7
	元坝	须家河组	4500	石英砂岩	8
新疆哈拉哈塘	哈得	白垩系	5108	砂岩	6
新疆吐哈油田	温吉桑	西山窑组	3420	砂砾岩	7
新疆塔里木	库车山前	石炭系	5877	细砂岩	8
鄂尔多斯盆地	红河油田	延长组	2321	砂岩	4
吉林油田	龙深	营城组	3101	砂岩	9
大港油田	歧口凹陷	沙河街组	4671	白云岩	6
大庆油田	徐深	营城组	3850	流纹岩	5
	三肇	基底	3713	花岗岩	10

附表 2-3　国内各油田 PDC 钻头可钻性分级

油气田	区块	层系	岩样深度/m	岩性	可钻性分级
四川气田	威远	龙马溪组	3437	泥页岩	6
	川东北	飞仙关组	6391	云质灰岩	9
	元坝	须家河组	4500	石英砂岩	8

续表

油气田	区块	层系	岩样深度/m	岩性	可钻性分级
东海	西湖凹陷	平湖组	4291	泥岩	6
新疆哈拉哈塘	哈得	白垩系	5108	砂岩	6
新疆吐哈油田	温吉桑	西山窑组	3420	砂砾岩	6
新疆塔里木	库车山前	石炭系	5877	细砂岩	6
鄂尔多斯盆地	红河油田	延长组	2321	砂岩	3
	大牛地气田	石盒子组	2625	砂砾岩	6
吉林油田	龙深	营城组	3101	砂岩	5
大港油田	歧口凹陷	沙河街组	4671	白云岩	3
大庆油田	徐深	营城组	3850	流纹岩	5
	三肇	基底	3713	花岗岩	10

附表 2-4　岩石研磨性测试结果

序号	井位	取心深度/m	岩性	研磨性/(mg/cm³)	研磨性级别	研磨性分级
1	DS16	3034.73～3040.75	粗安岩	1.759	4	中高研磨性
2	XS6	3845.22～3850.88	流纹岩	4.662	6	高研磨性
3	XS6	3724.86～3733.16	凝灰岩	4.872	6	高研磨性
4	XS601	3526.06～3534.51	流纹质熔结角砾岩	4.526	6	高研磨性
5	ZS16	3711.8～3713.32	碎裂花岗岩	2.62	5	较高研磨性
6	LT2	2901.31～2903.41	花岗岩	6.092	7	极高研磨性
7	LT1	2985.77～2990.77	糜棱岩（花岗质）	3.317	5	较高研磨性
8	LTX3	3311.80～3316.9	糜棱岩（闪长质）	3.875	5	较高研磨性

附表 2-5　国内各油田 PDC 钻头研磨性分级

油气田	地区区块	层系	岩样深度/m	岩性	研磨性级别
四川气田	威远	龙马溪组	3437	泥页岩	6
	川东北	飞仙关组	6391	云质灰岩	4
	元坝	须家河组	4500	石英砂岩	7
新疆哈拉哈塘	哈得	白垩系	5108	砂岩	7
新疆塔里木	库车山前	石炭系	5877	细砂岩	7
鄂尔多斯盆地	红河油田	延长组	2321	砂岩	4
	大牛地气田	石盒子组	2625	砂砾岩	5
吉林油田	龙深	营城组	3101	砂砾岩	7
大港油田	歧口凹陷	沙河街组	4671	白云岩	6
大庆油田	徐深	营城组	3850	流纹岩	6
	三肇	基底	3713	花岗岩	6
南海气田	文昌	珠海组	4120	砂岩	4

附表 2-6　上返岩屑筛分试验结果

深度/m	不同孔径筛出的岩屑质量占该组岩屑质量的百分比/%						
	0mm	0.3mm	0.8mm	1.0mm	1.6mm	2.0mm	5.0mm
3270	0	16.175	30	35.25	59.3	65.8	94.05
3280	0	16.55	38.05	45.55	77.3	87.5	100
3290	0	19.05	42.2	48.7	79.2	89.7	100
3300	0	19.1	37.1	43.35	73.5	80.85	98
3310	0	15.575	28.45	33.2	61.2	68.375	95.25
3320	0	18.425	32.175	37.05	63.05	70.8	94.75
3330	0	19.75	41.75	48.75	76.25	84.75	100
3340	0	14.75	33.75	39.5	69	80	100
3350	0	20.875	39.625	45.75	70.75	78.25	95.75
3360	0	18.6	39.85	46.85	74.35	84.6	100
3370	0	21.18	43.18	50.93	77.5	85.5	100
3380	0	19.475	35.725	41.225	66.475	73.85	96.5
3390	0	16.05	32.1	37.85	67.35	74.475	96.85
3400	0	25.55	48.15	54.65	79.9	88	100
3410	0	32.35	55.15	62.4	83.4	89.5	100
3420	0	26.05	42.35	47.6	69.65	75.4	94.25
3430	0	28.15	54.95	62.7	90.6	96.1	100
3440	0	38.14	67.71	76.28	94.5	98.45	100

附表 2-7　各组岩样分形维数及其相关系数

深度/m	均匀性指数 b	分形维数 D	相关系数 R^2
3270	0.684	2.316	0.9281
3280	0.6899	2.3101	0.9256
3290	0.653	2.347	0.9611
3300	0.6355	2.3645	0.8796
3310	0.7041	2.2959	0.8462
3320	0.6359	2.3641	0.9228
3330	0.6147	2.3853	0.9693
3340	0.668	2.332	0.9176
3350	0.5819	2.4181	0.9141
3360	0.6385	2.3615	0.9359
3370	0.5894	2.4106	0.9572
3380	0.6136	2.3864	0.9587
3390	0.571	2.429	0.9306
3400	0.517	2.483	0.9425

深度/m	均匀性指数 b	分形维数 D	相关系数 R^2
3410	0.47	2.53	0.9463
3420	0.4919	2.5081	0.9331
3430	0.4823	2.5177	0.929
3440	0.464	2.536	0.9594

附表 2-8　各组样本的硬度和可钻性

井深/m	分形维数 D	可钻性级值 K_d	硬度/MPa
3270	2.316	6.95	2230
3280	2.3101	7.14	2205.63
3290	2.347	7.11	2310
3300	2.3645	7.3	2385.24
3310	2.2959	7.41	2277.166
3320	2.3641	7.1	2300.552
3330	2.3853	7.51	2320.52
3340	2.332	7.6	2347.324
3350	2.4181	7.65	2370.71
3360	2.3615	7.5	2394.096
3370	2.4106	7.82	2417.482
3380	2.3864	7.53	2440.868
3390	2.429	8.1	2464.254
3400	2.483	7.86	2487.64
3410	2.53	8.2	2511.026
3420	2.5081	8.22	2534.412
3430	2.5177	8.85	2557.798
3440	2.536	8.6	2581.184

附表 2-9　库车拗陷塔中地区岩石力学参数随深度统计表

深度/m	单轴抗压强度/MPa	硬度/MPa	牙轮可钻性级值	PDC可钻性级值	研磨性指数	岩性
1247		79.9	2.64			
1912	16	325	2.3	1.6	53	泥岩
1923	36	507	3.2	2.5	64	粉砂岩
2495	43	526	3.5	2.7	63	粉砂岩
3560	74	853	4.5	3.7	71	粉砂岩
3625	69	685	4.2	3.5	75	砂岩
3787			5	3		砂岩
3802	76.85	368.62	4.05	3.14	76.7	泥质细砂岩

续表

深度/m	单轴抗压强度/MPa	硬度/MPa	牙轮可钻性级值	PDC可钻性级值	研磨性指数	岩性
3904			4	2		砂岩
3908	65	315			72	泥质细砂岩
4010	97	1426	6.3	5.4	85	灰岩
4097			5	3		砂岩
4300	98	1483	6.45	5.3	84	灰岩
4359	84.05	436.38	4.17	3.39	51.8	泥岩
4400	115	1738	6.8	5.9	102	砂岩
4678	98	886			74	泥质细砂岩
4700	83	1304	5.9	5.2	93	砂岩
4803	105.6	975.63	4.82	3.48	78.1	泥质细砂岩
4844			5	3		砂岩
4952			5	4		砂岩
5030			5	4		砂岩
5061			5			砂岩
5081			5			砂岩
5291	142.7	1581.26	6.58	5.19	86.1	凝灰岩
5486	193.95	1932.63	7.65	6.1	92.7	玄武岩
5760		934.6	5.78			
5780	205	2034			103	细砂岩
5800	94	1409	6.1	5.3	95	灰岩
5812	228	2315			106	细砂岩
5877	221.2	2232.54	7.93	6.85	101.7	细砂岩
5891	214.2	2135.2	7084	6.43	100.8	细砂岩
5960	200.7	1771.14	7.15	6.07	93.7	砂岩
6017		1116.67	5.95			
6034		733.48	6.87			
6153	208.3	2032.64	7.76	6.47	97.5	砂岩
6200	112	1783	6.8	6.2	87	灰岩
6257		2110.66	7.43			
6305	204.9	1912.6	7.62	6.31	102.4	砂岩
6448		438.35	4.66			
6515		664.09	4.48			
7043	138.3	1463.6	6.38	5.02	85.2	灰岩

附表 2-10　岩石声波时差和可钻性级值的试验数据

深度/m	声波时差/(μs/ft)	可钻性级值
1247.025	75.867	2.63
3656.0249	67.994	3.82
4218.0249	63.64	4.56
5080.0249	56.627	6.87
5327.0249	58.952	5.68
5568.2749	75.47	4.26
5672.8999	59.466	5.98
5760.0249	63.539	5.77
5878.0249	56.14	5.95
5880.0249	59.555	6.71

附表 2-11　岩石声波时差和压入硬度的试验数据

深度/m	声波时差/(μs/ft)	硬度/MPa
196.525	107.511	105.3
203.65	120.687	250.6
910.025	77.075	432.68
1247.025	75.867	316.34
2345.7749	49.011	1836.37
3211.8999	41.604	1756.8
3656.0249	67.994	518.33
4218.0249	63.64	789.58
4317.7749	44.035	1937.6
5080.0249	56.627	931.57
5327.0249	58.952	736.97
5672.8999	59.466	1205.9
5717.6499	57.178	1247.75
5760.0249	63.539	854.6

第 **3** 章

PDC 钻头破岩机理与分析

3.1 PDC 钻头结构特征与破岩特征

钻井中使用的钻头多种多样。从宏观结构特征上，可以将其分为牙轮钻头、金刚石钻头和 PDC 钻头三种，具体如图 3-1 所示。牙轮钻头的牙齿在钻压作用下吃入岩石，牙齿吃入点的岩石在冲击力作用下被压碎，被压碎的岩石在钻压作用下进一步对周围岩石产生侧压力，侧压力对岩石产生剪切应力，当剪切应力大于岩石的抗剪强度时，岩石被剪切破碎，岩石裂缝沿最大剪切应力线蔓延到岩石表面，形成破碎坑。金刚石钻头切入岩石很浅，主要通过刮削或磨削岩石的方式破岩。受天然金刚石自身尺寸大小影响，金刚石钻头通过磨削方式破岩的效率必然较低。与牙轮钻头和金刚石钻头相比，PDC 钻头破岩过程可以看作是压入和切削两种破岩过程的结合。压入是钻头切削齿在钻压作用下持续吃入岩石的过程；切削是在切削齿压入岩石的基础上，利用钻头旋转产生的扭矩破碎岩石，形成钻井岩屑。PDC 钻头具有金刚石的硬度和耐磨性，在钻井中具有破岩效率高、钻速快、寿命长、性能稳定、综合经济效益显著等特点。

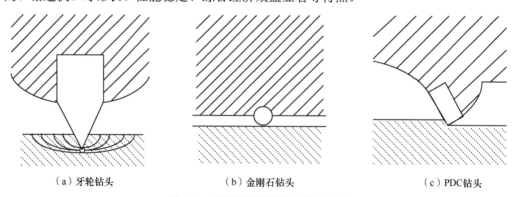

（a）牙轮钻头　　　　　　　　（b）金刚石钻头　　　　　　　　（c）PDC 钻头

图 3-1　三种不同切削齿的破岩方式

PDC 钻头的主要结构包括钻头体、切削齿、喷嘴、保径面和接头，如图 3-2 所示。PDC 钻头的具体结构参数包括切削结构参数、冠部形状参数、切削齿空间结构参数、切削齿分布参数、刀翼数量与结构参数、保径结构参数、水力结构参数、喷嘴数量与尺寸参数、喷嘴空间结构参数、流道结构与尺寸参数等。钻头的剖面结构直接影响钻头的稳定性、导向性、布齿密度、使用寿命、机械钻速等。所以钻头的剖面设计必须与钻井环境相匹配。

图 3-2　PDC 钻头结构

　　按钻头体材料及制造方法，PDC 钻头体可分为碳化钨胎体式和钢体式两种。胎体式 PDC 钻头是采用不同粒度的碳化钨粉及不同配比的浸渍金属料装入设计好的石墨模具中，经无压浸渍高温烧结而成，耐冲蚀，耐磨损，并预留了切削齿位置和喷嘴位置，允许使用较高的钻头压降和含砂量较高的钻井液。钢体式 PDC 钻头是采用整块合金钢毛坯经机加工而成，表面不耐冲蚀，保径容易磨小。

　　PDC 钻头的切削齿类型分为复合片式和齿柱式两种，它们按一定规律布置在钻头体上，如图 3-3 所示。复合片式由聚晶金刚石层和碳化钨衬底组成，一般为圆片状。聚晶金刚石片是复合片切削齿的核心。聚晶金刚石硬度高、耐磨性强，在切削岩石过程中能保持刃口自锐。复合片式的结构如图 3-4 所示。

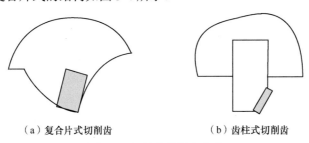

（a）复合片式切削齿　　　　　（b）齿柱式切削齿

图 3-3　切削齿的固定方式

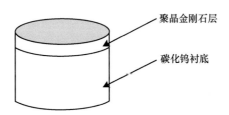

图 3-4　复合片式的结构示意图

　　切削齿是 PDC 钻头破岩的主要部分，其工作性能决定了 PDC 钻头的破岩效率。切削齿的工作性能取决于这种复合片组合的结构特性，具体表现在：切削齿具有极高的硬度、较强的耐磨性，以及较好的自锐性、抗冲击性。PDC 钻头的这些性能特点决定了PDC 钻头是一种从软地层到硬地层都适用的钻头。

3.2 基于地应力的 PDC 单齿切削破岩机理及分析

3.2.1 PDC 单齿切削模型

现阶段，常用的单齿切削模型是西松（Nishimatsu）模型。西松模型主要是根据岩石强度求解的切削力。然而，岩石强度会随着围压的改变而改变，并且岩石的破碎是岩石所受合力的作用效果。因此，从井底岩石应力分布状态推导切削力更加准确。在综合分析岩石受到的合力和破碎区域岩石的应力状态的基础上，提出了一种基于地应力的PDC 切削力模型。为了可以分别分析三种主要因素的影响，把切削力分成三个部分：克服有效水平应力的切削力、克服岩石强度的切削力、克服有效垂直应力的切削力。通过该模型计算的切削力不仅受岩石本身物理性质的影响，还受岩石切削技术的影响。因此，把该模型所求解的切削力 F_R 应用到钻头上，可用作评估岩石可钻性的基础。

1. 岩石破碎过程中受到的合力 F

在利用 PDC 钻头进行井下作业过程中，钻压使得 PDC 钻头吃入岩石，而作用在钻头上的扭矩使得 PDC 钻头切削岩石。把这种情况类比到 PDC 单齿上，PDC 单齿给岩石提供一个垂直向下的力和一个水平方向的力。在这两个力的作用下，岩石发生破裂，形成岩屑。Hiramatsu 和 Oka[35] 证实了在切削过程中的摩擦力产生于磨损面，切削力产生于切削面，它们之间是没有联系的。因此，摩擦力和切削力可以分开。Zijsling[36] 指出切削速度对切削力的影响：如果切削速度较慢，更多的钻井液侵入岩石中，将导致岩石强度较低，从而影响切削力。由于切削速度对切削力没有直接影响，而且切削齿运动带来的摩擦力可以与切削力分开研究，研究切削力时不考虑切削速度。

本章所推导的切削力从严格意义上来说是切削齿所提供的破碎岩石所需要的力。这个推导过程和西松推导的切削过程相类似。不同之处在于，西松模型 [7] 认为，岩石的破碎是单齿所提供的切削力作用到岩石上的效果。然而岩石破碎是由于岩石所受合力的作用效果，因此，通过岩石破碎的这个结果（产生破碎）反推得到的力应该是岩石所受到的合力。接下来通过对岩石的应力分析得到切削齿提供给岩石的切削力。换句话而言，岩石在合力 F 的作用下发生破碎，此时切削齿提供的力为 F_R^*。F_R^* 由两部分组成，一部分用于克服切削过程的摩擦，即 F_f；另一部分用于破碎岩石，即 F_R。而本节的研究重点是切削齿所提供的、用于破碎岩石的切削力 F_R。

由于切削力在切削刃的宽度方向上无比较明显的变化，可以把岩石切削三维问题转化为二维问题。在合力 F 作用下，PDC 钻头刃前岩石沿破裂线 AB 破坏，如图 3-5 所示，其中 h 为切削深度，P_L 为 A 点受到的合应力，α 为破裂线与水平面之间的夹角，φ 为 A 点受到的合应力 P_L 与 PDC 刀具前缘之间的夹角，θ 为 PDC 切削齿的切削角，R 为岩石破碎面上的切削应力，β 为切削应力与 PDC 刀具前缘之间的夹角。

设 P 为沿着破裂线 AB 单位长度上的合应力，λ 为破裂线 AB 上任意一点到 A 点的距离。在 A 点，合应力最大，足以使岩石产生裂纹，B 点为破裂线的末端，因此此处合应力为 0。沿着破裂线从 A 点到 B 点所产生的合应力 P 不断减小。并且，在宏观上，破裂

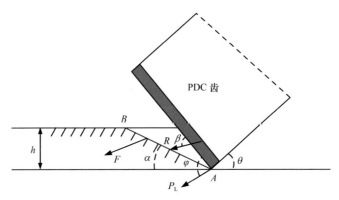

图 3-5　岩石受到的合力分析

线 AB 的长度很小，因此，合应力 P 的变化率比较大。假设 P 与 λ 的函数关系为

$$P = P_0 \left(\frac{h}{\sin\alpha} - \lambda \right)^n \tag{3-1}$$

式中，P_0 为应力平衡决定的常数；λ 为应力分布系数。

假设合应力 P 的方向沿着破裂线 AB 是恒定的，破裂线 AB 上受到的合力 F 是合应力在破裂线 AB 上的积分（积分上下限分别是 A 点和 B 点处 λ 的取值）：

$$F = P_0 \int_0^{\frac{h}{\sin\alpha}} \left(\frac{h}{\sin\alpha} - \lambda \right)^n \mathrm{d}\lambda \tag{3-2}$$

$$P_0 = (n+1)F\left(\frac{\sin\alpha}{h} \right)^{n+1} \tag{3-3}$$

把式（3-3）代入式（3-1），能够得到破裂线 AB 上的应力状态分布方程：

$$P = (n+1)F\left(\frac{\sin\alpha}{h} \right)^{n+1} \left(\frac{h}{\sin\alpha} - \lambda \right)^n \tag{3-4}$$

当 $\lambda=0$，即 A 点处产生一个最大合应力值 P_L：

$$P_L = F(n+1)\frac{\sin\alpha}{h} \tag{3-5}$$

A 点合应力值 P_L 沿着破裂线方向和破裂线法向方向分解，分别可得

$$\sigma_{n0} = F(n+1)\frac{\sin\alpha}{h}\sin\left(\alpha + \varphi + \theta - \frac{\pi}{2} \right) \tag{3-6}$$

$$\tau_{n0} = F(n+1)\frac{\sin\alpha}{h}\cos\left(\alpha + \varphi + \theta - \frac{\pi}{2} \right) \tag{3-7}$$

井底岩石的应力状态复杂，岩石并不是在简单的应力状态下发生破坏，而是在不同的正应力和剪应力组合作用下丧失承载能力。当岩石的某一平面受到的正压力和剪应力达到某一数值时，岩石就会发生破坏。根据文献 [37]，岩石和类似脆性材料破坏的应力条件可以由莫尔应力圆的包络线给出。对于许多岩石，在正压应力区域，存在一个莫尔应力圆的近似直包络。并且，文献 [37] 通过现场试验证实了一个简单的莫尔–库仑

（Mohr-Coulomb）准则，可以很好地解释岩石强度所造成的切削力的变化。当破裂线上的最大应力与失效准则相对应时，岩石便会发生破碎。

因此，岩石的破碎条件是

$$\tau_{n0} = \tau_m + \sigma_{n0} \tan\phi \tag{3-8}$$

式中，τ_m 为剪切强度，MPa；ϕ 为内摩擦角。

将式（3-6）、式（3-7）、代入式（3-8），得到式（3-9）：

$$F = \frac{1}{n+1} \frac{h}{\sin\alpha} \frac{\tau_m \cos\phi}{\sin(\alpha + \varphi + \theta + \phi)} \tag{3-9}$$

破裂线 AB 上受到的合力 F 的方向应该是切削力最小的方向，即

$$\frac{\mathrm{d}F}{\mathrm{d}\alpha} = 0 \tag{3-10}$$

由此得到合力 F 最小时的 α 为

$$\alpha = \frac{1}{2}(\pi - \phi - \theta - \varphi) \tag{3-11}$$

将式（3-11）代入式（3-9）可得

$$F = \frac{2}{n+1} \tau_m h \frac{\cos\phi}{\cos(\varphi + \theta + \phi) + 1} \tag{3-12}$$

式中，h 为切削深度；θ 为 PDC 切削齿的切削角；φ 为 A 点受到的合应力 P_L 与 PDC 刀具前缘之间的夹角；τ_m 为剪切强度；ϕ 为内摩擦角；系数 $n=11.3-0.8\theta$。

合力 F 在破裂线 AB 上施加的法向分力 F_σ 和切向分力 F_τ 分别为

$$F_\sigma = F \sin\left[\frac{1}{2}(\varphi + \theta - \phi)\right] \tag{3-13}$$

$$F_\tau = F \cos\left[\frac{1}{2}(\varphi + \theta - \phi)\right] \tag{3-14}$$

对于给定的 PDC 钻头，切削角 θ 是已知的。合力 F 可以通过 τ_m、h、φ 和 ϕ 的试验测量值来计算。由式（3-12）可知，因为 $\phi \leqslant 90°$，$\cos(\varphi+\theta+\phi)+1 \geqslant 0$，$F$ 总是正的。剪切面只受到剪切力和正压力，而不受张力，这与 Miedema[38] 提出的岩石切割机制是一致的。因而，在 PDC 切削齿切削岩石过程中，无论岩石是何类型，切削齿都以剪切的形式切削岩石，从而极大地提高了钻井钻率。而剪切面上的正压力使得岩屑更容易成团，导致泥包现象，甚至黏滑现象产生。

2. 井底岩石应力分析

井眼附近岩石受力分析如图 3-6 所示，井底岩石的受力主要包括上覆岩层压力 σ_v、岩石孔隙内流体的压力 P_p（孔隙压力）、水平-应力 σ_H 和 σ_h，以及钻井液液注压力 P_h。值得注意的是，水平应力来自垂直方向的上覆岩层压力和地质构造应力，并且地质构造应力在各个方向上基本存在且不相等。因此，每个方向的水平应力都不相等。一方面为了计算简便，另一方面在 3.2.1 节中已经把切削力的三维问题简化成二维问题。因此，假

设水平方向的两个主应力相等，即 $\sigma_H = \sigma_h$。岩石的膨胀性和渗透性对井底岩石压力的影响同样也不可忽略。Detournay 和 Atkinson[39] 指出对于膨胀性岩石，当岩石的渗透性较高时，岩石内孔隙压力近似等于原始孔隙压力，相反，当岩石的渗透性较低时，孔隙压力仅仅与孔隙体积的变化有关。Zijsling[36] 通过试验证实了当岩石具有膨胀性时，在切削过程中，岩石会发生膨胀，导致孔隙空间增加。与此同时，岩石的渗透率较低，流体不能及时地补充增加的孔隙空间，导致孔隙压力下降，不再与原始孔隙压力相等。但是，如果岩石的渗透率较大，流体会及时补充增加的孔隙空间，此时，孔隙压力不会发生太大的变化，与原始孔隙压力近似相等。综上所述，岩石的膨胀性和渗透性可能导致破碎区域岩石的孔隙压力不再等于原始孔隙压力。因此，这里的孔隙压力指的是破碎区域岩石内的孔隙压力，而不是原始孔隙压力。

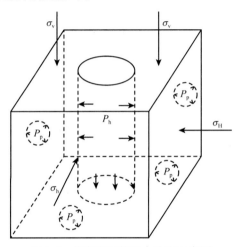

图 3-6　井底岩石的压力分布示意图

由安德森（Anderson）模型可知，水平应力为

$$\sigma_1 = \sigma_H = \sigma_h = \frac{\mu}{1-\mu}\left(\sigma_v - \alpha P_p\right) + \alpha P_p \tag{3-15}$$

式中，μ 为泊松比。

井底岩石的垂直应力为

$$\sigma_3 = P_h - P_p \tag{3-16}$$

式（3-15）和式（3-16）所求解的水平应力和垂直应力都是在假设垂直应力与井眼轴线平行，而水平应力与井眼轴线垂直的情况下得出的，并不能满足斜井钻进过程中的情况。为了增加模型的应用范围，需要对坐标进行变换。如图 3-7 所示，其中箭头方向为应力矩阵中的正方向，z 轴与井眼轴线重合，α_c 是井斜角，把原坐标系 1-3 逆时针旋转一个角度 α_c，转换成新坐标系 x-z。

此时，两个坐标系的转化关系为

$$\begin{bmatrix} x \\ z \end{bmatrix} = \begin{bmatrix} \cos\alpha_c & \sin\alpha_c \\ -\sin\alpha_c & \cos\alpha_c \end{bmatrix}\begin{bmatrix} 1 \\ 3 \end{bmatrix} \tag{3-17}$$

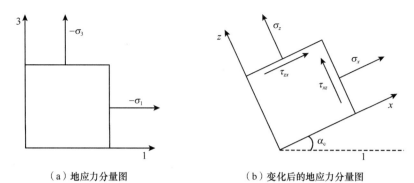

（a）地应力分量图　　　　　　　　（b）变化后的地应力分量图

图 3-7　坐标变换图

σ_z-z 方向主应力；σ_x-x 方向主应力；τ_{zx}，τ_{xz}-剪应力

设 A_c 为转化矩阵，则

$$A_c = \begin{bmatrix} \cos\alpha_c & \sin\alpha_c \\ -\sin\alpha_c & \cos\alpha_c \end{bmatrix} \tag{3-18}$$

两个坐标系的应力分量关系为

$$\begin{bmatrix} \sigma_x & \tau_{xz} \\ \tau_{zx} & \sigma_z \end{bmatrix} = A_c \begin{bmatrix} -\sigma_1 & 0 \\ 0 & -\sigma_3 \end{bmatrix} A_c^{\mathrm{T}} \tag{3-19}$$

式中，$\tau_{xz} = \tau_{zx}$。

转化后的应力分量为

$$\sigma_x = -\sigma_3 \sin^2\alpha_c - \sigma_1 \cos^2\alpha_c \tag{3-20}$$

$$\sigma_z = -\sigma_1 \sin^2\alpha_c - \sigma_3 \cos^2\alpha_c \tag{3-21}$$

$$\tau_{xz} = \tau_{zx} = \frac{1}{2}(\sigma_1 - \sigma_3)\sin 2\alpha_c \tag{3-22}$$

当 $\alpha_c = 0°$ 时，式（3-19）满足垂直井段的井底岩石应力分布情况。

3. 岩石受到的平均切削应力 R

在钻进过程中，切削齿也会给岩石提供切削力。设 R 为切削齿提供给岩石的平均切削应力。

在破碎区域的岩石上取一个微小单元，对该岩石单元进行应力状态分析，如图 3-8 所示。取三角形 abc 为研究对象，通过平衡关系求解斜截面上的平均应力。

由于应力状态分析的应力是单位面积上的内力，需要乘以作用面的面积后才能考虑内力的平衡关系。设斜截面的面积等于 $\mathrm{d}A$，所以

$$ac = \frac{\mathrm{d}A}{\tan\alpha} \tag{3-23}$$

$$ab = \frac{\mathrm{d}A}{\sin\alpha} \tag{3-24}$$

考虑三角形 abc 在斜截面法向的内力平衡，由平衡方程可得

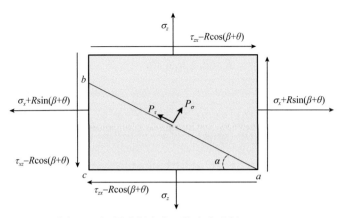

图 3-8　切削过程中岩石的内力分析（$\tau_{xz}=\tau_{zx}$）

$$\frac{\mathrm{d}A}{\sin\alpha}P_\sigma = \mathrm{d}A\left[\sigma_x + R\sin(\beta+\theta)\right]\sin\alpha + \mathrm{d}A\left[\tau_{xz} - R\cos(\beta+\theta)\right]\cos\alpha + \cdots$$
$$+\frac{\mathrm{d}A}{\tan\alpha}\sigma_z\cos\alpha + \frac{\mathrm{d}A}{\tan\alpha}\left[\tau_{xz} - R\cos(\beta+\theta)\right]\sin\alpha \tag{3-25}$$

整理得

$$R = \frac{P_\sigma - \sigma_x\sin^2\alpha - \sigma_z\cos^2\alpha - \tau_{xz}\sin 2\alpha}{\sin(\beta+\theta)\sin^2\alpha - \sin 2\alpha\cos(\beta+\theta)} \tag{3-26}$$

式（3-13）所求解的法向合力 F_σ 是通过单位长度上的合应力 P 所求解出来的破裂线（破裂线与水平面之间的夹角为 α）上的法向力，是一个线载荷。而 P_σ 是斜截面（它与水平面之间的夹角也为 α）单位面积上的平均内力。

设 l 为破裂面上的等效宽度，S 为破裂面的面积，可得

$$F_\sigma l = P_\sigma S \tag{3-27}$$

由断裂面上的几何关系可知，破裂面的面积 S 等于破裂线的长度与破裂面上的等效宽度 l 的乘积，所以

$$P_\sigma = \frac{1}{S/l} = F_\sigma\frac{\sin\alpha}{h} \tag{3-28}$$

把式（3-28）中的 P_σ 代入式（3-26）中，得

$$F_\sigma = \frac{2\tau_\mathrm{m}h\cos\phi}{(n+1)\left[\cos(\varphi+\theta+\phi)+1\right]}\sin\left[\frac{1}{2}(\varphi+\theta-\phi)\right] \tag{3-29}$$

由式（3-12）和式（3-13），可以得到

$$R = \frac{F_\sigma\dfrac{\sin\alpha}{h} - \sigma_x\sin^2\alpha - \sigma_z\cos^2\alpha - \tau_{xz}\sin 2\alpha}{\sin(\beta+\theta)\sin^2\alpha - \sin 2\alpha\cos(\beta+\theta)} \tag{3-30}$$

此时由于剪切面所受到的合力主要由 PDC 单齿提供，近似 $\beta\approx\varphi$，并且结合式（3-29）和式（3-30）可得 R 的表达式。为了分析各种因素对切削力的影响，所以将 R 分成 R_1、R_2 和 R_3。R_1 是用来克服有效水平应力 σ_1 那部分的切削应力，R_2 是用来克服岩石

剪切强度那部分的切削应力，R_3 是用来克服有效垂直应力 σ_3 那部分的切削应力。通过整理得 [40]

$$R = R_1 + R_2 + R_3 \tag{3-31}$$

其中

$$R_1 = \frac{\sigma_1\left[1+\cos\left(2\alpha_c+\phi+\theta+\varphi\right)\right]}{\sin(\varphi+\theta)-\sin\phi-\cos(\varphi+\theta)\sin(\varphi+\theta+\phi)} \tag{3-32}$$

$$R_2 = \frac{\dfrac{2\tau_m}{n+1}\cdot\dfrac{\cos\phi\sin\left[\dfrac{1}{2}(\theta+\varphi-\phi)\right]}{\cos\left[\dfrac{1}{2}(\varphi+\theta+\phi)\right]}}{\sin(\varphi+\theta)-\sin\phi-\cos(\varphi+\theta)\sin(\varphi+\theta+\phi)} \tag{3-33}$$

$$R_3 = \frac{\sigma_3\left[1-\cos\left(2\alpha_c+\phi+\theta+\varphi\right)\right]}{\sin(\varphi+\theta)-\sin\phi-\cos(\varphi+\theta)\sin(\varphi+\theta+\phi)} \tag{3-34}$$

需要指出的是，3.2.1 节中已经把切削力的三维问题转化成二维问题，所得到的力是作用在一根破裂线上的合力。而在实际的情况中，我们需要关心的是整个破裂面上的力。因此，应力分析中，通过微小单位的应力分析，得到了平均应力。平均应力和 3.2.1 节中进行的应力逐渐变小的假设相违背，但是，结合破裂面的面积，可以得到整个破裂面上的力，即使它存在着一定的误差。

4. 岩石受到的切削力 F_R

图 3-9 展示出了由单个 PDC 刀具进行的岩石去除过程。由图 3-9 的二维图可知，在切削岩石的过程中，PDC 单齿与岩石的接触面为直线 ED 所在的平面，然后产生的破裂面为破裂线 FD 所在的平面。3.2.3 节中所求解的切削力是破裂面上的平均切削应力，因而岩石受到的切削力应该等于平均切削应力与破裂面的乘积。

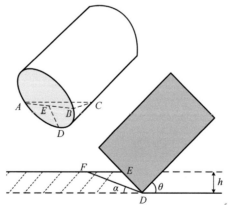

图 3-9　PDC 钻头楔入岩石示意图

实际上，FD 所在的破裂面不可能像切削齿与岩石的接触面那样平整，而且即使是切削齿与岩石的接触面，也会因为切削齿的磨损变得不平整。为了简便，近似破裂面平整。设破裂面面积为 S_{FD}，切削齿与岩石的接触面积为 S_{ADB}，PDC 刀具的半径为 r，切削齿磨损系数为 ξ。由图 3-9 可得

$$S_{FD}\sin\alpha = \xi S_{ABD}\sin\left(\frac{\pi}{2}-\theta\right) \tag{3-35}$$

$$S'_{FD} = \xi S'_{ABD}\frac{\cos\theta}{\cos\left[\frac{1}{2}(\phi+\theta+\varphi)\right]} \tag{3-36}$$

$$CD = \frac{h}{\sin\theta} \tag{3-37}$$

$$ED = \frac{h}{\cos\theta} \tag{3-38}$$

对于圆柱体底部圆形而言，由图 3-10 建立坐标系，可得

$$S_{ADB} = 2\int_{r-\frac{h}{\cos\theta}}^{r}\sqrt{r^2-y^2}\,\mathrm{d}y \tag{3-39}$$

$$S_{ADB} = r^2\arccos\left(1-\frac{h}{r\cos\theta}\right) - \frac{r-\frac{h}{\cos\theta}}{\cos\theta}\sqrt{2rh\cos\theta-h^2} \tag{3-40}$$

$$S_{FD} = \xi\frac{r^2\cos\theta\arccos\left(1-\frac{h}{r\cos\theta}\right)-r-\frac{h}{\cos\theta}\sqrt{2rh\cos\theta-h^2}}{\cos\left[\frac{1}{2}(\phi+\theta+\varphi)\right]} \tag{3-41}$$

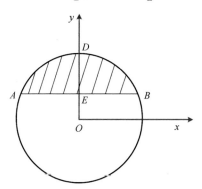

图 3-10 PDC 单齿底部分析图

综上所述：

$$FR = R\times S_{FD} = (R_1+R_2+R_3)\times S_{FD} = F_{R_1}+F_{R_2}+F_{R_3} \tag{3-42}$$

式中，F_{R_1} 为用来克服有效水平应力 σ_1 的那部分切削力；F_{R_2} 为用来克服岩石剪切强度的那部分切削力；F_{R_3} 为用来克服有效垂直应力 σ_3 的那部分切削力。

新的切削力模型在推导过程中，全面考虑了影响单齿切削过程的多个因素。不仅考虑了岩石的力学性质，如岩石的强度、内摩擦角，还考虑了岩石在井底的应力分布状态，

把岩石应力状态与切削相结合，最后还考虑了切削齿的形状及切削齿的倾角。因而，模型能够精确计算单一 PDC 切削齿的切削力 F_R。PDC 钻头的刀具布局一样，单个 PDC 切削齿上的力，不仅是钻头优化设计的关键，而且在提高 PDC 钻头性能方面也发挥着重要作用。还有一个重要的方面，由于该模型不仅考虑了岩石的物理力学性质，还讨论了切削齿切削岩石的方式，这些因素综合作用极大地影响了岩石的可钻性。因此，把该模型获得的单齿切削力 F_R 应用到钻头上可以有效地评估岩石的可钻性。

3.2.2　单齿切削模型特性影响因素分析

1. 有效地应力对切削力的影响

本节我们假设 $\theta=20°$、$\phi=30°$、$\varphi=85°$、$\mu=0.25$、$h=2mm$、$r=16mm$（PDC 刀具的半径）。基于地应力的单 PDC 刀具力模型用于计算主应力 σ_1、σ_3 和切削应力 R_1、R_3，井深在 $1000\sim3400m$ 范围内，τ_m 为 15MPa（目的是比较两个方向的地应力对切削力的影响，因此，岩石的力学性能没有变化）。

从图 3-11 可以看出，随着井深的增加，σ_1、σ_3、R_1 和 R_3 都呈线性增加，但它们的初始值和增加幅度不同。R_1 主要受有效水平应力 σ_1 的影响，R_3 主要受有效垂直应力 σ_3 的影响。有趣的是 σ_1 大于 σ_3，而 R_1 小于 R_3。换句话说，尽管 σ_1 相对较大，但它对切削力 F_R 的影响很小。由于 R_1 和 R_3 之间的差异越来越大，有效水平应力 σ_1 对切削力 F_R 的影响逐渐减弱。相反，虽然 σ_3 相对较小，但它对切削力 F_R 有很大影响。在 PDC 钻头钻进过程中，钻头上的质量主要用于抵抗垂直应力，而转速主要用于抵抗水平应力。因此，比起转速的增加，WOB 的增加可带来更好的穿透效果。在钻井过程中存在一种现象，即当转速增加时，ROP 呈指数变化，但指数一般小于 1，因此由转速增加引起的 ROP 增加效应将趋于平稳。以前以为，这种现象仅由转速增加时岩石破碎的时间效应引起。然而，从单齿切削模型的分析可以看出，有效水平应力对切削力的影响小于预期。

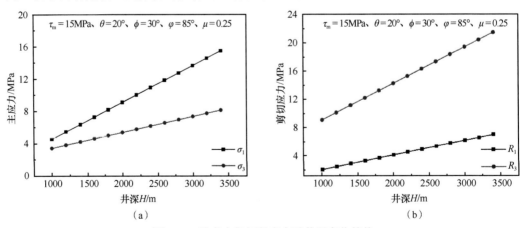

图 3-11　地应力和切削应力随井深变化趋势

2. 切削角对切削应力的影响

岩石的抗剪强度随岩性和井深的变化而发生很大变化。从图 3-12 可以看出，随着切削角的增加，切削应力 R 在初始阶段呈下降趋势，但当切削应力 R 下降到一定值后开始增大。众所周知，在不同剪切强度范围内存在切削应力的极值。换句话说，切削应力的极值对应于破坏单位体积岩石所需的最小载荷。当切削角太大时，切削齿和岩石之间的接触面积增加。因此，即使切削应力非常小，切削力也会很大。当切削角太小时，接触面积减小，破碎岩石的体积减小，这将降低岩石切割效率。如图 3-13（a）所示，当切削角在 $10°$～$20°$ 时，切削力具有最小值。如图 3-13（b）所示，当切削角小于 $15°$ 时，接触面积变化相对较小。总之，在破坏单位体积岩石所需的载荷较小的前提下，为了确保切削力不会太大从而保证切削效率，最佳切削角应为 $15°$～$20°$，这与一些学者所说的 PDC 刀具的最佳切削角 $5°$～$25°$ 一致[41-44]。

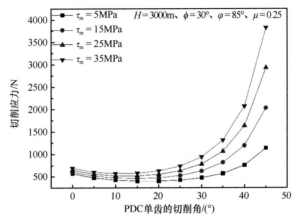

图 3-12　不同内剪切强度下切削应力 R 随 θ 的变化趋势图

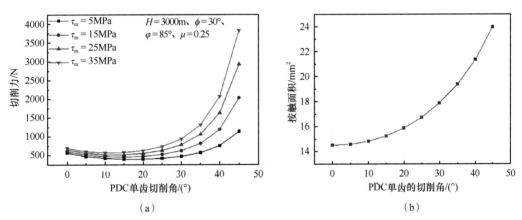

（a）　　　　　　　　　　　　　　　　（b）

图 3-13　切削力 F_R 和接触面积相对于切削角 θ 的变化趋势

为了进一步弄清楚切削角对切削力的影响，绘制了 τ_m=15MPa 时，每部分切削力随切削角的变化规律图，如图 3-14（a）所示。随着切削角的改变，变化最大的是克服岩石剪切强度的切削力 F_{R_2}。图 3-14（b）为四种剪切强度下，克服岩石剪切强度的切削力 F_{R_2} 随着切削角变化规律图。岩石的抗压强度远大于抗剪强度。当切削角很小的时候，F_{R_2} 比较小，增加幅度不太明显。此时，PDC 切削齿主要是以剪切的形式破碎岩石。当切削角大于 $20°$ 以后，F_{R_2} 急剧增加，PDC 切削齿的破岩机理从剪切变成了压碎。综上所述，为了保证 PDC 以剪切的形式切削岩石，切削角不宜过大。

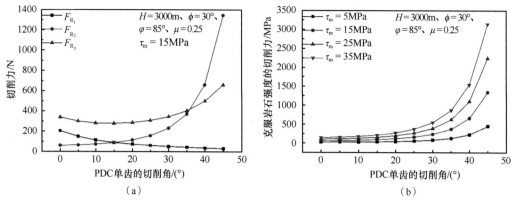

图 3-14　切削力随切削角变化趋势图

3.2.3　单齿切削试验及现场案例分析

1. 室内试验分析

本段分析的主要目的是证实该模型可以用于预测切削力。Zijsling[36] 对曼科斯（Mancos）页岩进行的单刀试验结果为该理论预测提供了支持。选择 Mancos 页岩的原因主要有以下几点：①中国页岩埋藏较深，现有的切削力模型针对深井页岩切削力的预测能力不足。② Mancos 页岩不像皮埃尔（Pierre）页岩那样，存在着许多黏土颗粒。只要总的井底压力超过颗粒的强度，就会导致基质完全坍塌。③ Mancos 页岩是极低渗透率膨胀岩石。它的孔隙压力会随着岩石孔隙体积的变化而变化。许多研究人员把原有模型切削力预测这类岩石切削力能力的不足仅仅归结于孔隙压力的变化，而忽略了井底岩石的应力分布状态。

Mancos 页岩切削试验主要是测试不同的孔隙压力和上覆岩层压力下，切削齿上的受力随液注压力的变化规律。试验中存在两种不同的切削深度：0.15mm 和 0.3mm。试验的切削齿的截面为一个 10mm×10mm 的正方形，而不像书中推导中所描述的圆形。因此，把该尺寸的正方形转化成周长相同的圆形，则切削齿的半径 $r=20/\pi$ mm。

还有一点值得注意，试验中所求解的力是切削齿在运动过程中的受力。在运动过程中，必然存在着摩擦力。因此试验所求解的力不仅仅包括破碎岩石的切削力，而且包括运动过程的摩擦力。所以需要修正一下模型所求解的力：

$$F_{Rx}=FR\cos\left(\varphi+\theta-\frac{1}{2}\pi\right) \tag{3-43}$$

$$F_{Rz}=FR\sin\left(\varphi+\theta-\frac{1}{2}\pi\right) \tag{3-44}$$

式中，F_{Rx} 为切削齿沿切削方向的切削力；F_{Rz} 为切削齿垂直于切削方向的切削力。

在实际的钻进过程中，切削齿一边在水平方向做着切削运动，一边也缓慢地沿着井眼轨迹向前钻进。因而，切削齿在运动过程中，不仅存在水平方向的摩擦力，在垂直方向上也存在着切削力[28]。但是对于单齿的切削过程而言，其摩擦力还是以水平方向为主。因此针对水平摩擦力对模型进行粗略的修正：

$$F_{fx}=\mu F_{Rz} \tag{3-45}$$

式中，F_{fx} 为切削齿上的水平摩擦力；μ 为切削齿和岩石之间的摩擦系数。

$$F_{Rx}^{*}=F_{Rx}+F_{fx} \tag{3-46}$$

$$F_{Rz}^{*}=F_{Rz} \tag{3-47}$$

$$F_{R}^{*2}=F_{Rx}^{*2}+F_{Rz}^{*2} \tag{3-48}$$

式（3-48）所求解的力 F_{R}^{*} 与试验中所求解的力相对应。

图 3-15 和图 3-16 显示了在不同的原始孔隙压力和上覆岩层压力（原始孔隙压力+上覆岩层压力=液柱压力）下试验和模型预测的单齿切削载荷的区别。需要注意的是，试验测量的是原始孔隙压力 P_0，而没有测量在切削过程中，由于岩石孔隙空间变化而变化的孔隙压力。本节主要关注的是井底岩石应力分布状态对切削过程的影响，而不是孔隙压力的变化情况。因而，在模型预测过程中，假设孔隙压力没有发生变化，还是与原始孔隙压力相等。图 3-15 和图 3-16 的区别是切削深度 h 不同。图 3-15 和图 3-16 的井底岩石受力情况如表 3-1 所示，其中，$P_0=\sigma_v=0$ 时代表试验的岩石没有饱和流体。

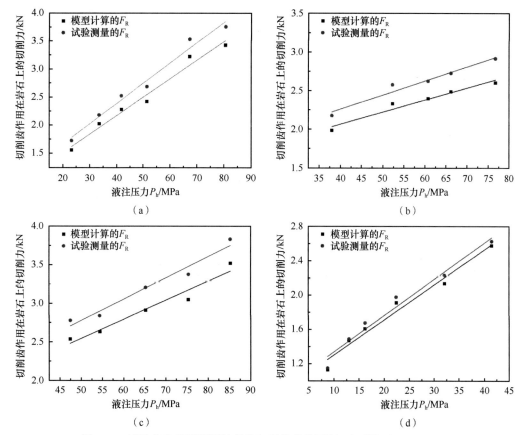

图 3-15　试验值和模型预测的单齿切削载荷的区别（切削深度 h=0.3mm）

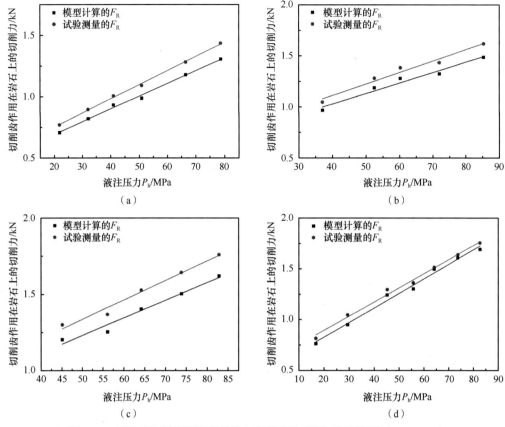

图 3-16　试验值和模型预测的单齿切削载荷的区别（切削深度 h=0.15mm）

表 3-1　图 3-15 和图 3-16 的井底岩石受力情况

图 3-15 和图 3-16	上覆岩层压力 σ_v/MPa	原始孔隙压力 P_0/MPa
（a）	45	21
（b）	65	30
（c）	75	35
（d）	0	0

从图 3-15 和图 3-16 中可以看出，无论在哪种情况下，试验的测量值都会大于模型计算值。产生误差的原因主要为以下两个方面：①无法知道试验进行过程中孔隙压力的变化。运用模型预测切削载荷的过程中，假设孔隙压力等于原始孔隙压力。从前面的分析可知，在 Mancos 页岩中，孔隙压力会发生变化，与原始孔隙压力并不相等。②切削齿的速度变化。在实际切削过程中，由于岩石的阻碍作用，切削齿的动能会发生变化，从而导致切削齿受力发生变化。而在模型的建立过程中，并没有考虑速度的因素。从图 3-15（d）和图 3-16（d）可以看出，当岩石处在不饱和状态下，即孔隙内没有流体时，试验测量值与模型计算值非常接近。当孔隙内没有流体时，孔隙压力就不会发生变化。因此，可以认为，该模型在非膨胀性岩石中，即孔隙压力变化不大的岩石中，预测能力很好。表 3-2 是图 3-15 和图 3-16 的试验测量值与模型计算值的相对误差。在该模型

中，切削深度对切削过程的影响主要体现在切削面积上。切削深度的变化并没有使相对误差明显增加。因而，可以认为，该模型所推导的切削面积也是比较合理的。由表 3-2 中的数据可知，当岩石处于饱和状态，即孔隙中存在流体时，孔隙压力的变化造成了 15% 左右的误差。针对孔隙压力发生变化的岩石，即膨胀性岩石，为了增加该模型的预测能力，可以增加孔隙压力变化系数。

表 3-2　图 3-15 和图 3-16 的试验测量值与模型计算值的相对误差　　　（单位：%）

相对误差	图 3-15	图 3-16
（a）	13.26	13.14
（b）	14.96	15.30
（c）	11.04	14.53
（d）	2.872	4.48

综上所述，Mancos 页岩试验[36] 证实了在井底压力分布状态的基础上建立的单齿切削力模型具有一定的准确性。当岩石的孔隙压力不发生变化时，即岩石不发生膨胀时，模型的预测能力较好。针对膨胀性岩石，模型的预测存在 15% 左右的误差，可以通过增加孔隙压力变化系数来提高模型在膨胀性岩石中的预测能力。如何设置孔隙压力变化系数将是以后研究的一个重点。针对黏土含量较多的岩石，如 Pierre 页岩，切削过程与黏土颗粒的强度有很大的关系。而模型的研究范围并没有到达黏土颗粒的范围，因此不适用。

2. 现场案例分析

大庆油田于 1959 年被发现，它是中国第二大油田，也是世界上为数不多的特大型砂岩油田之一。随着 2002 年 XS1 井深层火成岩气藏的成功发现，火成岩储层已成为重要的勘探目标。大庆火成岩储层主要分布在营城组、沙河子组和火石岭组，埋藏深度为 2700～4700m。XS1 井位于松辽盆地东南部徐家围子拗陷东新城断层阶段（图 3-17）。大庆火成岩储层 30 口井中采集的累积 4987.6m 岩心的详细测井和描述表明，含气火成岩由流纹岩、凝灰岩、火山角砾岩、火山岩聚集体、安山岩、英安岩和粗面岩组成，其中几乎 80% 的天然气储量与流纹岩和凝灰岩有关。对于松辽盆地营城组和火石岭组火成岩，地层钻井阻力参数略有变化。由于火成岩一般都非常硬，大庆油田的火成岩储层是最难钻的地层。大庆火成岩储层的硬岩钻探为我们开发的 PDC 钻头模型提供了现场应用的机会，不仅可以通过现场钻井实践验证 PDC 钻头的数学模型，而且可

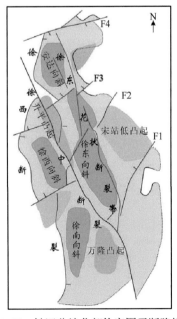

图 3-17　松辽盆地北部徐家围子断陷构造

以研究钻头在硬岩层中的切削效率，改善 PDC 钻头的未来设计，提高硬地层井的钻井效率。西松模型是最早针对岩石切削所建立的模型，其他模型大部分是在金属切削的基础上进行修正。因此，西松模型被广泛应用到切削力的预测中。由于该模型研究的仅仅是单齿切削过程，并没有把模型整合到 PDC 钻头上。因此，只能够通过比较该模型与西松模型所预测的单齿切削力，来验证模型的准确性。

基于深层火成岩储层测井和钻井作业的数据，利用切削力模型分析了钻井阻力随深度的变化。图 3-18 显示了切削力相对于井深的变化，其中 $F_{西松}$ 是由西松模型计算的切削力[45]。F_R 略高于 F。图 3-18（a）表明，当井深处于 200～1000m 时，F_R 和 F 具有相似的变化趋势。图 3-18（b）显示了深井 3550～5050m 处切削力的变化，可以看出 F_R 和 F 都呈整体上升趋势，增长率相似，但是对于西松模型的大波动，细节处几乎没有相似之处。这是因为岩石的合力是岩石破碎的根本原因。岩石强度会影响岩石破碎，但是破碎是岩石合力的结果，不仅仅受切削力的影响。西松模型仅仅考虑了岩石强度，认为岩石破碎受切削力的影响，并且认为应力分布状态仅仅影响岩石强度。通过改变岩石强度就能抵消应力状态对切削的影响。如果地应力等于 0，切削齿只需要克服岩石自身的强度，此时，西松模型具有很好的预测效果。然而这并不满足实际的钻井情况。本节的模型结合了岩石强度和井底岩石的应力分布状态，切削齿在进行切削作业的过程中，不仅需要克服应力增加引起的强度变化，还要克服应力本身。因而，无论在浅井段还是深井段，F_R 都会明显高于 F。在浅井段中，相对于应力增加引起的强度增加，应力自身对切削力

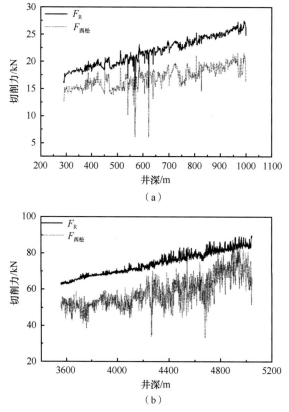

（a）

（b）

图 3-18　相邻井切削力相对于井深的变化趋势

的影响所占的比例较小，因而 F 和 F_R 的差距不大。而在深井段，这两个部分对切削力的影响都占有很大的比例。这就造成了 F_R 和 F 有很大的差距。这也是为什么现有的模型在浅井段对切削力预测能力比较好，而在深井段对切削力的预测能力不足。因此，本节开发的 PDC 单齿切削力的数学模型可以更准确地解释岩石在深部坚硬地层钻进时的切削力。

从图 3-18 可以看出，相邻井的切削力是波动的，但总体趋势随着井深的增加而增加，切削力随井深的增加率约为 0.0072N/m，F 和 F_R 的增加率为 0.0086N/m。从图 3-18还可以看出，XS1 井的切削力随井深的增加率为 0.0632N/m，因此，相邻井具有很高的硬度和较差的可钻性。由讨论部分可知，通过降低垂直应力，ROP 显著增加。因此，空气雾化欠平衡钻井用于在 2400～3100m 处钻取全二组至邓二组，以增加 ROP。

综上所述，可得出以下结论：

（1）通过井底岩石的合力，以及对内力和外力的综合分析，建立了基于地应力的PDC 单齿切削力模型。

（2）所提出的 PDC 钻头模型不仅可以精确计算切削力，还可以用来评估岩石的可钻性。但是，这需要具体的可钻性评估标准，可以作为未来的研究领域。

（3）通过对模型的理论分析，尽管在大部分地层有效垂向应力相对于有效水平应力比较小，但是有效垂向应力对切削力的影响比较大。通过减小有效垂向应力，将大幅度减小切削力，增加 ROP。因此，增加钻压要比增加 ROP 得到的提速效果更好。此外，随着转速的提高，ROP 呈指数变化，但指数一般都小于 1，这不仅仅是因为转速提高后，岩石破碎时的时间效应问题，也是因为在钻进过程中，有效水平应力对岩石破岩效果的影响不是很大。

（4）该模型可用于优化切割机的几何结构，前提是当切割单位体积岩石所需的载荷最小化时，切割机效率最高。该模型预测了与现场经验一致的最佳刀具角度。结果还表明，当切割角大于 20° 时，由于岩石破坏机理由低角度剪切转变为高角度破碎，切割力显著增大。

（5）通过在大庆油田的现场应用实例，将该模型与西松模型进行了比较。在浅埋段，两种模型计算的切削力是一致的，模型预测了相似的趋势。该模型与西松模型的主要区别在于原位应力对切削力的影响。该模型强调了地应力对切削力的直接影响，而西松模型则将岩石强度作为影响切削力的主要因素。

（6）岩石强度受地应力环境的影响。因此，岩石应力分布是岩石破碎机理的基本因素。这一点可以通过 XS1 井示例得到证明。该模型更准确地预测了深部坚硬地层钻井时的切削力，以及降低有效垂直应力对降低切削力和提高钻井效率的影响。

3.3　基于有限元法的 PDC 钻头切削齿破岩规律研究

松辽盆地北部深部地层具有巨大的油气藏开发潜力，但地层地质条件复杂，岩性纵向变化比较大，其岩性以火山岩为主。泉头组、登娄库组和营城组岩性致密、硬度大、研磨性强、可钻性差。由松辽盆地深层钻井实践的钻头使用情况可知，对于砂岩和泥岩互层、凝灰岩、流纹岩等通常采用 PDC 钻头。当 PDC 钻头钻遇较硬岩层时，岩石在 PDC 齿作用下沿其剪切方向产生的塑性流动相对较大，此时切削齿在钻压作用下切入地层，在扭矩作用下剪切岩石。岩石将会产生塑性变形区，随着切削齿的继续移动，在摩擦力和切削齿前倾面压力的作用下，岩石将产生较大的挤压和剪切变形，最终离开岩体而形成岩屑，而岩屑将被泥浆经环空循环至井外。

针对 PDC 切削齿破岩规律，国内外学者进行了深入的研究。李玮等[46]用白色砂岩、黄色砂岩、红色砂岩和花岗岩进行实验室岩石破碎试验，研究了钻头参数对 PDC 钻头钻进速率的影响，进而研究了大庆油田中深井 PDC 钻头的钻速方程。祝效华和刘伟吉[47]基于德鲁克–普拉格（Drucker-Prager）岩石破坏准则建立了 PDC 齿切削岩石的三维动态仿真模型，研究了切削角度、切削深度、围压等因素对破岩效果的影响。王家骏等[48]使用可以加载钻压的试验设备，在不同钻压、切削面积、切削速度和切削齿后倾角条件下对不同性质的岩石进行钻进试验，结果表明切削齿受力随切削面积、切削齿后倾角和岩石可钻性级值的增大而增大。本节以松辽盆地北部深部地层火山岩为背景，基于有限元法对深部地层砂泥岩、流纹岩、凝灰岩和角砾熔岩的破岩规律进行深入研究，为 PDC 钻头在松辽盆地北部深部地层的应用提供理论指导[49,50]。

3.3.1 PDC 切削齿破岩的力学模型

1. 岩石的弹塑性本构模型

由岩石三轴试验可知，岩石的抗压强度最高，抗剪强度居中，最低的是抗拉强度。PDC 钻头采用剪切形式来破碎岩石，从而达到快速破岩的目的。选取合适的岩石材料模型是破岩数值仿真的前提。Mohr-Coulomb 和 Drucker-Prager 这两个非线性塑性模型常常被用于表征岩石的本构模型。但是 Mohr-Coulomb 模型不能反映中间主应力的影响，也没有考虑静水压力对屈服与强度的影响，因此选用 Drucker-Prager 模型作为岩石材料的弹塑性本构模型。Drucker-Prager 模型不仅可以反映上述两种影响情况，还可以反映岩石在切削过程中表现出来的失效破坏与流动过程，以及岩石材料的剪胀性影响，这样可以让数值模拟过程更符合松辽盆地钻井工程中 PDC 钻头的破岩过程。

线性 Drucker-Prager 模型的屈服面在子午面和 π 平面的形状如图 3-19 所示，屈服函数为

$$F = t - p\tan\beta' - d = 0 \tag{3-49}$$

式中，$t = \dfrac{q}{2}\left[1 + \dfrac{1}{k} - \left(1 - \dfrac{1}{k}\right)\left(\dfrac{r}{q}\right)^3\right]$，为另一种形式的偏应力，可以更好地反映中间主应力的影响，其中，k 为三轴拉伸强度与三轴压缩强度之比，反映了中间主应力对屈服的影响，为了保证屈服面是凸面，要求 $0.778 \leqslant k \leqslant 1$，$q$ 为米泽斯（Mises）等效应力；p 为等效压应力；β' 为屈服面在 p-t 应力空间上的倾角，与内摩擦角 ϕ 有关；d 为屈服面在 p-t 应力空间 t 轴上的截距，是另一种形式的黏聚力。

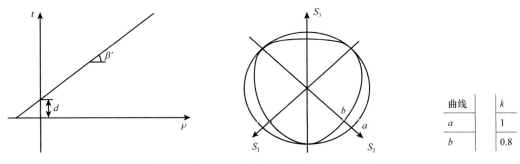

图 3-19　线性 Drucker-Prager 模型的屈服面

曲线	k
a	1
b	0.8

线性 Drucker-Prager 模型的塑性势面如图 3-20 所示，塑性势面函数为

$$G = t - p\tan\psi \tag{3-50}$$

式中，ψ 为剪胀角，（°）。

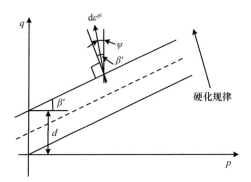

图 3-20　线性 Drucker-Prager 模型的塑性势面

$\mathrm{d}\varepsilon^{\mathrm{pl}}$-塑性应变的微分

在三维条件下，通过内摩擦角 ϕ 确定 β' 与 k，得

$$\tan\beta' = \frac{6\sin\phi}{3-\sin\phi} \tag{3-51}$$

$$k = \frac{3-\sin\phi}{3+\sin\phi} \tag{3-52}$$

岩石模型中损伤值的大小用 D 表示，它代表岩石的刚度退化程度。损伤值的取值范围为 0～1，$D=0$ 表示岩石没有损伤，强度值保持不变；$D=1$ 表示岩石完全丧失强度。岩石的等效塑性应变 $\overline{\varepsilon}^{\mathrm{pl}} = \overline{\varepsilon}_0^{\mathrm{pl}}$ 时（$\overline{\varepsilon}_0^{\mathrm{pl}}$ 为岩石开始出现损伤时的等效塑性应变），岩石开始出现损伤，$\overline{\varepsilon}^{\mathrm{pl}} = \overline{\varepsilon}_{\mathrm{f}}^{\mathrm{pl}}$ 时（$\overline{\varepsilon}_{\mathrm{f}}^{\mathrm{pl}}$ 为岩屑从岩石本身脱落时的等效塑性应变），岩石刚度下降为 0，岩屑从岩石本身脱落：

$$D = 1 - \frac{E'}{E} = \begin{cases} 0, & \varepsilon \leqslant \overline{\varepsilon}^{\mathrm{pl}} \\ 1 - \dfrac{\sigma}{\overline{\sigma}}, & \varepsilon > \overline{\varepsilon}^{\mathrm{pl}} \end{cases} \tag{3-53}$$

式中，E 为未出现损伤时材料的杨氏模量；E' 为出现裂纹后材料的等效杨氏模量；σ 为应力；$\bar{\sigma}$ 为图 3-21 曲线中的数值；ε 为应变；$\bar{\varepsilon}^{\mathrm{pl}}$ 为岩石的等效塑性应变。

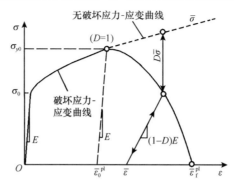

图 3-21　岩石应力与应变关系

σ_{y0}-完全损伤时的应力

2. PDC 齿的破岩比功模型

为探究 PDC 齿的破岩规律，引入破岩比功的概念。在岩石破碎学中，破岩比功是指破碎单位体积岩石所耗费的能量，破岩比功越低，则越可以清晰地反映破岩效率。破岩比功为钻齿所做总功与岩石破碎体积的比值，是评价破岩效率的重要指标之一，最早由 Teale[51] 于 1965 年提出，即

$$\mathrm{MSE} = \frac{W}{V} = \frac{F_{\mathrm{c}}L}{LS} = \frac{F_{\mathrm{c}}}{S_{\mathrm{inter}}} \tag{3-54}$$

式中，MSE 为破岩比功，$\mathrm{mJ/mm^3}$；W 为钻齿所做的总功，mJ；V 为岩石破碎体积，$\mathrm{mm^3}$；F_{c} 为钻齿在切向方向受力，N；L 为切削行程，mm；S_{inter} 为钻齿与岩石接触面积，$\mathrm{mm^2}$。

3.3.2　PDC 切削齿有限元仿真模型

采用有限元软件建立 PDC 切削齿破岩的仿真模型，并运用有限元显示动力学分析方法进行模拟计算。PDC 切削齿根据实际情况取 PDC 切削齿切削深度为 1mm。在切削过程中，做出以下假设：

（1）由于 PDC 切削齿的强度、硬度远远大于岩体，将 PDC 切削齿视为刚体，在钻进过程中不出现磨损。

（2）为了减少计算量，将 PDC 切削齿的三维运动简化为一维的直线运动。

（3）岩石假定为连续均质且各向同性的介质，忽略岩石中初始裂纹和岩石内部孔隙压力的影响。

（4）在切削过程中不考虑上覆岩层压力、温度及钻井液射流作用对岩石的影响。

（5）破碎的岩石碎屑对 PDC 切削齿的钻进没有影响。

根据圣维南原理，为了避免远端约束对岩石应力分布的影响，应该取岩石的几何模型为切削齿的 5～10 倍。三维岩石模型为 80mm×40mm×40mm 的长方体，三维 PDC 切削齿模型如图 3-22 所示。将 PDC 切削齿划分为 114 个单元。为了减少计算量，对 PDC 齿与岩石接触区域进行网格细化，共划分为 16560 个单元，对远离失效破碎区域网格进

行稀疏化，共划分为 6900 个单元，共计 23460 个单元。三维模型的建立有助于在 PDC 切削齿破碎岩石后观察岩石的状态。但是，由于切削力在切割边缘的宽度方向上无变化，为了更好地观察岩屑形成情况，减少计算量，可以把岩石切削三维问题转化为二维问题，因而建立了二维岩石模型。二维岩石模型为 80mm×40mm 的长方形，二维 PDC 齿定义为解析刚体部件，因此不需要进行网格划分，如图 3-23 所示。同理，为了减少计算量，将 PDC 切削齿与岩石接触区域网格细化为 4500 个单元，将远离失效破碎区域网格稀疏化为 1500 个单元，共计 6000 个单元。

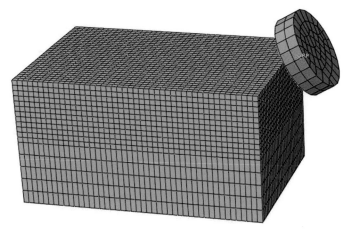

图 3-22　三维 PDC 切削齿模型网格示意图

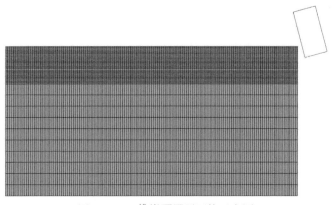

图 3-23　二维岩石模型网格示意图

由于将 PDC 切削齿视为刚体，在 PDC 齿上设置参考点 RP 来规定其运动。这样不仅可以方便提取切削力，还有助于施加载荷。设置边界条件为岩体底部位置完全约束，切削齿与岩体之间采用表面与表面接触。

为模拟深部硬地层 PDC 齿的破岩过程，研究深部硬地层 PDC 齿的破岩特点，需要开展典型岩石的数值模拟。火成岩分布广泛，在各段旋回中均有出现，主要发育在营城组和火石岭组。因此仿真模型的岩石类型选择为松辽盆地北部深层营城组岩石。岩石材料具体参数如表 3-3 所示。

表 3-3　松辽盆地北部深层岩石的材料参数

井号	井深/m	岩性	抗压强度/MPa	杨氏模量/10⁴MPa	泊松比	内聚力/MPa	内摩擦角/(°)
XS502	3877.6	砂泥岩	91.25	1.904	0.13	30.6	31.7
XS13	4249.75	流纹岩	147.42	3.229	0.142	55.8	49.4
XS6	3726.16	凝灰岩	319.15	4.259	0.113	57.5	55.7
XS6	3772.44	角砾熔岩	390.43	6.469	0.146	30.6	31.7

为排除网格精度对计算结果的影响，以切削砂泥岩为例，采用三种数量类别网格的二维及三维模型进行计算，然后比较三种不同网格数计算得到的 Mises 应力最大值，计算结果如表 3-4 所示。可以看出划分粗略数量网格数与中等数量网格数计算得到的 Mises 应力最大值相差近 9%；划分中等数量网格数与精细数量网格数计算得到的 Mises 应力最大值相差近 1%。分析可知当网格数较少时计算误差较大，随着网格数增加，计算精度会增加，但是过多的网格数需要很长的计算时间，因此综合考虑选择中等数量的网格进行计算是合理的，可以保证较好的计算精度，而且所需的计算时间较短。

表 3-4　不同网格数计算得到的 Mises 应力最大值计算结果

数量类别	二维岩石模型网格数	二维 Mises 应力最大值/MPa	三维岩石模型网格数	三维 Mises 应力最大值/MPa
粗略数量	3000	27.8	11730	28.6
中等数量	6000	25.5	23460	26.3
精细数量	12000	25.7	46920	26.5

3.3.3　数值模拟结果分析

1. 不同类型岩石的破碎情况

PDC 切削齿在钻压与转速共同作用下压入岩石，岩石先经过弹性变形阶段，当岩石达到屈服应力后再进入硬化阶段，随着塑性应变的持续增大，岩石的抵抗能力越来越小直至完全失效。当岩石单元完全丧失强度，即形成岩屑，进而形成井眼。

图 3-24 和图 3-25 为二维及三维 PDC 切削齿切削过程中岩石损伤图（SDEG），通过 SDEG 数值的变化可以分析岩石的失效进程：当 SDEG 数值等于 0 时，说明岩石没有发生损伤脱落；当 SDEG 数值大于 0 时，岩石即开始出现损伤脱落；当 SDEG 数值等于 1 时，岩石完全失效。从图 3-24 和图 3-25 中可以看出，越靠近 PDC 齿切削的部分损伤越大，红色区域表明岩石即将失效形成岩屑。

PDC 单齿切削岩石的二维及三维有限元模型计算结果比较接近。在二维及三维数值模拟及结果基本相同的情况下，二维有限元模型的求解完成时间是三维有限元模型数值模拟时间的 1/6。因此，在满足相同精度的情况下，采用二维有限元模型进行模拟可以大大节约求解时间。

图 3-24　二维岩石损伤分布图

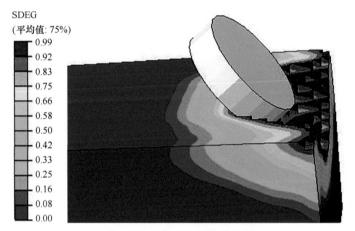

图 3-25　三维岩石损伤分布图

图 3-26～图 3-28 是 PDC 钻头切削齿切削砂泥岩、流纹岩及凝灰岩时，岩屑形成过程的 Mises 应力云图。Mises 应力最大值出现在 PDC 齿与岩石接触的部分，应力最大值在 25～125MPa。远离切削齿前进部分应力较低，主要是由于岩石破碎后原始应力的释放，表明除破碎区域，岩石应力场几乎没有受到切削过程的影响。

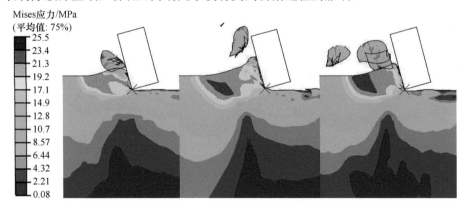

图 3-26　砂泥岩岩屑形成过程

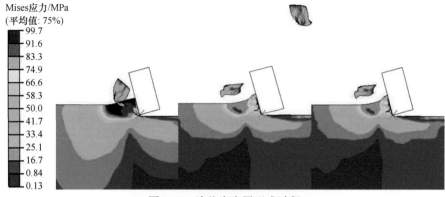

图 3-27 流纹岩岩屑形成过程

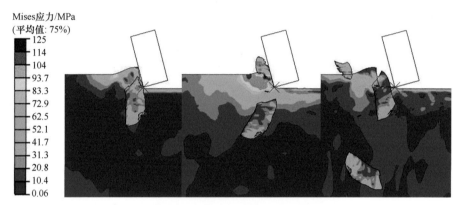

图 3-28 凝灰岩岩屑形成过程

  PDC 钻头切削齿切削砂泥岩、流纹岩及凝灰岩时可正常钻进。砂泥岩主要成分为弱固结的黏土且层理不明显,切削过程对岩屑有挤压变形作用而使其变得圆滑。从岩屑形成过程可以看出岩屑呈圆状,磨圆良好,近似呈球状或椭圆球状;流纹岩主要成分为二氧化硅,富含长石、石英矿物,有流纹状结构,切削过程岩屑易飞溅且块小,从岩屑形成过程可以看出,岩屑呈半棱角状,岩屑部分棱角明显;凝灰岩主要成分为火山灰且富含层理,从岩屑形成过程可以看出,岩屑普遍呈棱角状,岩屑棱角明显。

  综上所述,在松辽盆地深层钻遇砂泥岩、流纹岩、凝灰岩时可尝试使用 PDC 钻头进行破岩。

  由三维单齿切削模型模拟结果可以直观地看出切削效果。PDC 钻头不适合切削松辽盆地深层的角砾熔岩。从图 3-29 可以看出,PDC 切削齿无法正常切削角砾熔岩,此时 PDC 齿钻进时所受的反作用力集中在 PDC 复合片边缘,而非岩体上,进而整钻、跳钻等现象会更加严重,导致 PDC 切削齿逐渐失去刀翼上硬质合金胎体的有效支撑。因而,在实际钻进过程中,易发生 PDC 齿崩落现象,这会降低 PDC 钻头的使用寿命。现场应结合使用扭力冲击器、复合冲击器等高效辅助破岩工具破岩,或者改用抗研磨的牙轮钻头。

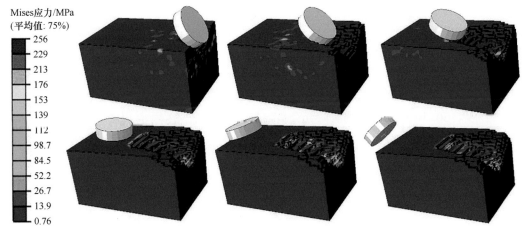

图 3-29　PDC 齿切削角砾熔岩过程

2. 不同参数对破碎比功的影响

为了提高 PDC 钻头钻遇砂泥岩、流纹岩、凝灰岩类岩石的破岩效率，分别从 PDC 切削齿的直径、后倾角及侧倾角分析岩石的破岩比功，以及从能量的角度分析破岩效率。

（1）PDC 齿以切削深度为 1mm、方向为 x 正方向、速度为 1m/s、直径为 12.6mm、侧倾角为 0° 为前提进行有限元结果分析与试验，PDC 齿后倾角分别取 0°、7.5°、15°、22.5° 和 30°。根据有限元分析结果得到如图 3-30 所示 PDC 齿在不同后倾角下切削岩石的破岩比功。

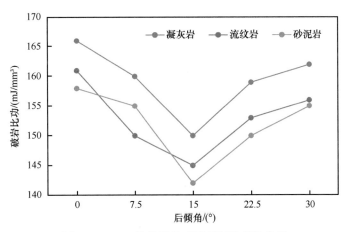

图 3-30　PDC 齿破岩比功随后倾角变化关系

由图 3-30 可知，切削齿的后倾角对 PDC 钻头破岩比功有显著影响。当后倾角从 0° 增加到 15° 时，三种岩石的破岩比功均不断减小，当后倾角超过 15° 时，随着后倾角的增大，破岩比功呈现不断增大的趋势。这是由于当 PDC 齿切削岩石时，在相同的切削深度下，后倾角为 15° 时切削齿受力最小，需要的钻压最小，其他后倾角的切削齿切削相同的深度需要较大的钻压，受力也较大，这就容易加快切削齿的磨损和冲击破坏，进一步影响钻头的稳定性和使用寿命。

因此，当后倾角为 15° 左右时，存在着最低的破岩比功。由于切削齿直径、侧倾角均相同的情况下后倾角选用 15° 时破岩比功最小，后倾角选用 15° 时更有利于剪切破坏岩石。

（2）PDC 齿以切削深度为 1mm、方向为 x 正方向、速度为 1m/s、直径为 12.6mm、后倾角为 15° 为前提进行有限元结果分析与试验，PDC 齿的侧倾角分别取 0°、7.5°、15°、22.5°、30° 和 37.5°。根据有限元分析结果得到如图 3-31 所示 PDC 齿在不同侧倾角下切削岩石的破岩比功。

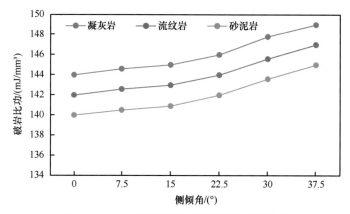

图 3-31　PDC 齿破岩比功随侧倾角变化关系

由图 3-31 可知，岩石的破岩比功随侧倾角的增大而增大，在侧倾角由 0° 增加到 22.5° 之前，破岩比功增大得较为缓慢；在侧倾角大于 22.5° 之后，破岩比功增大速度加快，产生这种现象的主要原因是侧倾角由 0° 增加到 22.5°，切削面积变少了 10%，侧倾角从 22.5° 增加到 37.5°，切削面积变少了 45%。因此侧倾角由 0° 增加到 22.5° 之前，破岩比功增大得较慢，而侧倾角大于 22.5° 之后，破岩比功增长趋势较快。

（3）PDC 齿以切削深度为 1mm、方向为 x 正方向、速度为 1m/s、后倾角为 15°、侧倾角为 0° 切削岩石为前提进行有限元结果分析与试验，PDC 齿直径分别取 8mm、12.6mm、13.44mm、16mm 和 19mm 切削岩石。根据有限元分析结果得到如图 3-32 所示 PDC 齿在不同直径下切削岩石的破岩比功。

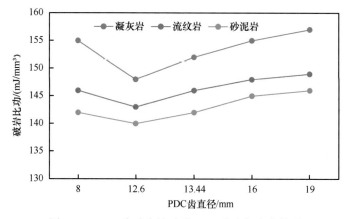

图 3-32　PDC 齿破岩比功随 PDC 齿直径变化关系

由图 3-32 可知，三种岩石数值模拟的破岩比功随切削齿直径的增大呈先减小再增大的变化规律。当 PDC 齿直径由 8mm 增大到 19mm 时，切削齿与岩石的接触面积增大了 1.62 倍。由 PDC 齿直径与破岩比功之间的关系曲线可以看出，当 PDC 齿直径为 12.6mm 时破岩比功最小。当 PDC 齿直径大于 12.6mm 时，破岩比功呈上升趋势。分析其原因，深部地层岩石强度较大，抗钻阻力越大，切削齿尺寸越大，吃入越困难。直径小的齿抗冲击性更好，且齿的曲率较大，齿与岩石接触的面积较小，以便在与岩石接触的部分产生更大的应力。因此，直径小的齿较直径大的齿更适合硬地层。

综上所述，根据松辽盆地北部深部地层岩石材料参数，建立了 PDC 齿切削岩石的二维及三维有限元仿真分析模型，具体结论如下：

（1）建立的 PDC 齿切削模型能准确地模拟单齿切削的破岩过程。对于砂泥岩、流纹岩、凝灰岩可尝试使用 PDC 钻头进行破岩。

（2）对比了 PDC 齿后倾角分别为 0°、7.5°、15°、22.5°、30° 时的破岩比功。岩石破岩比功随 PDC 齿后倾角的增大呈现明显的先减小再增大的变化规律，后倾角为 15° 时破岩比功最低。

（3）对比了 PDC 齿侧倾角分别为 0°、7.5°、15°、22.5°、30° 和 37.5° 时的破岩比功。岩石破岩比功随 PDC 齿侧倾角的增大呈现增大的趋势。侧倾角对破岩比功影响程度不及后倾角大。

3.4　PDC 钻头的黏滑效应的数值模拟分析

3.4.1　PDC 钻头的黏滑效应

虽然 PDC 钻头在现场使用量比较大，但在钻进过程中仍然存在一系列挑战。例如，在软地层或胶结地层中的钻头泥包问题，以及在坚硬地层或高研磨性地层中钻头过早磨损问题。产生这些问题的原因有很多，如 PDC 钻头在高温条件下具有较差的钻头稳定性和抗冲击性；在钻进过程中，对 PDC 钻头破岩机理的理解不够透彻导致钻头的设计和选择不令人满意[52]。在这些挑战中，黏滑效应引起了许多学者的注意。黏滑效应发生的地层条件和钻井环境包括坚硬黏性地层，高钻压、低钻速的钻井环境[53]，以及 PDC 切削齿磨损严重的情况和岩屑清理不彻底。

黏滑效应的特性是在黏滞相时，钻头停止运动；在滑移相时，钻头的钻速是转盘的好几倍。钻头在黏滞相和滑移相之间反复交替，这种交替使得钻头发生黏滑振动，也叫作黏滑效应。它是钻柱部件过早失效和钻井效率低下的主要原因。国内外的学者都希望，通过新的工艺、新的技术去削弱黏滑效应，减少钻井成本，提高钻速。

通过调研可知，黏滑效应属于周向运动，而在研究黏滑效应过程中，许多学者不仅研究了钻柱的扭转运动，还研究了钻柱的轴向运动。这主要是因为，黏滑效应造成的高速旋转将引起钻头的轴向跳钻，并且通过这种现象证实了钻柱系统的轴向振动和扭转振动会发生耦合，而且这种耦合作用是由钻头与岩石相互作用引起的。

为了降低钻井成本，提高钻速，国内外学者主要从以下三个方面对黏滑效应进行研究：

（1）钻柱黏滑效应的理论分析。通过建立不同自由度的钻柱力学模型，运用各种方法对黏滑效应模型进行分析。并且，利用室内试验和现场试验，对理论模型加以验证。

（2）钻柱黏滑效应的试验研究。试验研究包括现场试验和室内试验。通过室内试验模拟钻进过程中钻柱的运动，从而探讨黏滑效应产生的机理及影响因素。现场试验主要是通过对钻井数据进行实时监测，调整钻井参数，以便削弱黏滑效应。

（3）黏滑效应的仿真分析。现场试验的监测和调整并不能从根本上解决黏滑效应的问题，而且室内试验的造价太高。因此，关于黏滑效应的仿真分析有了快速发展。

本节运用有限元软件，在一些基本假设的前提下，分别对常规钻进过程和轴向振动冲击钻进过程进行模拟。钻柱系统运动的不稳定性，导致模拟结果存在很多微振动。因此，在进行模拟结果分析之前，运用噪声辅助数据分析方法处理模拟数据。利用处理后的模拟数据，分析黏滑效应的产生机理和表现形态，并且分析轴向振动冲击对黏滑效应的影响，以及振动的频率和幅度等对黏滑效应的影响规律[54]。

3.4.2 有限元模型建立

为了进一步分析轴向冲击钻井对黏滑效应的影响，应用 LS-DYNA 软件对整个钻进过程进行模拟。在钻进过程中，钻柱系统与岩石之间相互影响。在进行有限元模拟前，先进行以下基本假设：

（1）不考虑 PDC 钻头的磨损，将 PDC 钻头视为刚性钻头。

（2）如果钻头与岩石之间的相互作用力达到岩石的强度，则移除该处的岩石单元。

（3）忽略钻井液的射流作用，仅仅考虑静水压力。本节研究的关注点是钻头与岩石之间的相互作用，而且岩石强度受到岩石应力分布的影响，因此仅仅考虑钻井液产生的静水压力而忽略钻井液的射流作用。

为进一步分析轴向振动冲击钻井对黏滑效应的影响，利用 LS-DYNA 软件对钻井系统进行模拟。为了更好地与钻井实际情况相匹配，建立的有限元模型包括转盘、钻杆、钻铤、钻头及岩石等部件，计算结构及网格划分如图 3-33 所示。由于模型比较大，为了减小计算规模，加快计算速度，除了 PDC 钻头切削齿部分，钻柱系统的整体采用六面体网格划分。为了提高模拟结果的准确性，对 PDC 钻头切削齿切削岩石部分进行细分。

将整个钻柱系统划分成 32932 个网格，其中进行切削岩石的钻头被划分成 29604 个网格。钻头采用 7 刀翼 PDC 钻头，外径为 216mm，将其设置为刚性体；钻铤的外径为146mm，长度为 300mm；钻杆的外径为 89mm，长度为 700mm；转盘的外径为 300mm，长度为 10mm。具体的钻柱系统参数和岩石力学参数如表 3-5 和表 3-6 所示。针对地质力学问题，为了更好地模拟无限域边界，在岩石的四周定义一个无反射边界条件，底部施加固定条件。需要注意的是：一方面，由于岩石的材料参数在模拟过程中是不可变的，模拟不可能像实际情况那样，越来越难钻；另一方面，为了和所建立的钻柱简化模型具有一致性，设置的初始条件为转盘的转速和转盘的轴向速度。整个钻柱简化模型为二自由度模型，只考虑扭转运动和轴向运动。

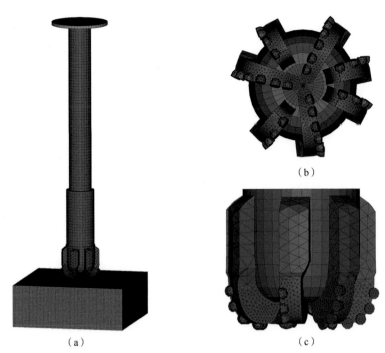

（b）

（a）　　　　　　　　　　　　（c）

图 3-33　钻进过程有限元模型

表 3-5　钻柱系统参数设置

参数	密度/(kg/m³)	杨氏模量/GPa	泊松比	动摩擦系数	静摩擦系数
数值	7.80×10^3	207	0.3	0.2	0.3

表 3-6　岩石力学参数设置

参数	密度/(kg/m³)	剪切模量/GPa	体积模量/GPa	泊松比	破碎压力/MPa	内摩擦角/(°)
数值	2.68×10^3	28.6	12.1	0.17	160	16.2

3.4.3　模拟数据处理

快速傅里叶变换（fast Fourier transform）是利用计算机计算离散傅里叶的计算方法，简称 FFT。快速傅里叶变换被广泛应用于含噪信号。在模拟过程中，因为钻柱简化部件的顶部为匀速运动，而底部的钻头在切削岩石，钻柱系统处于一个不稳定状态，得到的数据存在着许多毛刺。本小节主要分析钻头的整体运动情况，为了分析方便，利用优良降噪模型，去掉模拟结果中由于不稳定运动存在的毛刺。首先，运用快速傅里叶变换，把时域的扭矩转换成频域信号，并且利用优良降噪原则对数据进行删选，去掉不稳定运动引起的高频"噪声"。其次，运用傅里叶逆变换还原扭矩信号。最后，对处理后的扭矩信号进行分析。本节所指的噪声是由钻柱系统的不稳定运动引起的毛刺。

1. 优良降噪原则

由不稳定运动造成的毛刺，即"噪声"的特点是高频低幅，因此降噪的原则就是抑制不需要的频谱成分。

将时域含噪信号 $X(k)$ 进行离散傅里叶变换，变成频域信号 $X(n)$，表达式为

$$X(k) = \sum_{i=0}^{N-1} X(n) \exp\left(-i\frac{2\pi k_0}{N}\right) \tag{3-55}$$

式中，N 为采样点数；$i=0 \sim N$；$0 \leqslant k_0 \leqslant N-1$。

在实际处理中，由于计算量特别大。为了避免烦琐的计算过程，采用 FFT 算法，可以极大地提高数据处理效果。表达式为

$$X(k) = \sum_{r=0}^{\frac{N}{2}-1} x(2r) \exp\left(-i\frac{2\pi k_0}{\frac{N}{2}}\right) + \sum_{r=0}^{\frac{N}{2}-1} x(2r+1) \exp\left(-i\frac{2\pi k_0(2r+1)}{\frac{N}{2}}\right) \tag{3-56}$$

通过 FFT，得到了谱密度图 Y。每个点处的能量为谱密度与其共轭复数的乘积，即

$$E_s = Y \times \bar{Y} \tag{3-57}$$

在谱密度中，高频代表噪声。综合高频信号和低频信号的能量，并对谱密度进行分析，设置宽度阈值，从而达到降噪要求。设置的阈值不同，得到的降噪后信息不同，针对不同阈值下的降噪信号进行评价，得到优良降噪信号。

2. 优良降噪评价模型

含噪的钻井信号为

$$x = (x_1, x_2, \cdots, x_m) \tag{3-58}$$

信号在 $x=x_j$ 处的均方误差（MSE）为

$$\text{MSE}_j = \sqrt{\frac{\sum_{j=1}^{m}(\hat{x}_j - x_j)^2}{m}} \tag{3-59}$$

式中，m 为信号的数量；x_j 为 j 时刻的含噪钻井信号，$j=1, 2, \cdots, m$；$\hat{x}_j$ 为降噪后 x_j 的结果。

由 MSE 的定义可知，MSE 越大，降噪后的信号和原始信号越接近，降噪效果越差。反之，MSE 越小，降噪效果越明显。

为了比较方便，把均方误差进行归一化，因此，设 $f(i)_1$ 为算法逼近度，则

$$f(i)_1 = \frac{\text{MSE}_i}{\max(\text{MSE})} \tag{3-60}$$

假设两条曲线 $P(t)$ 和 $Q(t)$，在 $P(1)$ 和 $Q(0)$ 处存在着相同的曲率，则

$$K_{P(1)} = \frac{|P''(1)|}{[1+P'(1)]^{3/2}} = \frac{|Q''(0)|}{[1+Q'(0)]^{3/2}} = K_{Q(0)} \tag{3-61}$$

可以对这两点处的二阶导数进行近似：

$$P''(1) \approx \frac{P(1-2h) - 2P(1-h) + P(1)}{h^2} \tag{3-62}$$

$$Q''(0) \approx \frac{Q(0+2h) - 2Q(1-h) + Q(0)}{h^2} \tag{3-63}$$

式中，h 为曲线 $P(t)$、$Q(t)$ 的横坐标。

通过式（3-62）和式（3-63）中导数的格式，定义滤波曲线在 $x=x_j$ 处的平滑度，如式（3-64）所示：

$$\mathrm{SN}_j = f\left(x_j+2h\right) - f\left(x_j-2h\right) - 2\left[f\left(x_j+h\right) - f\left(x_j-h\right)\right] \tag{3-64}$$

式中，SN_j 为平滑度。

由式（3-64）可知，SN_j 越接近 0，说明在 x_j 处曲线更加光滑。

一条曲线上所有点的平滑度（删掉首尾）构成了整条曲线的平滑度，记作 SSN。为了比较方便，同样也把曲线平滑度进行归一化处理。因此设 $f(i)_2$ 为算法绘制曲线的平滑度，则

$$f(i)_2 = \frac{\mathrm{SSN}_i}{\max\left(\mathrm{SSN}\right)} \tag{3-65}$$

约束条件为

$$\begin{cases} \min\{f_1\} \\ \min\{f_2\} \end{cases} \tag{3-66}$$

目标函数 f 为

$$\min\{f\} = \min\left\{af_1 + (1-a)f_2\right\} \tag{3-67}$$

式中，a 和 $1-a$ 分别为降噪评价模型中算法逼近度和相关度的影响因子。权重因子的选取应该根据具体情况而定。

3. 处理后数据分析

以简化后常规钻进过程（不考虑岩石的围压和上覆岩层压力）中的扭矩为例，分析数据降噪后的效果。对于扭矩信号降噪，设置了 4 组不同宽度的低通滤波器进行信号处理，分别记成 sd1、sd2、sd3、sd4。通过优良降噪模型，选择比较优良的低通滤波器进行降噪。

从图 3-34 中可以看出，在钻进过程中的扭矩存在着明显的周期振动，但是同时存在着很多毛刺，使得扭矩曲线并不光滑，这样的数据不利于模型的分析。因此，运用快速傅里叶变换，把时域数据转变成频域数据。然后进行处理，得到含噪扭矩能量和局部能

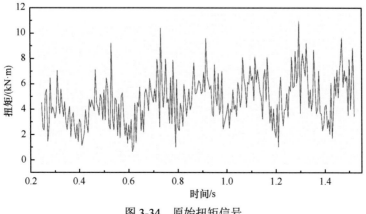

图 3-34　原始扭矩信号

量分布图，如图 3-35 所示，其中图 3-35（a）是整个频域的能量分布图，图 3-35（b）是局部放大图。由图 3-35 中可以看出能量主要集中在 1Hz 以内，其余频域内的能量较少，因此去掉高频部分，可以实现降噪的功能。

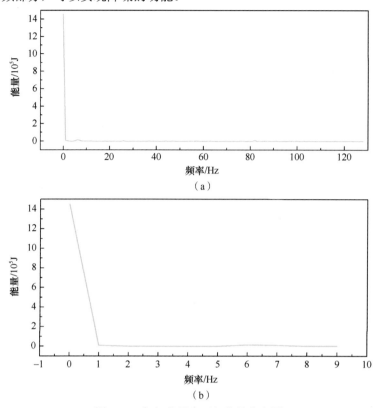

图 3-35　扭矩能量和局部能量分布图

图 3-36 为由四种不同阈值宽度的低通滤波器过滤并进行快速傅里叶变换得到的扭矩和原始扭矩对比图。当滤波器的阈值宽度达到 5 时，扭矩的图像规律不太明显，失真比较严重。当滤波器的阈值宽度达到 10 时，扭矩的图像开始出现明显的振动规律。而经阈值宽度为 15 和 20 的低通滤波器过滤后，扭矩曲线整体形态和阈值宽度为 10 的低通滤波器过滤后的扭矩曲线形态相类似，但是存在着一些微小的振动形式。图 3-37 是不同阈值宽度的降噪评价数据对比图。从图 3-37 中同样可以看到，随着低通滤波器的阈值宽度越来越大，表示均方误差的评价值 f_1 越来越小，降噪效果越来越明显。同时，sd2、sd3、sd4 的均方误差评价值没有太大的变化。另外，随着低通滤波器阈值宽度的增加，曲线平滑度评价值 f_2 越来越大，曲线的弯曲程度越来越大。并且在 sd3 以后弯曲程度的增加斜率也增大。综合考虑过滤后曲线的降噪效果和平滑度，为了更加有利于分析扭矩的频率和幅度，本节选取的影响因子 a 为 0.8，更加注重考虑平滑度。在图 3-37 中可以看出，综合评价值 f 在 sd2 处最小，此时低通滤波器的阈值宽度为 10。综上所述，通过优良降噪模型分析，认为选择阈值宽度为 10 的低通滤波器能得到好的处理结果。

图 3-38 是优良降噪前后扭矩对比图。从图 3-38 中可以看出，优良降噪后的扭矩，波形平稳并且光滑，很好地保留了原始扭矩的信息。降噪前后的扭矩在近似的时刻保持

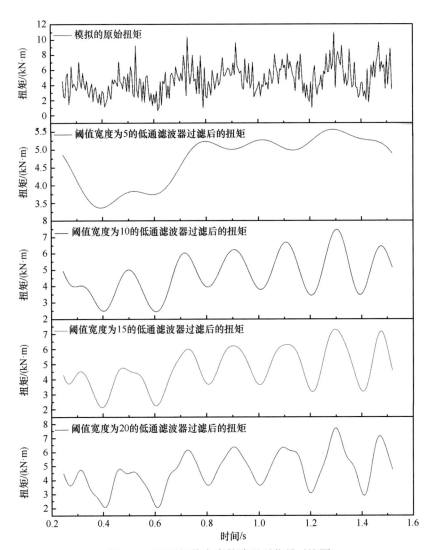

图 3-36　不同阈值宽度的降噪后信号对比图

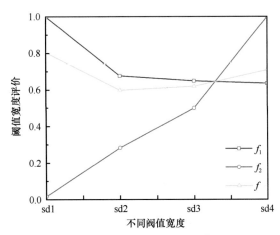

图 3-37　不同阈值宽度的降噪评价数据对比图

峰值，但是峰值的大小发生了变化，都相对变小了。降噪处理结果削弱了数据的能量值。综上所述，总体来看降噪效果比较良好。

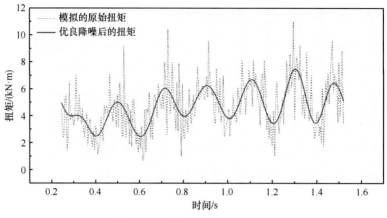

图 3-38　优良降噪前后扭矩对比

表 3-7 中列出了处理后扭矩的分析数据，从表中可以看出，扭矩信号可以分解为三个分信号：①扭矩幅值约 4.7kN·m，这个扭矩常数主要是用于剪切破碎岩石。②一个频率为 1Hz，幅值约为 0.8kN·m 的微振动，这是钻柱自激振动引起的。③一个频率为 6Hz、幅值约为 1.0kN·m 的振动与频率为 7Hz、幅值约为 0.9kN·m 的振动的叠加。这个叠加的振动可以近似等价于一个频率为 6.5Hz、幅值为 1.8kN·m 的余弦振动。这个余弦振动就是钻柱系统的扭转振动。因此，在不考虑岩石应力分布状态的情况下，或者岩石的应力比较小的情况下，扭矩的频率和幅值都比较小，因此黏滑效应不明显。

表 3-7　处理后扭矩的分析数据

频率/Hz	幅值/(kN·m)	弧度制相位角/rad
0	4.710721	0
1	0.835289	1.899067193
6	0.986518	−0.368680947
7	0.859157	2.168908762

3.4.4　常规钻进下黏滑效应影响因素分析

1. 钻进过程破碎分析

图 3-39 显示了不同时间内岩石的破碎情况及范式等效应力的分布情况。在 0.12s 时，钻头的 7 个刀翼侵入岩石，在岩石上形成 7 个小孔。从 0.36s 可以看出，在钻进过程中等效应力向四周扩散，破碎区域周围的应力分布不断变化。从图 3-39（c）和（d）可以看到，在钻进过程中，井底岩石的应力并没有一直处于均匀分布，在黏滞相阶段，应力会集中在切削齿刃前，而在滑移阶段，应力会均匀分布。因为应力的不均匀分布，造成了钻柱系统的受力动荡，引起钻柱系统不稳定运动。在 1.8s 处，井底岩石形成一个近似圆柱形的孔眼。

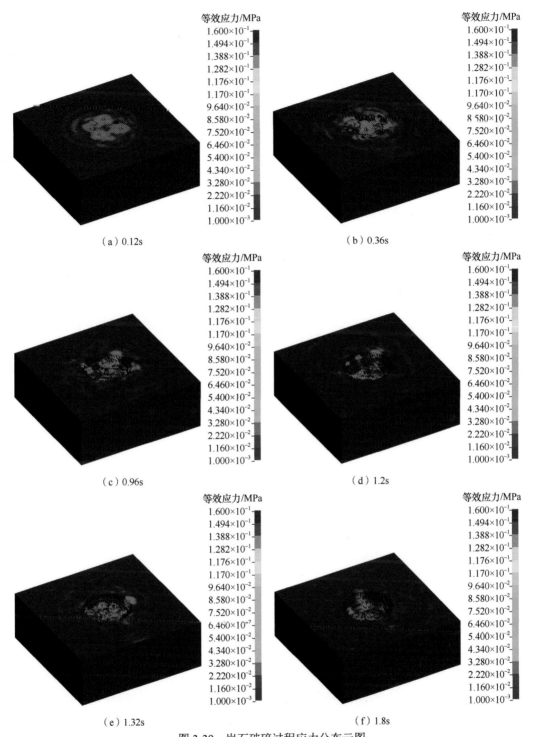

图 3-39　岩石破碎过程应力分布云图

2. 黏滑效应产生过程分析

由钻井系统的动力学研究可知：钻头的相对运动表征钻柱系统的弹性势能变化情况；扭矩和钻压表征岩石的破碎情况；钻头的绝对运动表征钻头的运动情况。钻头的相对运动、受力和绝对运动三者之间相互影响，都能够说明黏滑效应的特性。并且，因为钻头与岩石相互作用，钻头的轴向和扭转方向的力学参数和运动学参数存在着相互制约的关系。

图 3-40 展示钻进过程各种钻头参数的变化规律，描述了黏滑效应的产生过程及表现形式。曲线 A-B 为滑移相初始阶段，在 A 点扭矩 $T=T_1$、钻压 $W>W_1$，岩石破碎，钻头黏滞相被解除，在这段时间内，钻头在滑动的同时，会些许侵入岩石。曲线 B-C 为滑移相稳定阶段前期，在 B 点，$W=W_0$，钻头不再侵入岩石。随着钻头的滑动，T 和 W 持续减小，钻头的相对角位移幅值减小，钻柱系统的弹性势能转化成动能。曲线 C-D 为滑移相稳定阶段后期，在 C 点，$T=T_2$、$W=W_2$，因为摩擦力占主导作用，钻头的绝对角速度降低。曲线 D-E 为滑移相衰退阶段，在 D 点钻头的绝对速度等于钻柱顶部的速度，并且在 D-E 段持续减小，直至达到 E 点，达到黏滞相。

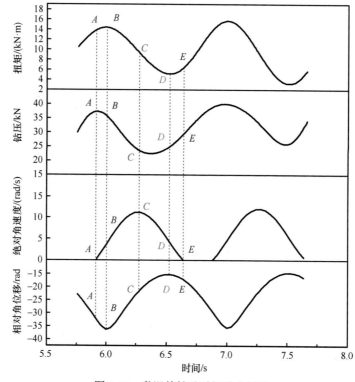

图 3-40　黏滑特性随时间分布规律

3. 钻柱顶部的转速对黏滑效应的影响

图 3-41 是钻头的绝对角位移的频率和振幅随转盘转速的变化规律。由图 3-41（b）可知，转盘转速对绝对角位移的频率影响不大，而由图 3-41（a）可知，随着转盘转速的增加，绝对角位移的振幅也增加，但振幅增加的速度逐渐变缓。钻头的绝对角位移的振动情况是黏滑效应最直观的运动特性，因此需要尽可能地减小绝对角位移的振动。在不考虑其他因素的影响下，转盘转速越大，钻速也会越大，并且由图 3-41 可知，随着转盘转速的增加，绝对角位移的振幅趋于常数。但是通过文献 [55] 可知，转盘转速的增加

会导致钻柱系统的横向振动。因此，在综合考虑黏滑振动、横向振动，以及钻速的影响，可以适当地增加转盘转速。

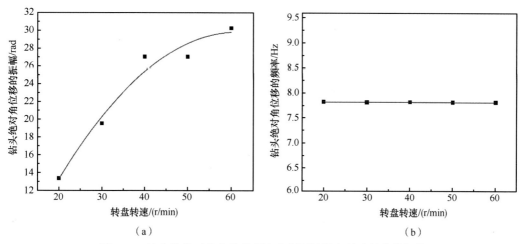

（a）　　　　　　　　　　　　　　　（b）

图 3-41　钻头的绝对角位移的频率和振幅随转盘转速的变化规律

4. 钻柱顶部轴向速度对黏滑效应的影响

图 3-42 为扭矩的振动频率和幅度随钻柱顶部轴向速度的变化规律图。扭矩对钻头角位移的振动有着直接影响。由图 3-42 可知，轴向速度的增加对扭矩的振动频率没有太大的影响，但是却极大地影响着扭矩的振动幅值。随着轴向速度的增加，扭矩的振动幅值持续增加，并且扭矩的振动幅值和轴向速度呈现出二次方的关系。模拟中钻柱顶部的轴向速度直接影响着顶部所施加的压力。因此，增加钻压，会使扭矩的振动幅值增加，从而加剧黏滑效应。另外，减小钻压又会极大地减小钻速。综上所述，钻压应该尽可能地减小，但是不宜太小。

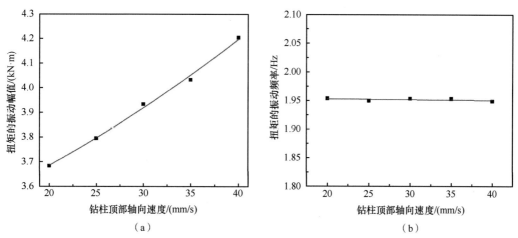

（a）　　　　　　　　　　　　　　　（b）

图 3-42　扭矩的振动频率和幅值随钻柱顶部轴向速度的变化规律

3.4.5　轴向振动冲击钻进下黏滑效应影响因素分析

轴向振动冲击钻井是利用钻井工具，在钻头上施加一个轴向振动冲击力。本节模拟设置的初始条件是轴向速度，它是一个常数。因此，为了研究轴向振动冲击对黏滑效应的影响，把初始条件，即轴向速度，改成一个正弦变化的曲线，以便模拟轴向振动冲击钻进过程。为了控制变量，设置轴向振动冲击下的轴向速度的振幅为常规钻进的轴向速度，频率设置为100Hz，其他条件都与常规钻进过程一致。

图 3-43 比较了常规钻进过程和轴向振动冲击钻进过程的扭矩。因为模拟过程中，岩石的力学参数并没有发生变化，而且也很难考虑岩屑的影响，随着时间的进行，岩石并没有表现出越来越难钻，扭矩并没有越来越大。从图 3-43 中可以看出，常规钻进过程扭矩维持在 6～16kN·m 范围内，而在轴向振动冲击钻进过程中，扭矩维持在 1～7kN·m 范围内，在轴向振动冲击下，扭矩的频率和幅值都有一定程度的削弱。

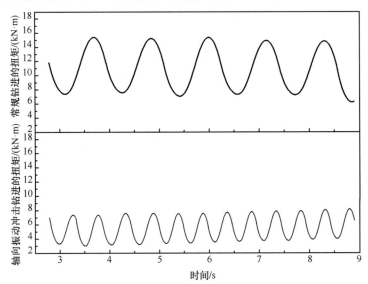

图 3-43　常规钻进过程和轴向振动冲击钻进过程扭矩随时间的变化曲线

图 3-44 是常规钻进过程和轴向振动冲击钻进过程绝对角位移随时间的变化曲线。钻头的绝对角位移的频率和幅度，即黏滑振动的频率和幅度，在轴向振动冲击钻进过程中有比较大的削弱。绝对角位移基本维持在一个自激振动过程。在轴向振动冲击钻进过程中，黏滑效应被打破，绝对角位移的波动趋于平滑化。结果表明，当轴向速度为一个振动函数时，黏滑效应得到了很好的抑制。在进行轴向振动冲击钻进状态下，因为钻头的轴向受力为一个振动波动，轴向速度可以保持在一个振动函数水平。模拟结果表明：在轴向振动冲击钻进过程中，黏滑效应将会得到很好的抑制，使得黏滑振动区域平稳化。

综上所述：

（1）通过分析钻头的扭矩和钻压，以及绝对速度和相对位移随时间变化规律，得到黏滑效应的每个阶段钻头运动参数和力学参数的特性。并且，指出不同参数影响黏滑效应的形式，扭矩和钻压表征岩石的破碎情况，钻头的绝对速度表征钻头的运动情况，钻头的相对位移表征钻柱系统的变形情况。在钻进过程中，这些参数互相制约，相互影响。

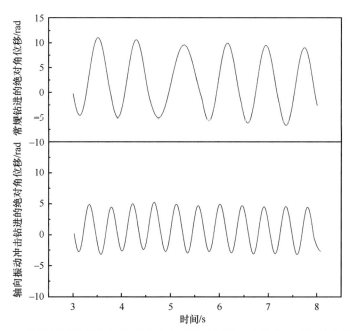

图 3-44　常规钻进过程和轴向振动冲击钻进过程绝对角位移随时间的变化曲线

（2）随着转速的增加，钻头绝对角位移持续增加，最后趋于平缓。通过考虑多方面因素的影响，在保证不发生横向位移的前提下，尽可能大地增加转盘转速。并且，通过增加钻柱顶部轴向速度，侧面说明加大钻压将会增加黏滑效应。在提高钻速和削弱黏滑效应的双重要求下，应该增加转速和加大钻压。

（3）模拟结果表明，在钻进过程中施加一定频率的振动，会使钻头的绝对角位移和扭矩区域平稳化，从而削弱黏滑效应，增加钻速，达到一定的经济效益。

第**4**章

钻速方程及现场应用

4.1 牙轮钻头钻速方程及应用

　　牙轮钻头、刮刀钻头及金刚石钻头是钻井工程中常用的三大类钻头。2010 年之前，牙轮钻头进尺曾一度占我国钻井总进尺的 80%～90%，其工作性能直接影响钻井进度和成本。牙轮钻头的机械钻速受多个压力（上覆岩层压力、水平应力、孔隙压力和钻井液液柱压力）、钻头结构和岩石破碎方式等因素的影响[56]。当前钻井常用的钻速模型有宾厄姆钻速方程、杨格钻速方程、阿姆科方程等，这些钻速模型是在考虑地层可钻性系数的基础上通过分析机械参数和水力参数建立起来的，忽视了牙轮钻头破岩机理的自身特点，使得方程无法有效分析不同牙齿类型、不同地层条件下牙轮钻头机械钻速的差别。需要考虑深部地层的压力环境和牙轮钻头牙齿破岩的特点，基于单齿侵入理论，建立井底条件下牙轮钻头的钻速模型，为实时分析井下牙轮钻头的机械钻速提供依据[57-59]。

4.1.1 牙齿侵入井底岩石的力学分析

　　钻井工程中常用的牙轮钻头包括室内测试用的微牙轮钻头、现场用锥形齿三牙轮钻头和楔形齿三牙轮钻头，具体如图 4-1 所示。

（a）室内微牙轮钻头　　　　　（b）锥形齿三牙轮钻头　　　　　（c）楔形齿三牙轮钻头

图 4-1　常用的牙轮钻头

　　井底工作面上的岩石被牙轮钻头牙齿破碎的过程，可简化为单一牙齿的侵入过程，如图 4-2 所示。在载荷 P 作用下，刃尖角为 2θ 的牙齿侵入内聚力为 C_{ϕ}、内摩擦角为 ϕ 的岩石，牙齿刃面会对岩石形成剪应力 τ 和法向应力 σ。根据莫尔–库仑破坏准则，当剪

应力 τ 超过内聚力 C_ϕ 和内摩擦力 $\tan\phi\sigma$ 时，井底岩石便发生剪切破坏，其剪切破坏面与井底平面的夹角为 φ。

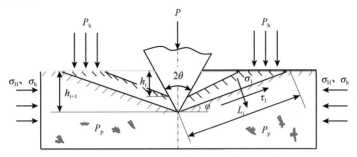

图 4-2 单一牙齿侵入井底岩石的受力分析

h_i 和 h_{i+1}-第 i 和 $i+1$ 步的压实侵入深度；L_i-破碎坑长度；P_h-井眼内钻井液液柱压力，MPa；σ_1、τ_1-井底各种压力在岩石剪切破坏面上产生的法向应力和剪切应力，MPa

可得单一牙齿侵入井底岩石的侵入深度公式：

$$h = \frac{P\sin\phi}{2\sin\theta}\frac{\cos(\phi+\theta)-\sin(\phi+\theta)\tan\varphi}{\sigma_1\tan\varphi+C_\phi-\tau_1} \tag{4-1}$$

其中

$$\sigma_1 = \frac{\sigma_{Hh}+P_m}{2}-\frac{\sigma_{Hh}-P_m}{2}\cos2\phi-P_p$$

$$\tau_1 = \frac{\sigma_{Hh}-P_m}{2}\sin2\phi$$

式中，P_p 为孔隙压力，MPa；P_m 为静水压力，MPa；σ_{Hh} 为水平地应力，MPa。

将式（4-1）简化，可得地面条件下单一牙齿的侵入深度公式：

$$h = \frac{P}{2C_\phi}\frac{\sin\phi\cos(\phi+\theta+\varphi)}{\sin\theta\cos\varphi} \tag{4-2}$$

4.1.2 井底条件下牙轮钻头的钻速方程

牙轮钻头的牙齿形状以锥形齿和楔形齿为主。为提高其破岩效率，通过超顶、移轴和复锥等结构设计实现牙齿在冲击侵入过程中进行回转剪切破岩。不同牙齿、不同运动形式下的岩石破碎坑不同。

室内微牙轮钻头的齿形为楔形，形成的破碎坑可以用三棱柱形描述。根据三角关系可知一个牙齿破碎坑的体积为

$$V = \int_0^{h_p}\frac{1}{2}2xL_h\mathrm{d}h = \frac{\tan\phi}{2}L_h h_p^2 \tag{4-3}$$

式中，x 为破碎坑半长，$x=h\tan\varphi$，mm；L_h 为楔形齿宽，mm；h_p 为最大侵入深度，mm。

考虑到破碎过程中井底工作面不平和相邻牙齿之间的影响，引入多齿联合破岩影响系数 C，得到单位时间内微牙轮钻头的钻速为

$$V_{\text{Rmini}} = \frac{2Cmn_{\text{b}}L_{\text{h}}\tan\phi}{\pi d_{\text{b}}^2}\left[\frac{P}{2C_\phi}\frac{\sin\phi\cos(\phi+\theta+\varphi)}{\sin\theta\cos\varphi}\right]^2 \tag{4-4}$$

式中，C 为多齿联合破岩影响系数；m 为在某一时刻牙轮钻头每个牙轮与井底接触的牙齿个数；d_{b} 为微牙轮钻头的直径，mm；n_{b} 钻头的旋转速度，r/min。

纯滚动运动形式下，锥形齿侵入岩石产生的破碎坑为圆锥形。一个齿破碎的井底岩石体积为

$$V_1 = \int_0^{h_{\text{p}}}\frac{1}{3}\pi x^2 \mathrm{d}h = \frac{\pi\tan^2\phi}{9}h_{\text{p}}^3 \tag{4-5}$$

考虑实际钻井条件下水力净化系数 C_{H}、压差影响系数 C_{P}，则锥形齿牙轮钻头的钻速方程：

$$V_{\text{Rconical}} = \frac{CC_{\text{P}}C_{\text{H}}mn_{\text{cb}}Z\tan^2\phi}{45d_{\text{b}}d_{\text{c}}}\left[\frac{P\sin\phi}{2\sin\theta}\frac{\cos(\phi+\theta)-\sin(\phi+\theta)\tan\varphi}{\sigma_1\tan\varphi+C_\phi-\tau_1}\right]^3 \tag{4-6}$$

式中，C_{H} 为水力净化系数；C_{P} 为压差影响系数；d_{c} 为牙轮直径，mm；n_{cb} 为牙轮头绕牙轮轴自转转速，r/min；Z 为钻头牙轮外排齿圈齿数。

同理可得纯滚动下楔形齿牙轮钻头的钻速方程：

$$V_{\text{Rwedge}} = \frac{CC_{\text{P}}C_{\text{H}}mn_{\text{cb}}Z\tan\phi L_{\text{h}}}{10\pi d_{\text{b}}d_{\text{c}}}\left[\frac{P\sin\phi}{2\sin\theta}\frac{\cos(\phi+\theta)-\sin(\phi+\theta)\tan\varphi}{\sigma_1\tan\varphi+C_\phi-\tau_1}\right]^2 \tag{4-7}$$

对于滚动冲击和滑动剪切联合破岩的地层，锥形齿侵入岩石产生的破碎坑用三棱柱描述，得到钻速方程：

$$V_{\text{RTri}} = \frac{CC_{\text{P}}C_{\text{H}}n_{\text{cb}}am(m+1)ZL_{\text{h}}\tan\phi}{20\pi d_{\text{b}}d_{\text{c}}}\left[\frac{P\sin\phi}{2\sin\theta}\frac{\cos(\phi+\theta)-\sin(\phi+\theta)\tan\varphi}{\sigma_1\tan\varphi+C_\phi-\tau_1}\right]^2 \tag{4-8}$$

式中，a 为系数，取 $0\sim1$。

式（4-6）、式（4-7）和式（4-8）分别给出了纯滚动条件下锥形齿、楔形齿牙轮钻头和滚动与滑动条件下锥形齿牙轮钻头的钻速方程。该系列方程考虑了井底压力和牙齿结构对机械钻速的影响。

4.1.3 模型的室内试验及结果分析

室内试验包括微牙轮钻头和围压下的侵入试验两种。微牙轮钻头试验装置为岩石可钻性测试仪。微牙轮钻头直径为 31.75mm，由 8 片厚 2.5mm 的硬质合金片组成。试样为砂岩，其物理力学参数：体积密度为 2.31g/cm^3，杨氏模量为 $1.32\times10^4\text{MPa}$，内聚力为 8.6MPa，内摩擦角为 25°。试验尺寸根据试验需要来确定。

微牙轮钻头试验结果如图 4-3 和图 4-4 所示。破岩试验结果表明：微牙轮钻头的钻速随着转速的增加呈直线增加，随轴向载荷增大呈指数增加。

井底条件下，$\sigma_{\text{Hh}}=42\text{MPa}$，$P_{\text{h}}=20\text{MPa}$，单一牙齿侵入试验如图 4-5 和图 4-6 所示。

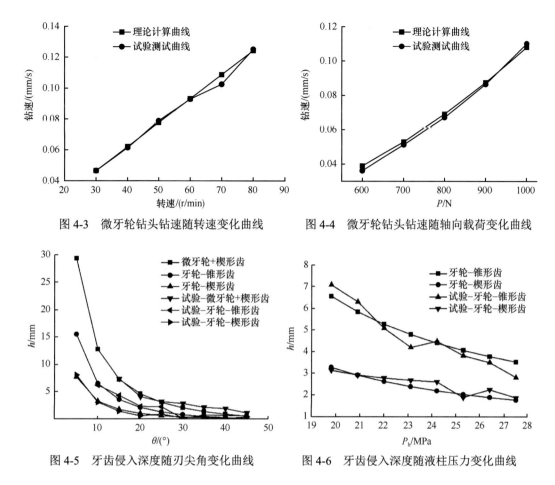

图 4-3　微牙轮钻头钻速随转速变化曲线　　图 4-4　微牙轮钻头钻速随轴向载荷变化曲线

图 4-5　牙齿侵入深度随刃尖角变化曲线　　图 4-6　牙齿侵入深度随液柱压力变化曲线

　　试验结果表明，随刃尖角增大，牙齿变钝，侵入深度减小，锥形齿和楔形齿的牙齿侵入深度都呈指数递减的规律与试验结果相符；随着井眼内钻井液液柱压力的增大，工作面岩石压持效应增大，岩石硬度增强，侵入深度呈指数递减趋势，其中锥形齿递减速率要大于楔形齿；当液柱压力相同时，锥形齿比楔形齿侵入深度大。

4.1.4　现场应用实例

　　徐深气田是大庆油田主要的深井钻探区，钻井深度在 4000m 左右。以 XSX8 井例，应用式（4-6）～式（4-8）分析该井 2500～4200m 井段的机械钻速，如图 4-7 所示。该井段地层岩石的硬度分布在 1980～3648MPa，可钻性级值分布在 5～10 级，平均硬度为 2460.27MPa，平均可钻性级值为 7.41 级。地层的高硬度、高可钻性是该区块机械钻速低的一个重要因素。

　　该井使用的钻头有牙轮钻头和金刚石钻头，牙轮钻头为汉江石油钻头股份有限公司的 HJT617GH、HJT537GH、HJT637GH 和 HJT737GH，金刚石钻头为河间市瑞德钻井材料有限公司的 DSX259 和四川川石金刚石钻头有限公司的 SC279。钻头使用的钻压和转速如图 4-8 所示，图中钻压在 50kN、60kN、80kN 和 120MPa 等情况下使用的是金刚石钻头。钻头使用数量和平均钻速如图 4-9 所示。

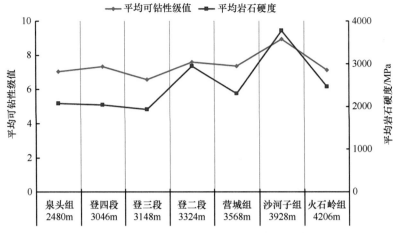

图 4-7　徐深地层抗钻性质随深度变化曲线

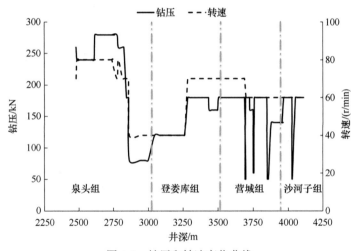

图 4-8　钻压和转速变化曲线

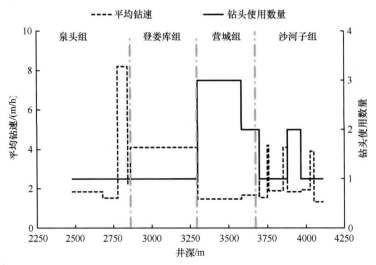

图 4-9　各钻头使用情况和平均钻速变化曲线

图 4-10 为模型分析的理论钻速和实钻钻速对比曲线。图 4-10 中虚线框描述范围为金刚石钻头钻进井段。纯滚动锥形齿牙轮钻头钻速方程计算的理论钻速与实钻钻速最为接近，这与该井段实际使用的纯滚动锥形齿牙轮钻头相对应。应用欧几里得距离法分析数据点之间的关系，如式（4-9）所示：

$$d_{ij} = \sqrt{\sum_{m=1}^{N}\left(x_{mi} - x_{mj}\right)^2} \tag{4-9}$$

式中，x_m 为数据点坐标；d_{ij} 为欧几里得距离；N 为数据点总数。

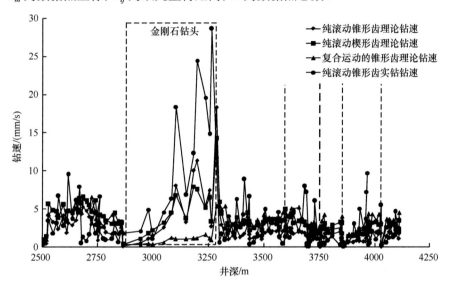

图 4-10　理论钻速和实钻钻速随井深变化曲线

137 个数据点计算结果表明，纯滚动锥形齿牙轮钻头的欧几里得距离为 44.4，纯滚动楔形齿牙轮钻头的欧几里得距离为 739.6，复合运动的锥形齿牙轮钻头的欧几里得距离为 55.6。由于这些计算考虑了金刚石钻头钻进井段，欧几里得距离较大。去除金刚石钻头的影响，剩下 111 个数据点。纯滚动锥形齿牙轮钻头的欧几里得距离为 25.8，纯滚动楔形齿牙轮钻头的欧几里得距离为 121，复合运动的锥形齿牙轮钻头的欧几里得距离为 26.4。纯滚动复合运动的锥形齿牙轮钻头与实钻钻速最接近。

综上所述，本节以岩石侵入理论为基础，在考虑井底压力的条件下针对牙轮钻头破岩问题展开研究，建立了井底条件下牙轮钻头的钻速模型。理论分析表明，地层由软、中硬到硬的过渡过程中，钻速方程能够解释不同破岩方式下牙轮钻头的机械钻速快慢问题。试验结果表明，随着刃尖角的增大，锥形齿和楔形齿的牙齿侵入深度都呈指数递减趋势；随着井眼内钻井液柱压力的增大，侵入深度呈指数递减趋势，其中锥形齿的递减趋势要大于楔形齿。现场应用实例表明，模型理论钻速计算结果与实钻钻速数据接近，最小欧几里得距离为 25.8。

4.2 PDC 钻头钻速方程及应用

PDC 钻头钻速方程的研究与应用是钻井工程的主要任务之一，PDC 钻头的钻速与钻头结构、地层岩性、钻井参数及钻井液性能等有关。深入了解以上因素对 PDC 钻头钻速的影响，建立合理的 PDC 钻头钻速方程，可以较好地预测 PDC 钻头在钻进过程中的钻速，从而为管理者指导钻井生产提供了理论依据。

牙轮钻头、PDC 钻头及金刚石钻头是石油钻进中常用的三大类钻头，当前 PDC 钻头进尺占我国钻井完成总进尺的 80% 以上。PDC 钻头的机械钻速受机械参数、水力参数、地层参数和钻头结构等因素的影响，其工作效率直接影响钻井进度和成本。为了预测和分析不同钻进条件下钻头的机械钻速，国内外学者建立了宾汉方程、杨格方程、阿姆科方程等一系列的钻速方程。这些钻速方程是在考虑机械参数、水力参数、地层参数和钻头结构等不同，并结合室内试验和现场统计数据的基础上建立的[60]。

当前，钻井录井数据已经相当普遍，应用这些数据可以直接分析随深度变化的机械钻速和机械钻速变化的影响因素，但是录井数据噪声点较多，且形式多样，直接应用钻速方程计算和预测机械钻速，其计算结果与录井机械钻速有很大的误差，一般难以达到 30% 以上的精度，这使得钻速方程的应用和推广受到了很多限制。本书在考虑机械参数、水力参数、地层参数的基础上，基于全局优化的角度提出了钻速方程的三元模式和四元模式，并建立了系统的应用流程，为分析机械钻速和实时预测机械钻速提供了一条途径。

4.2.1 常用的钻速方程

钻速方程能够描述各种因素如何影响钻头破碎岩石的速度。1969 年，考虑门限钻压和牙齿磨损量的影响，杨格提出新的钻速方程。随后，有人在该钻速方程的基础上，引入了压差影响系数和水力净化系数，形成了目前应用较普遍的修正杨格方程：

$$v_{op} = K_f C_P C_H \frac{(W-M)n^\lambda}{1+C_2 H_f} \tag{4-10}$$

式中，v_{op} 为机械钻速，m/h；W 为钻压，kN；M 为门限钻压，kN；n 为钻头转速，r/min；K_f 为地层可钻性系数；C_P 为压差影响系数；C_H 为水力净化系数；C_2 为切削齿磨损系数；H_f 为切削齿相对磨损量，即磨损掉的高度与原始高度之比，则新钻头为 0；λ 为转速指数。

1970 年，美国阿姆科公司根据大量的现场数据提出了二元钻速方程[61]：

$$v_{op} = K_f W^\alpha n^\lambda \tag{4-11}$$

式中，α 为钻压指数。

该钻速方程认为，钻速与钻压、转速的指数函数成正比，且在软硬地层采用不同的钻压指数和转速指数，当地层由软到硬变化时，钻压指数由小到大变化，而转速指数由大到小变化，而钻速变化趋势由快到慢。

1988 年，中国石油勘探开发科学研究院（现称中国石油勘探开发研究院）根据试验

数据和辽河油田、华北油田提供的实钻资料，吸取阿姆科模式和鲍戈因多元模式的优点，回归出了四元钻速方程[62]，即

$$v_{op} = K_f W^\alpha n^\lambda N_c^\gamma e^{-\beta \Delta P} \qquad (4\text{-}12)$$

式中，N_c 为钻头水功率，kW；ΔP 为井底压差，MPa；γ 为水力敏感指数；β 为地层的压实系数。

1995 年，江汉石油学院杨雄等[63]通过室内试验模拟 1000m 井下条件，通过统计回归建立了 PDC 钻头的钻速方程：

$$v_{op} = K_f W^\alpha n^\lambda Q^\varepsilon e^{-\beta \Delta P} \qquad (4\text{-}13)$$

式中，Q 为排量，L/s；ε 为排量指数。

此外，还有一些钻速方程，如胜利油田建立的通用钻速方程[64]，东北石油大学建立的破碎比功钻速方程等[65,66]，很多单位都在积极探索和推动钻速方程的工程实用化。应用式（4-11）、式（4-13）计算机械钻速，如图 4-11 所示。图 4-11 中，阿姆科二元模型计算精度为 15.79%。

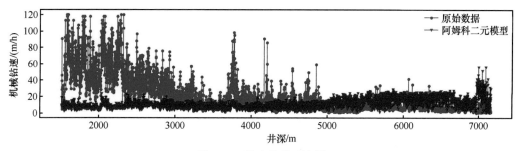

图 4-11　钻速模型对比图

在钻速方程现场应用过程中，模型计算结果与录井数据存在不小的偏差（不足 30%），具体原因如下：

（1）由于实钻钻速数据分布影响因素多，非线性强，噪声点多，分布规律性弱，众多钻速方程的计算结果与实钻数据结果误差比较大。

（2）钻速方程中过程参数比较多，如压差影响系数、水力净化系数、切削齿磨损系数、切削齿相对磨损量、井底压差等，这些参数在实际钻进过程中无法准确计算，即使钻后分析过程也很难准确计算，这无疑又一次增加了钻速方程的误差。

（3）地层可钻性是一个随深度变化的且十分重要的客观参数，不同深度的地层统一用一个或几个固定的参数，这与实践情况不符。

4.2.2　新模型及参数求解

1）模型建立

在前人研究的基础上，综合考虑上述原因，提出由钻压、转速和地层可钻性系数构成的钻速方程三元模式：

$$v_{op} = C_{com} \frac{W^\alpha n^\lambda}{K_f^\gamma} \qquad (4\text{-}14)$$

由钻压、转速、排量和地层可钻性系数构成的钻速方程四元模式：

$$v_{op} = C_{com} \frac{W^{\alpha} n^{\lambda} Q^{\varepsilon}}{K_f^{\gamma}}$$ （4-15）

式中，C_{com} 为综合系数；K_f^{γ} 为地层可钻性系数。

这两个方程的特点是主要构成参数都直接来源于录井数据，而不需要中间的二次预测，通过综合系数和地层可钻性系数系统考虑切削齿相对磨损量、压差、压实系数等参数对机械钻速的影响。这样的建模方式可以有效降低方程使用过程中的误差。

2）地层可钻性级值的求取

考虑钻压、转速、排量、井底压差、钻头尺寸等参数的综合影响，来分析 PDC 钻头的破岩速度。由此给出地层可钻性级值的定义：当一只新的 PDC 钻头钻进 1m 地层所用的时间为 128min 时，地层可钻性级值为 10 级，具体的计算公式为

$$K_f = \log_2 \left(8 \times R_{op}\right)$$ （4-16）

式中，R_{op} 为录井数据中的整米钻时，min/m。

这个地层可钻性对应室内测定的岩石可钻性，是一个相对的、综合性的可钻性级值。这个指标有效解决了钻井过程中可钻性的预测问题，综合描述了井底地层岩石抵抗钻头破碎的能力。

应用式（4-16）可以计算得到根据整米钻时确定的地层可钻性级值分级标准，如表 4-1 所示。

表 4-1　地层可钻性级值分级表

软	K_f	1	2	3	4
	R_{op}/min	0～0.25	0.25～0.5	0.5～1.0	1.0～2.0
中	K_f	5	6	7	8
	R_{op}/min	2.0～4.0	4.0～8.0	8.0～16.0	16.0～32.0
硬	K_f	9	10	11	12
	R_{op}/min	32.0～64.0	64.0～128.0	128.0～256.0	256.0～512.0

根据地层可钻性分级方法，可以对录井数据中的整米钻时进行可钻性分析。整米钻时越大，地层可钻性级值增大。根据式（4-16）运用 JY104 井录井数据的整米钻时计算其地层岩石可钻性级值，如图 4-12 所示。

由图 4-12 可知，地层可钻性级值分布在 2～10 级，浅部地层可钻性级值较小，深部地层可钻性级值较大；另外，根据地层可钻性级值分布可以了解当前钻井条件下，地层岩石抗钻能力随深度的分布关系。这样的曲线不仅可以用在本井的模型优化，同时可以为邻井钻速分析奠定基础。

3）方程中的参数回归方法

机器学习是人工智能及模式识别领域共同的研究热点，其理论和方法已被广泛应用于解决工程应用和科学领域的复杂问题[19-22]。机器学习的回归算法通过建立变量之间的

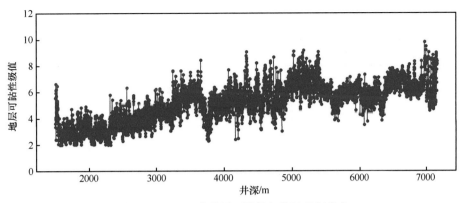

图 4-12 JY104 井地层可钻性级值随井深分布

回归模型，通过训练过程得到变量与因变量之间的相关关系。常见的回归算法包括线性回归、非线性回归、逻辑回归、多项式回归。本节应用回归分析方法对综合钻速方程中的钻压指数、转速指数、可钻性系数等参数进行多元回归。

4.2.3 现场实例分析

1）单井钻速方程优化

选取 JY104 井作为研究对象，运用该井的录井数据，对式（4-15）和式（4-16）的钻速方程进行多参数回归，并得出了最优参数表，如表 4-2 所示。

表 4-2 JY104 井钻速最优回归参数表

井号	初始井深/m	终止井深/m	模型	综合系数	钻压指数	转速指数	可钻性系数	精度/%
JY104	1507	7162	三元模式	1.3×10^{-4}	0.84	1.09	1.29	34.73
			四元模式	2.5×10^{-6}	0.86	1.09	1.19	46.95

表 4-2 中的平均精度计算模型为

$$AP = 1 - \frac{\sum\limits_{k=j}^{h_i}\left(\dfrac{\left|v_{\text{op}2k} - v_{\text{op}1k}\right|}{\overline{v}_{\text{op}1}}\right)}{h_i} \tag{4-17}$$

式中，AP 为模型计算精度；h_i 为初始井深，m；h_t 为终止井深，m；$v_{\text{op}1}$ 为原始机械钻速，m/h；$v_{\text{op}2}$ 为模型计算机械钻速，m/h；$\overline{v}_{\text{op}1}$ 为原始机械钻速平均值，m/h；j 为数据点的个数。

根据最优参数表，应用式（4-15）和式（4-16）进行计算，并和修正杨格方程（4-10）、四元钻速方程式（4-12）进行对比，由此绘制图 4-13。本节计算用的整米机械钻速录井数据为原始数据，仅去掉未钻进的零值点，不再做其他任何降噪处理。

由表 4-2 可知：对该井从 1507m 到 7002m 的 5495m 数据进行回归，三元模式的计算精度为 34.73%，四元模式的计算精度为 46.95%。从这里可以看出，模型对原始机械钻速录井数据的预测结果不是很高。修正的杨格方程计算结果的平均精度为 6.64%，远小于三元模式的平均精度 34.73%；四元钻速方程计算结果的平均精度为 6.82%，同样远小于四元模式的平均精度 46.95%。

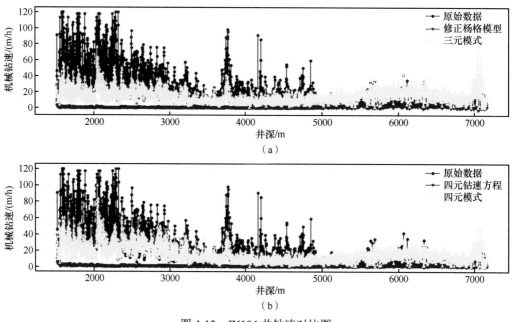

（a）

（b）

图 4-13　JY104 井钻速对比图

尽管如此，三元模式和四元模式的计算精度依然比较低，还不能满足工程应用的需要。为进一步提高三元模式和四元模式的计算精度，可以根据钻头进尺对整口井录井数据进行分段计算，并对每段录井数据进行回归分析，得到最优参数，见附表 4-1。

由附表 4-1 可知，JY104 井从 1507m 到 7162m 的 5656m 中共用了 9 只 PDC 钻头，应用三元模式和四元模式进行回归，共得 18 个最优参数。三元模式预测精度在52.75%～74.41%，四元模式预测精度在 47.58%～74.44%。这个预测精度相比修正杨格方程和单独使用三元或四元钻速方程计算的结果精度大幅度提高，提高了近一倍。这个预测精度基本可以满足现场的工程应用，具体如图 4-14 所示。

2）单井钻速方程的区域优化

上面的计算仅仅是针对一口井的。如果在 JY104 井钻进之前存在多口已钻井，那么，在 JY104 井各井段钻进时，可以有两种办法进行钻速方程优化：一是以钻进段进行回归分析，但可能会存在数据量小、回归精度不高的问题；二是在已有的最优模型中进行优选。根据上述思路，在同区块 4 口井中应用第二种方法来进行 JY104 井的最优模型筛选，具体计算结果附表 4-2 所示。

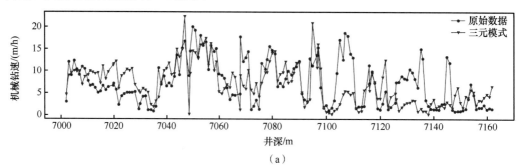

（a）

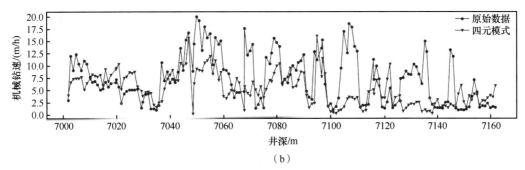

（b）

图 4-14　JY104 井第 9 只钻头的最优钻速曲线图

由附表 4-2 多口井最优模型筛选结果可知：有些井段本井数据优化模型最优，个别井段邻井的最优模型在本井的计算结果优于本井优化模型。这为钻速方程的区域优化和区域工程应用奠定了基础。

3）设计井钻速预测

假设 JY104 井为设计井，结合设计井不同井段的设计参数，如附表 4-3 所示。在设计阶段对该井机械钻速进行预测，有两种方法：一是以一口距离最近的地层序列接近的井作为参考井，应用该井最优参数系列计算设计井机械钻速；二是在整个区块已钻井中优选不同深度的准确度最高的参数组合计算设计井机械钻速。

本节应用第一种方法预测设计井的机械钻速，具体参考井选择 JY202 井，参数如附表 4-4 所示。设计井机械钻速预测如图 4-15 所示。

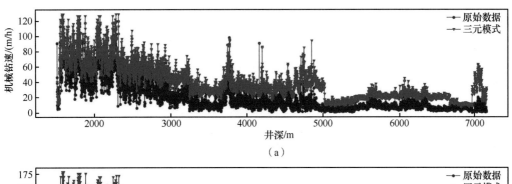

（a）

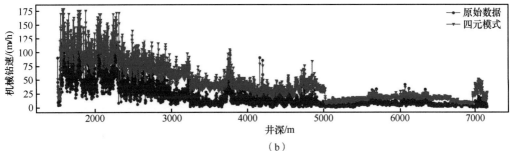

（b）

图 4-15　设计井 JY104 井机械钻速预测值

由图 4-15 可知，模型根据不同井段的设计参数和应用邻井最优模型进行计算，计算范围 1507～7162m，得到蓝色的预测曲线。从图 4-15 中不难看出，根据设计参数得到的预测曲线整体规律与录井数据的原始数据规律具有很好的相关性。三元模式预测精度在16.66%,四元模式预测精度在20.23%。这两个预测精度虽然不足50%,整体偏差比较大,但是在设计阶段能够给出本井的基本曲线形态和钻进时间,还是有很强的指导意义和借鉴性。另外,根据录井现场的机械钻速数据,可以统计JY104井真实的实钻时间为686.72h,三元模式预测的实钻时间为213.01h,预测精度为31.02%;四元模式预测的实钻时间为206.44h,预测精度为30.06%。

综上所述,在考虑机械参数、水力参数、地层参数的基础上,基于全局优化对综合钻速方程中的钻压指数、转速指数、可钻性系数等参数进行多元回归,提出了钻速方程的三元模式和四元模式,并建立了系统的应用流程,提高了计算精度。计算实例表明,以JY104井录井数据回归得出该井的三元和四元钻速方程,其中分段优化得到的三元模式预测精度在52.75%~74.41%,四元模式预测精度在47.58%~74.44%;以JY202井录井数据回归的三元和四元钻速方程预测JY104井的机械钻速,三元模式机械钻速预测精度在16.66%,四元模式机械钻速预测精度在20.23%,三元模式钻时预测精度在31.02%,四元模式钻时预测精度在30.06%。

4.3 PDC 钻头机械比功模型及应用

4.3.1 常规钻井 PDC 钻头机械比功模型

PDC 钻头的钻进过程可以看作是压入式和切削式的结合。压入式是通过钻压将钻头的切削齿持续吃入岩石;切削式是在压入岩石的基础上,利用扭矩驱动 PDC 钻头旋转运动破碎岩石,形成钻屑。旋冲钻井方式就是在静态压入的基础上增加了冲击压入,并借助钻头旋转实现切削。其破岩效果可以用机械比功(MSE)模型来进行分析。根据机械比功的基本定义,国内外专家学者利用力学理论推导了一系列 PDC 钻头机械比功模型的基本表达式[67-70]。

假定在旋转钻井条件下,在 t_1 到 t_2 的时间内(时间差为 Δt),钻井参数及井眼尺寸保持恒定,即钻压、扭矩、转速、机械钻速及井底面积等参数保持恒定。

则在 Δt 时间内,钻压做功为

$$W_{W_{OB}} = \frac{W_{OB} \cdot R_{OP}}{60} \cdot \Delta t \tag{4-18}$$

在 Δt 时间内,扭矩对地层做的功为

$$W_{RPM} = RPM \cdot 2\pi r_B \cdot F_T \cdot \Delta t = 2\pi \cdot RPM \cdot T \cdot \Delta t \tag{4-19}$$

式中,r_B 为钻头直径;F_T 为扭转力;RPM 为钻头转速,r/min;T 为扭矩,kN·m。

在 Δt 时间内,总功为

$$W = W_{W_{OB}} + W_{RPM} = \left(\frac{W_{OB} \cdot R_{OP}}{60} + 2\pi \cdot RPM \cdot T \right) \cdot \Delta t \tag{4-20}$$

式中,W_{OB} 为实测钻压,kN;R_{OP} 为机械钻速,m/h。

在 Δt 时间内，钻头开挖岩石体积为

$$V_{\Delta t} = A_{\mathrm{B}} \cdot \frac{R_{\mathrm{OP}}}{60} \cdot \Delta t = \frac{A_{\mathrm{B}} \cdot R_{\mathrm{OP}} \cdot \Delta t}{60} \qquad (4\text{-}21)$$

利用总功除以岩石体积可得到破碎单位体积岩屑需要的机械比功：

$$\mathrm{MSE} = \frac{W}{V_{\Delta t}} = \frac{W_{\mathrm{OB}}}{A_{\mathrm{B}}} + \frac{120\pi \cdot \mathrm{RPM} \cdot T}{A_{\mathrm{B}} \cdot R_{\mathrm{OP}}} \qquad (4\text{-}22)$$

式中，A_{B} 为井底面积，$A_{\mathrm{B}} = \dfrac{\pi d_{\mathrm{B}}^2}{4}$，$\mathrm{m}^2$；$d_{\mathrm{B}}$ 为钻头直径，m。

则式（4-22）也可以表示为

$$\mathrm{MSE} = \frac{4 \cdot W_{\mathrm{OB}}}{\pi d_{\mathrm{B}}^2} + \frac{480 \cdot \mathrm{RPM} \cdot T}{d_{\mathrm{B}}^2 \cdot R_{\mathrm{OP}}} \qquad (4\text{-}23)$$

上述模型及其修正模型都没有考虑水力参数对破岩效果的影响。在实际钻井过程中，钻头水力参数不仅能起到清洁井底岩屑，以免岩屑重复破碎的作用，而且在钻进岩石强度较低的地层时，当射流冲击力超过地层岩石破碎强度时，射流将直接破碎岩石，从而可以起到辅助破岩的作用。因此，需要将机械能量与水力能量两者有机结合起来，形成井底真实钻井条件下的机械比功理论。考虑水力能量后的机械比功 $\mathrm{MSE_h}$ 模型包括钻头钻压、扭矩及水力能量对破岩效果的综合影响。

根据比功的定义：

$$\mathrm{MSE} \approx \frac{\mathrm{MSE_{input}}}{\mathrm{Output}\ R_{\mathrm{OP}}} = \frac{W_{\mathrm{total}}}{V_{\mathrm{ROP}}} \qquad (4\text{-}24)$$

式中，$\mathrm{MSE_{input}}$ 为单位面积上的输入总能量；$\mathrm{Output}\ R_{\mathrm{OP}}$ 为输出 R_{OP}；W_{total} 为单位时间内参与破岩作用力所做功的总和；V_{ROP} 为单位时间内钻头开挖的岩石体积。

要得到考虑水力能量后的机械比功，首先必须了解 Teale 最初推导机械比功模型时所使用的试验方法。在常压、无高速流体辅助破岩的条件下得到的机械比功等于开挖单位体积岩石所需要切削功与压入功的总和，理想情况下等于破碎单位体积岩石所需要的最小能量。如果考虑水力能量参与破岩，那么破岩所需要的实际最小能量 $\mathrm{MSE_{min}}$ 肯定大于原来预测的能量 $\mathrm{MSE_{原}}$，因而在计算比功时需要在切削功与压入功的总和的基础上加上水力能量所做的功。

因此，考虑钻头水功率影响下的机械比功表达式应为

$$\mathrm{MSE_h} = \frac{W_{W_{\mathrm{OB}}} + W_{\mathrm{RPM}} + W_{\mathrm{HJ}}}{V_{\mathrm{ROP}}} \qquad (4\text{-}25)$$

式中，$\mathrm{MSE_h}$ 为考虑水力能量后的机械比功；W_{HJ} 为单位时间内流体射流作用对地层做的功。

另一个需要注意的问题是，上述模型是在假定最优水力能量（即井眼净化效果良好）且不考虑水力能量对破岩效果的影响的前提下推导得到的。此外，式（4-25）中的钻压 W_{OB} 为实测钻压，没有考虑实际钻井过程中喷嘴射流冲击力 F_{j} 的反作用力的影响。根据牛顿第三定律，射流对地层的冲击会对钻头产生有一个大小相等、方向相反的反

作用力，使有效钻压降低。从喷嘴出口开始，流体的加速携带作用致使很小一部分能量到达井底，一般只有 25%～40% 的有用能量到达地层。所以，可以引入一个能量降低系数 η，射流冲击力也有相同程度的降低，所以到达井底的有效冲击力为 ηF_j，那么有效钻压为

$$W_{OBe} = W_{OB} - \eta F_j \qquad (4\text{-}26)$$

式中，W_{OBe} 为有效钻压，kN；W_{OB} 为实测钻压，kN；η 为能量降低系数，无量纲；F_j 为喷嘴出口处的射流冲击力，kN。

F_j 是射流在其作用面积上的总作用力的大小，可根据动量原理导出

$$F_j = \frac{\rho_d Q^2}{A_0} \qquad (4\text{-}27)$$

其中

$$A_0 = \frac{\pi}{4} \sum_{i=1}^{z} d_i^2 \qquad (4\text{-}28)$$

式中，ρ_d 为钻井液密度，g/cm³；Q 为通过钻头喷嘴的钻井液排量，L/s；A_0 为喷嘴出口总截面积，mm²；d_i 为喷嘴直径（$i=1, 2, \cdots, z$），mm；z 为喷嘴个数。

单位时间内流体射流作用对地层做的功就是作用于井底的有效射流水功率：

$$W_{HJ} = \eta \cdot H_P = \eta \Delta P_b Q \qquad (4\text{-}29)$$

式中，H_P 为钻头水功率，kW；ΔP_b 为钻头压降，MPa。

当钻井液排量和喷嘴尺寸一定时，根据流体力学能量守恒方程，可得钻头压降的计算式为

$$\Delta P_b = \frac{554.4 \rho_d Q^2}{A_0^2} \qquad (4\text{-}30)$$

单位时间内钻头开挖岩石体积为

$$V_{ROP} = \frac{A_B \cdot R_{OP}}{60} = \frac{\pi d_B^2 \cdot R_{OP}}{240} \qquad (4\text{-}31)$$

将式（4-26）、式（4-29）及式（4-31）联合代入式（4-25），整理可得 MSE$_h$ 模型：

$$\text{MSE}_h = \frac{4\left(W_{OB} - \eta F_j\right)}{\pi d_B^2} + \frac{480 \text{RPM} \cdot T}{d_B^2 R_{OP}} + \frac{14400 \eta \Delta P_b Q}{\pi d_B^2 R_{OP}} \qquad (4\text{-}32)$$

4.3.2 冲击钻井 PDC 钻头机械比功模型

冲击工具是目前深部硬地层钻井常用的钻井提速工具，由于工具的原理不同，所产生的冲击分为轴向冲击、周向冲击和复合冲击。冲击工具在钻井液的作用下产生一定频率的冲击力，因此，其冲击力的极值可以表示为通过钻头喷嘴的钻井液排量 Q 的关系式：

$$F \propto KQ \qquad (4\text{-}33)$$

式中，K 为工具产生冲击力的工作系数。

根据冲击力的作用形式，轴向冲击直接影响实际钻井的钻压，周向冲击直接影响实际钻井的扭矩，复合冲击同时影响钻压和扭矩。

1. 轴向冲击的机械比功

轴向冲击下的钻压 W_{OBz} 可表示为

$$W_{OBz} = W_{OB} + F_z \qquad (4-34)$$

式中，F_z 为轴向冲击力。

轴向冲击表现为如图 4-16 所示的 $0 - F_{zmax} - 0$ 矩形脉冲（F_{zmax} 为轴向最大冲击力）。

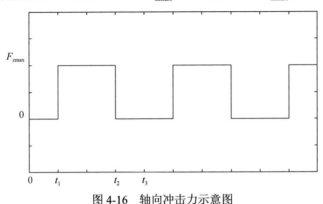

图 4-16 轴向冲击力示意图

轴向冲击力函数可表示为

$$F_z = \begin{cases} 0, & 0 < t \leqslant t_1 \\ F_{zmax}, & t_1 < t \leqslant t_2 \\ 0, & t_2 < t \leqslant t_3 \end{cases} \qquad (4-35)$$

式中，t_1、t_2、t_3 分别为一个周期内的下行程时间、撞击时间和上行程时间。不同冲击工具的流道结构差异导致频率不同，冲击力在作用的瞬间也非恒力，我们近似地认为在一个冲击周期 T_z 内，周向冲击力做工时间为 $1/3T_z$。

在 Δt 时间内，轴向冲击力做功为

$$W_{F_z} = \frac{F_z R_{OP}}{60} \cdot \Delta t \cdot \frac{1}{3} = \frac{F_z R_{OP}}{180} \times \Delta t \qquad (4-36)$$

带有轴向冲击力的机械比功模型可表示为

$$MSE_{hz} = MSE_h + \frac{W_{F_z}}{V_{ROP}} \qquad (4-37)$$

将式（4-31）、式（4-32）、式（4-36）代入式（4-37）得

$$MSE_{hz} = \frac{4(W_{OB} - \eta F_j)}{\pi d_B^2} + \frac{4F_z}{3\pi d_B^2} + \frac{480RPM \cdot T}{d_B^2 R_{OP}} + \frac{14400\eta \Delta P_b Q}{\pi d_B^2 R_{OP}} \qquad (4-38)$$

2. 周向冲击的机械比功

如图 4-17 所示，周向冲击液动锤运动过程可以分解为起始位置、终点位置和临界转变 3 个阶段。其中 t_1'、t_2'、t_3'、t_4' 分别为一个周期内的右行程时间、右侧撞击时间和左行程时间、左侧撞击时间。

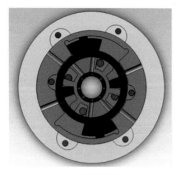 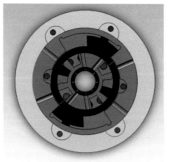 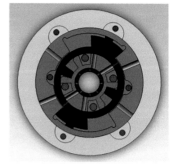

（a）起始位置　　　　　　　　（b）终点位置　　　　　　　　（c）临界转变

图 4-17　各运动阶段时锤外壳、液动锤、启动器等部件结构的对应关系

周向冲击可表示为如图 4-18 所示的矩形脉冲。

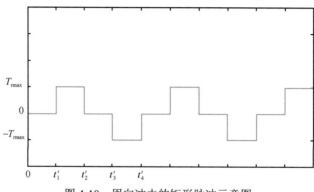

图 4-18　周向冲击的矩形脉冲示意图

T_{rmax}-最大扭矩

其冲击力为 0—T_r—0—$-T_r$—0 的脉冲矩形的扭矩函数，即

$$T_r = \begin{cases} 0, & 0 < t \leq t_1 \\ KQ, & t_1 < t \leq t_2 \\ 0, & t_2 < t \leq t_3 \\ -KQ, & t_3 < t \leq t_4 \end{cases} \quad (4\text{-}39)$$

周向冲击下的扭矩 T 可表示为

$$T = T + T_r \quad (4\text{-}40)$$

将式（4-40）代入式（4-39）得到周向冲击下的转速做功。

在 Δt 时间内，转速做功为

$$W_{\text{RPM}_r} = 2\pi \times \text{RPM} \times (T + T_r) \times \Delta t \quad (4\text{-}41)$$

T_r 在一个周期内有正向力也有反向力，但在周向冲击过程中，正负冲击力做功并没有抵消，反向力也没有因为做负功而降低钻速，反而会抑制钻头的黏滑振动提高钻进效率。因此，近似地认为周向冲击在一个周期内，正负冲击力均做正功且做功时间近似为三分之一周期。由此可得周向冲击下的转速做功为

$$W_{\mathrm{RPM_r}} = 2\pi \times \mathrm{RPM} \times T \times \Delta t + \frac{2}{3}\pi \times \mathrm{RPM} \times T_{\mathrm{r}} \times \Delta t \tag{4-42}$$

用式（4-21）、式（4-41）替换式（4-38）中的转速做功部分，可以得到周向冲击下的机械比功模型：

$$\mathrm{MSE_{hr}} = \frac{4\left(W_{\mathrm{OB}} - \eta F_{\mathrm{j}}\right)}{\pi d_{\mathrm{B}}^2} + \frac{480\mathrm{RPM}\ T}{d_{\mathrm{B}}^2 R_{\mathrm{OP}}} + \frac{160\mathrm{RPM} \cdot T_{\mathrm{r}}}{d_{\mathrm{B}}^2 R_{\mathrm{OP}}} + \frac{14400\eta\Delta P_{\mathrm{b}}Q}{\pi d_{\mathrm{B}}^2 R_{\mathrm{OP}}} \tag{4-43}$$

3. 复合冲击的机械比功

由式（4-38）和式（4-43）可以发现，无论是轴向冲击还是周向冲击，在机械比功的修正基础上，分别加上冲击部分做功。由此，可以得到包含轴向冲击和周向冲击的复合冲击下机械比功的模型：

$$\mathrm{MSE_{hr}} = \frac{4\left(W_{\mathrm{OB}} - \eta F_{\mathrm{j}}\right)}{\pi d_{\mathrm{B}}^2} + \frac{4F_{\mathrm{z}}}{3\pi d_{\mathrm{B}}^2} + \frac{480\mathrm{RPM} \cdot T}{d_{\mathrm{B}}^2 R_{\mathrm{OP}}} + \frac{160\mathrm{RPM} \cdot T_{\mathrm{r}}}{d_{\mathrm{B}}^2 R_{\mathrm{OP}}} + \frac{14400\Delta P_{\mathrm{b}}Q}{\pi d_{\mathrm{B}}^2 R_{\mathrm{OP}}} \tag{4-44}$$

但由于复合冲击工具的性质，其产生的轴向冲击和周向冲击并不是统一和对等的，存在不同的转化系数 α_{hr} 和 β_{hr}，该系数在 0～1，由工具本身工作性能确定，因此，式（4-44）可修正为

$$\mathrm{MSE_{hr}} = \frac{4\left(W_{\mathrm{OB}} - \eta F_{\mathrm{j}}\right)}{\pi d_{\mathrm{B}}^2} + \alpha_{\mathrm{hr}}\frac{4F_{\mathrm{z}}}{3\pi d_{\mathrm{B}}^2} + \frac{480\mathrm{RPM} \cdot T}{d_{\mathrm{B}}^2 R_{\mathrm{OP}}} + \beta_{\mathrm{hr}}\frac{160\mathrm{RPM} \cdot T_{\mathrm{r}}}{d_{\mathrm{B}}^2 R_{\mathrm{OP}}} + \frac{14400\eta\Delta P_{\mathrm{b}}Q}{\pi d_{\mathrm{B}}^2 R_{\mathrm{OP}}} \tag{4-45}$$

4.3.3 钻井关键参数求取方法

1. 机械比功基线计算

比功基线定义为钻井过程中所能达到破岩效率最高值的对照线，是优化钻井过程中所能达到的最高破岩效率的对照线，是观测比功曲线的基准线，将其与实际钻井过程中的比功曲线进行对比，就可以知道钻井参数优化的效果，实际比功曲线与比功基线偏离越大，说明破岩效率越低，需对钻井参数进行调整。

Teale 通过大量试验得出 MSE 与围压下岩石抗压强度非常接近，因此钻进地层所需能量取决于岩石抗压强度，可将岩石强度作为参照值，将实际钻井中的消耗比功与岩石抗压强度进行对比分析，确定钻头是否有效破岩。如果实际比功值明显超出岩石强度基线值则破岩效率较低，需准确判断井下工况，调整参数，提高钻头破岩效率。

从地质意义上来说，比功基线就是某个区块自上而下的地层岩石强度或岩石孔隙度的平均值，即该区块内岩石强度或岩石孔隙度整体变化情况的趋势线；而实际的比功曲线偏离基线的大小，反映破岩效率的高低，在钻井条件相同的情况下，可反映该区块地层物性的变化趋势。

1）基于室内实验的建立方法

岩石三轴实验的目的在于了解岩石在复杂应力状态下的变形特性和岩石的强度特性。采用 RAW-2000 三轴应力实验机（图 4-19）进行等侧压三轴压缩试验，为较真实地

模拟地层条件，根据岩心取心深度选择围压。

图 4-19   RAW-2000 三轴应力实验机

A. 杨氏模量的计算方法

杨氏模量是张应力与张应变的比值。设长度为 L、截面积为 A 的岩石，在纵向上受到力 F_v（张力或压力）作用时伸长（或压缩）ΔL，则纵向张应力 F_v/A 与张应变 $\Delta L/L$ 的比值如图 4-20 所示，则杨氏模量 E 为

$$E=\left(F_v/A\right)/\left(\Delta L/L\right) \quad 或 \quad E=\sigma/\varepsilon_e \tag{4-46}$$

式中，σ 为纵向张应力；ε_e 为弹性应变。杨氏模量 E 与岩石的尺寸无关，是岩石张变弹性强弱的标志。

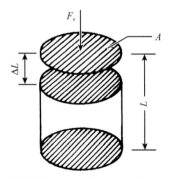

图 4-20   岩石的杨氏模量计算简图

B. 泊松比的计算方法

泊松比是横向相对变化量与纵向相对变化量之比。设长度为 L、直径为 d 的圆柱形岩石，当其受到压缩时，其长度变化为 ΔL，直径变化为 Δd，如图 4-21 所示，则泊松比 μ 等于：

$$\mu = (\Delta d / d) / (\Delta L / L) \tag{4-47}$$

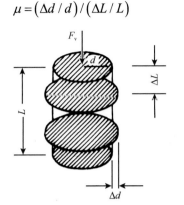

图 4-21 泊松比定义的示意图

C. 抗压强度的计算方法

该试验在无围压和孔隙压力情况下直接加轴向载荷，以应变或应力速率控制加载，直到岩样破坏。测试到的结果主要是应力和应变曲线及最终的抗压强度。

根据记录岩样破碎时的压力，用式（4-48）计算单轴抗压强度 σ_c：

$$\sigma_c = P / \left(\pi r_0^2 \right) \tag{4-48}$$

式中，σ_c 为岩石的单轴抗压强度，MPa；P 为岩盘破坏时的载荷，N；r_0 为试件半径，mm。

2）基于测井数据建立的方法

测井资料可以有效反映地层岩石的物理力学特性。可以利用测井资料数据来描述岩石的力学参数，包括泊松比、杨氏模量、抗压强度等。抗压强度所需测井资料包括声波时差、泥岩含量、密度。

纵波的换算公式为

$$V_p = (0.3084 / AC) \times 1000 \tag{4-49}$$

$$\Delta t_p = 1 / V_p \tag{4-50}$$

式中，AC 为声波时差，μs/m；V_p 为纵波速度，km/s；Δt_p 为纵波时差，ms/m。

横波的换算公式为

$$V_s = 0.704 V_p - 0.554 \tag{4-51}$$

$$\Delta t_s = 1 / V_s \tag{4-52}$$

式中，V_s 为横波速度，km/s；Δt_s 为横波时差，ms/m。

动态杨氏模量：

$$E_d = \frac{\rho}{\Delta t_s^2} \frac{3\Delta t_s^2 - 4\Delta t_p^2}{\Delta t_s^2 - \Delta t_p^2} \tag{4-53}$$

式中，ρ 为密度，g/cm³。

岩石抗压强度：

$$CCS = 0.0045 E_d \left(1 - V_{cl} \right) + 0.008 E_d V_{cl} \tag{4-54}$$

式中，E_d 为动态杨氏模量，GPa；V_{cl} 为泥岩含量，%。

2. 扭矩修正

在计算中，扭矩 T 是一个主要变量，通常利用综合录井仪或 MWD 获取。然而，钻井现场记录的数据主要为钻压、转速、机械钻速及钻头直径，往往缺乏地面或井下扭矩的直接测量值，此时则需要利用测量数据计算扭矩，即可以通过钻头滑动摩擦系数 μ_k 和钻压来计算钻头扭矩。计算模型如图 4-22 所示。

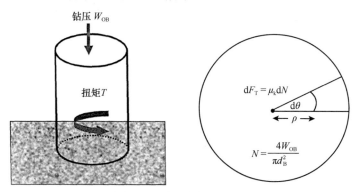

图 4-22　钻头扭矩示意图

F_T-钻头转动产生的扭力；N-井底岩石受到的法向力

依据二重积分相关定理，钻井过程中扭矩 T 可以表示为

$$T = \int_0^{\frac{d_B}{2}} \int_0^{2\pi} \rho_r^2 \frac{4\mu_k W_{OB}}{\pi d_B^2} d\rho_r d\theta = \int_0^{\frac{d_B}{2}} \frac{8\mu_k W_{OB}}{d_B^2} \rho_r^2 d\rho_r$$

$$= \frac{8\mu W_{OB}}{d_B^2} \left(\frac{\rho_r^3}{3} \right)_0^{\frac{d_B}{2}} = \frac{\mu_k W_{OB} d_B}{36} \tag{4-55}$$

式中，d_B 为钻头直径，m；W_{OB} 为实测钻压，kN；ρ_r 为某一点到中心的距离，m；μ_k 为钻头滑动摩擦系数。

将式（4-55）代入原模型式（4-32）可得

$$\mathrm{MSE_{WOB}} = W_{OB} \left(\frac{4}{\pi d_B^2} + \frac{\mu_k \cdot \mathrm{RPM}}{d_B \cdot R_{OP}} \right) \tag{4-56}$$

式中，$\mathrm{MSE_{WOB}}$ 为基于钻压的机械比功，kPa；RPM 为转速，r/min；R_{OP} 为机械钻速，m/h。在现场应用中，PDC 钻头的 μ_k 取 0.5。

3. 机械钻速预测模型

机械钻速为钻井实时检测的参数，在未取得实钻参数或随钻录井参数情况下，在前人研究的基础上，综合考虑上述原因，提出由钻压、转速和地层可钻性级值构成的钻速方程三元模式：

$$V_{op} = C \frac{W_{OB}^{\alpha} \mathrm{RPM}^{\lambda}}{K_f^{\gamma}} \tag{4-57}$$

式中，V_{op} 为预测的机械钻速，m/h；C 为多齿联合破岩影响系数；α 为钻压指数；λ 为转速指数；K_f^r 为地层可钻性系数。

地层可钻性对应室内测定的岩石可钻性是一个相对的、综合性的可钻性级值。这个指标有效地解决了钻井过程中可钻性的预测问题，综合描述了井底地层岩石抵抗钻头破碎的能力，其计算依据为式（4-16）。

应用回归分析方法对综合钻速方程中的钻压指数、转速指数、地层可钻性系数等参数进行多元回归，可以获得预测该区域机械钻速的三元模型。

在此基础上，可以结合实钻数据评价该三元钻速方程预测准确度。运用式（4-17）计算模型精度。

4.3.4　冲击振动对机械比功的影响分析

表 4-3 为钻井方式对机械比功敏感性分析的现场基础数据。其中冲击工具的轴向冲击力根据经验设定为 0.5t，周向扭矩为 2kN·m。图 4-23 为常规钻井与轴向冲击钻井运用 PDC 钻头（金刚石钻头）的机械比功与机械钻速关系曲线。由于冲击钻井所使用的钻头与常规钻井不同，冲击钻井中的钻头尽量选取与常规钻井相近的钻头类型。可以看出，相同机械钻速下，轴向冲击机械比功减小，钻井效率较常规钻井要高。

表 4-3　机械比功敏感性分析的现场数据

钻井方式	钻头类别	轴向冲击力/t	周向扭矩/(kN·m)	钻压/kN	转速/(r/min)	排量/(L/s)	钻头直径/mm	钻井液密度/(g/cm³)
常规	金刚石（HT519SJ）	无	无	50～100	～65	～30	215.9	1.1
	金刚石（MD9535ZC）	无	无					
冲击	金刚石（MD9441ZC）	0.5	2					

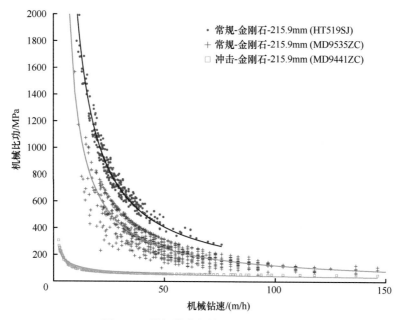

图 4-23　常规钻井与轴向冲击钻井比较

图 4-24 为常规钻井与周向、复合冲击下运用 PDC 钻头的机械比功与机械钻速关系曲线对比，其中钻压保持在 50～100kN。可以看出，相同机械钻速下，周向冲击和复合冲击机械比功远远高于常规钻井。其中，单独周向冲击下的机械比功比复合冲击下要高。

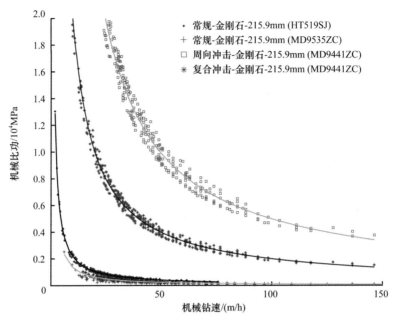

图 4-24　常规钻井与周向冲击和复合冲击钻井比较

4.3.5　基于机械比功的 PDC 钻头类型优选方法

PDC 钻头机械比功将钻压、转速、扭矩、排量、机械钻速、钻头尺寸等参数整合成一个综合参数，综合反映地层的物性和钻井时效，比单一钻时等工程参数更具有代表性。配合机械比功基线，能够反映出钻井效率的高低，能客观判断钻头的钻井效率，快速优选出 PDC 钻头类型。

在其他钻井条件相同情况下，相同机械钻速情况下的机械比功越高，其钻井效率越低。因此，优化钻头选型就是选取较低机械比功的钻头类型。

1. 常规钻井单井钻头类型优选

图 4-25 为 ZH25-22 井整井段机械比功与机械钻速的关系曲线，其中钻头类型和相关直径列出单独系列。由机械比功的定义可知，相同机械钻速下，机械比功越大，所消耗的能量越大，钻井效率越低。由图 4-25 可知，钻井效率由高到低的顺序为：三牙轮-406.4mm（LS115G）＞金刚石-311.1mm（HT2565）＞金刚石-215.9mm（HT519SJ）。

如图 4-26 所示，在 ZH27-24 井钻井效率由高到低的顺序为：三牙轮-444.5mm（GA114）＞三牙轮-215.9mm（HJT127G）＞金刚石-215.9mm（HT519SH）＞金刚石-215.9mm（HT519SJ）。

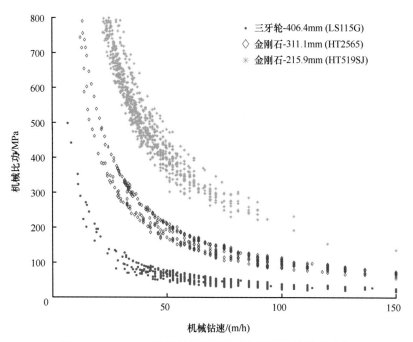

图 4-25　ZH25-22 井整井段机械比功与机械钻速关系对比

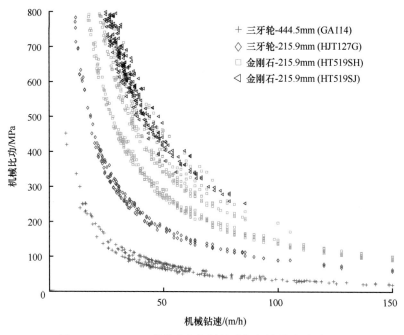

图 4-26　ZH27-24 井整井段机械比功与机械钻速关系对比

如图 4-27 所示，在 ZH27-28 井对比钻头类型，钻井效率由高到低的顺序为：三牙轮-444.5mm（GA114）＞三牙轮-215.9mm（HJT127G）＞金刚石-215.9mm（MD9535ZC）。

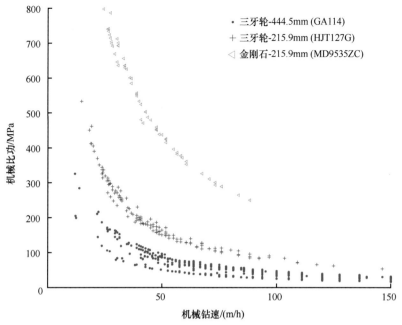

图 4-27　ZH27-28 井整井段机械比功与机械钻速关系对比

2. 冲击钻井单井钻头类型优选

图 4-28～图 4-30 为轴向、周向和复合冲击下，在不同钻头类型下的机械比功-机械钻速关系曲线。可以看出，轴向冲击下，钻井效率由高到低的钻头类型顺序为：金刚石-215.9mm（MD6521ZC）＞金刚石-215.9mm（MD9441ZC）＞金刚石-311.1mm（MD9351）。周向冲击下，钻井效率由高到低的钻头类型顺序为：金刚石-311.1mm（MD9351）＞金刚

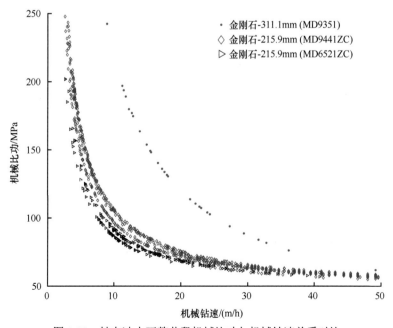

图 4-28　轴向冲击下整井段机械比功与机械钻速关系对比

石-215.9mm（MD9441ZC）≈金刚石-215.9mm（MD6521ZC）。复合冲击下，钻井效率由高到低的钻头类型顺序为：金刚石-311.1mm（MD9351）＞金刚石-215.9mm（MD9441ZC）≈金刚石-215.9mm（MD6521ZC）。

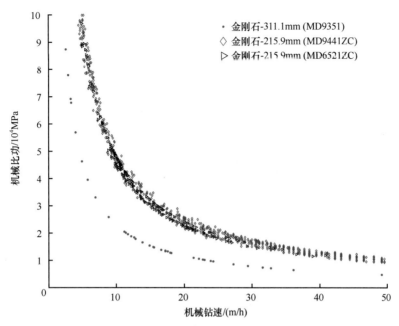

图 4-29　周向冲击下整井段机械比功与机械钻速关系对比

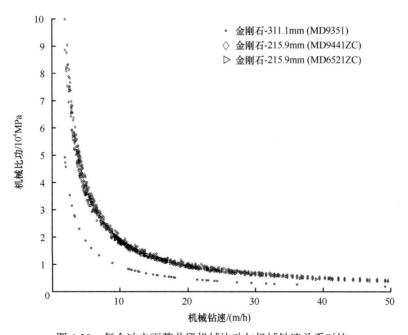

图 4-30　复合冲击下整井段机械比功与机械钻速关系对比

3. 技术应用区的钻头类型优选

在钻井区域内，分别对比金刚石和三牙轮钻头的机械比功和机械钻速的关系，如图 4-31 和图 4-32 所示。在该钻井区域内，使用金刚石钻头的钻井效率由高到低的顺序为：金刚石-311.1mm（HT2565）＞金刚石-215.9mm（HT519SH）＞金刚石-215.9mm

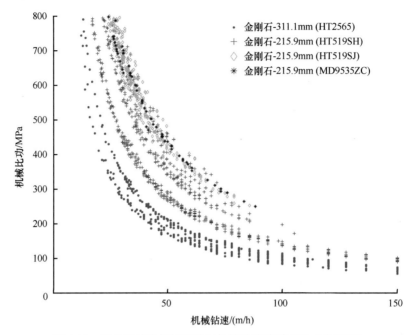

图 4-31　钻井区域内机械比功与机械钻速关系对比（金刚石）

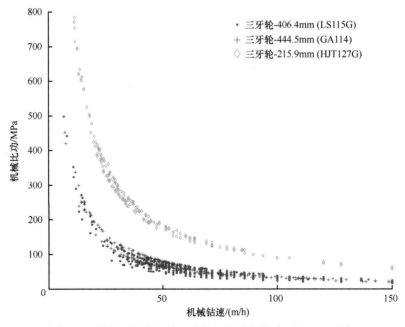

图 4-32　钻井区域内机械比功与机械钻速关系对比（三牙轮）

（HT519SJ）≈金刚石-215.9mm（MD9535ZC）。使用三牙轮钻头的钻井效率由高到低的顺序为：三牙轮-406.4mm（LS115G）＞三牙轮-444.5mm（GA114）＞三牙轮-215.9mm（HJT127G）。

综上所述，可以得出以下结论：

（1）通过建立机械比功模型，计算钻头破岩的机械比功。配合机械比功基线，能够反映出钻井效率的高低，能客观判断钻头的钻井效率，对于现场钻井有着重要的指导意义。

（2）在其他钻井条件相同情况下，相同机械钻速情况下的机械比功越高，其钻井效率越低。因此，优化钻头选型或参数优化是选取较低机械比功的钻头类型或参数。

（3）对于常规钻井单井钻头类型优选。分析了 ZH25-22 井、ZH27-24 井和 ZH27-28 井机械比功与机械钻速的关系。得出三牙轮钻头的钻井效率高于金刚石钻头，每口井的钻头优选等级通过机械比功这一单一数量值得到了客观对比。

（4）区域内常规钻井的钻头类型优选。运用三牙轮钻头时，三牙轮钻头-406.4mm（LS115G）的效率最高；对于金刚石钻头，金刚石钻头-311.1mm（HT2565）的效率最高。

（5）区域内冲击钻井的钻头类型优选。轴向冲击下，金刚石钻头-215.9mm（MD6521ZC）的钻井效率最高；周向冲击下，金刚石钻头-311.1mm（MD9351）的钻井效率最高；复合冲击下，金刚石钻头-311.1mm（MD9351）的钻井效率最高。周向冲击对整个复合冲击的影响最大，远远大于单纯的轴向冲击。

本章附表

附表 4-1　JY104 井分段最优参数表

井号	开始深度/m	终止深度/m	方程类型	综合系数	钻压指数	转速指数	可钻性系数	精度/%
JY104 井	1507	1539	四元模式	0.0000015	0.81	1.09	1.15	56.86
			三元模式	0.0001995	0.86	1.08	1.29	63.35
	1540	3244	四元模式	0.0000025	0.81	1.05	1.19	61.89
			三元模式	0.0001995	0.88	1.09	1.29	65.24
	3245	3659	四元模式	0.000001	0.81	1.05	1.19	59.92
			三元模式	0.000156	0.83	1.09	1.29	62.94
	3660	5023	四元模式	0.0000015	0.81	1.09	1.19	52.98
			三元模式	0.0001885	0.83	1.09	1.29	54.59
	5024	5404	四元模式	0.0000005	0.81	1.04	1.19	49.82
			三元模式	0.000045	0.84	1.08	1.29	52.75
	5405	6672	四元模式	0.0000005	0.82	1.09	1.19	57.83
			三元模式	0.0000535	0.84	1.09	1.29	61.49
	6673	6970	四元模式	0.0000005	0.83	1.09	1.19	63.11
			三元模式	0.000069	0.83	1.09	1.27	65.19
	6971	7001	四元模式	0.0000005	0.81	0.81	1.07	74.44
			三元模式	0.0000105	0.81	1.09	1.19	74.41
	7002	7162	四元模式	0.0000005	0.87	1.09	0.96	47.58
			三元模式	0.0000525	0.82	1.09	1.29	54.28

附表 4-2　多口实例井不同钻进段的最优模型

井号	开始深度/m	终止深度/m	方程类型	综合系数	钻压指数	转速指数	可钻性系数	精度/%
JY104 井	1507	1539	四元模式	0.0000015	0.81	1.09	1.15	56.86
			三元模式	0.0001995	0.86	1.08	1.29	63.35
JY1-1 井	1524	4583	四元模式	0.000007	0.82	1.09	1.19	55.68
JY7-1 井	1497	1506	三元模式	0.0001995	0.87	1.08	1.29	84.49
	1507	4303	四元模式	0.00003	0.81	1.09	1.19	65.71
JY104 井	3245	3659	三元模式	0.000156	0.83	1.09	1.29	62.94
JY202 井	1670	4968	四元模式	0.0000045	0.82	1.08	1.19	38.38
JY104 井	3660	5023	三元模式	0.0001885	0.83	1.09	1.29	54.59
	3660	5023	四元模式	0.0000015	0.81	1.09	1.19	52.98
	7002	7162	三元模式	0.0000525	0.82	1.09	1.29	54.28
	1540	3244	四元模式	0.0000025	0.81	1.05	1.19	61.89
	5405	6672	三元模式	0.0000535	0.84	1.09	1.29	61.49

续表

井号	开始深度/m	终止深度/m	方程类型	综合系数	钻压指数	转速指数	可钻性系数	精度/%
RP3012-1	1501	5011	四元模式	0.0000025	0.81	1.09	1.19	36.41
JY104 井	6673	6970	三元模式	0.000069	0.83	1.09	1.27	65.19
HD29 井	5492	6359	四元模式	0.0000005	0.81	1.02	1.17	73.57
JY104 井	6971	7001	三元模式	0.0000105	0.81	1.09	1.19	74.41
	1507	1539	四元模式	0.0000015	0.81	1.09	1.15	56.86
HD29 井	5492	6359	三元模式	0.000043	0.83	1.09	1.27	75.35

附表 4-3　设计井各井段机械钻速

深度/m	钻压/kN	转速/(r/min)	泵压/MPa	排量/(L/s)	钻井液密度/(g/cm³)	钻头型号
1539	60.00	60	8	50	1.15	9 1/2in TS1952
2026	40.00	190	14	55	1.14	9 1/2in TS1952
2472	40.00	190	18	53	1.15	9 1/2in TS1952
2807	40.00	190	20	51	1.15	9 1/2in TS1952
3050	40.00	190	20	50	1.15	9 1/2in TS1952
3244	40.00	190	22	50	1.15	9 1/2in TS1952
3248	40.00	170	21	50	1.15	9 1/2in FX55DI
3400	40.00	170	21	49	1.15	9 1/2in FX55DI
3530	40.00	170	21	49	1.15	9 1/2in FX55DI
3660	40.00	170	21	49	1.2	9 1/2in FX55DI
3880	40.00	170	20	43	1.2	9 1/2in TS1952
4100	40.00	170	21	40	1.21	9 1/2in TS1952
4198	40.00	170	19	34	1.23	9 1/2in TS1952
4340	40.00	170	19	34	1.24	9 1/2in TS1952
4500	40.00	170	19	34	1.24	9 1/2in TS1952
4620	40.00	170	19	34	1.24	9 1/2in TS1952
4690	60.00	170	20	34	1.26	9 1/2in TS1952
4860	60.00	170	21	34	1.26	9 1/2in TS1952
4983	60.00	170	21	34	1.25	9 1/2in TS1952
5018	60.00	170	19	32	1.25	9 1/2in TS1952
5023	40.00	170	13	22	1.24	9 1/2in TS1952
5053	60.00	70	14	26	1.24	9 1/2in SF55H3
5113	60.00	70	15	30	1.24	9 1/2in SF55H3
5168	60.00	70	18	31	1.24	9 1/2in SF55H3
5238	60.00	70	18	32	1.24	9 1/2in SF55H3
5306	60.00	70	19	32	1.24	9 1/2in SF55H3
5372	70.00	70	19	32	1.24	9 1/2in SF55H3

深度/m	钻压/kN	转速/(r/min)	泵压/MPa	排量/(L/s)	钻井液密度/(g/cm³)	钻头型号
5404	80.00	70	19	32	1.24	9 1/2in SF55H3
5459	100.00	55	19	31	1.25	9 1/2in U513M
5594	100.00	60	19	30	1.26	9 1/2in U513M
5785	100.00	65	19	31	1.26	9 1/2in U513M
5893	100.00	65	20	31	1.26	9 1/2in U513M
6013	110.00	65	20	31	1.26	9 1/2in U513M
6185	110.00	65	20	31	1.26	9 1/2in U513M
6300	100.00	65	20	31	1.26	9 1/2in U513M
6445	100.00	65	20	30	1.26	9 1/2in U513M
6520	120.00	65	20	31	1.26	9 1/2in U513M
6592	120.00	65	20	30	1.26	9 1/2in U513M
6659	120.00	65	20	30	1.26	9 1/2in U513M
6672	120.00	70	20	30	1.26	9 1/2in U513M
6677	40.00	80	18	30	1.25	9 1/2in FX55SX3
6768	60.00	75	19	30	1.26	9 1/2in FX55SX3
6866	40.00	75	18	30	1.26	9 1/2in FX55SX3
6970	40.00	75	18	30	1.26	9 1/2in FX55SX3
6977	120.00	110	19	28	1.26	9 1/2in HJ517G
7000	120.00	110	20	30	1.26	9 1/2in HJ517G
7001	120.00	140	20	30	1.26	9 1/2in HJ517G
7033	80.00	155	18	30	1.26	9 1/2in M1665D
7098	80.00	155	19	30	1.26	9 1/2in M1665D
7124	60.00	110	19	30	1.26	9 1/2in M1665D
7157	60.00	110	19	30	1.26	9 1/2in M1665D
7162	80.00	155	19	30	1.26	9 1/2in M1665D
7170	80.00	110	20	30	1.26	9 1/2in SF55H3
7176	80.00	110	20	30	1.26	9 1/2in SF55H3

附表 4-4　JY202 井各井段最优参数表

井号	开始深度/m	终止深度/m	方程类型	综合系数	钻压指数	转速指数	可钻性系数	精度/%
JY202 井	1500	1669	四元模式	0.0000025	0.92	0.83	1.19	44.56
			三元模式	0.0001995	0.96	0.82	1.29	50.07
	1670	4968	四元模式	0.0000045	0.82	1.08	1.19	38.38
			三元模式	0.0001995	0.94	1.09	1.29	48.47
	4969	5497	四元模式	0.0000005	0.83	1.09	1.19	45.49
			三元模式	0.0000825	0.84	1.09	1.29	47.92

续表

井号	开始深度/m	终止深度/m	方程类型	综合系数	钻压指数	转速指数	可钻性系数	精度/%
JY202 井	5498	5515	四元模式	0.0000005	0.96	0.81	0.82	64.91
			三元模式	0.000031	0.94	0.82	1.29	70.2
	5516	6575	四元模式	0.0000005	0.84	1.09	1.19	48.06
			二元模式	0.0000755	0.84	1.09	1.29	51.05
	6576	6630	四元模式	0.000001	0.95	0.81	1.01	69.57
			三元模式	0.000083	0.94	0.81	1.26	72.24
	6631	6881	四元模式	0.000001	0.93	0.81	1.19	52.19
			三元模式	0.0001135	0.87	0.82	0.91	53.7
	6882	7122	四元模式	0.0000015	0.81	1.09	1.19	48.98
			三元模式	0.000135	0.81	1.09	1.03	50.88

第 **5** 章

PDC 钻头定向双齿设计实践

5.1 PDC 钻头设计基础

5.1.1 设计方法

　　PDC 钻头结构包括钻头体、喷嘴、切削齿、保径面、接头等。其结构设计参数包括切削结构参数和水力结构参数两部分，如图 5-1 所示。切削结构参数包括冠部形状、切削齿空间结构分布、切削齿分布、刀翼数量与结构、保径结构等，水力结构参数包括喷嘴数量与尺寸、喷嘴空间结构分布、流道结构与尺寸等。PDC 钻头的剖面结构直接影响钻头的稳定性、导向性、布齿密度、寿命、清洗和冷却效果等。

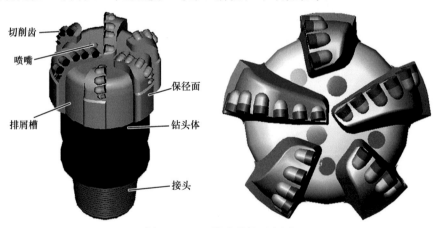

图 5-1　PDC 钻头结构示意图

　　PDC 钻头的使用寿命取决于井下工作环境。井下工作环境十分复杂，如高温、高压、高应力、高硬度等。井下工作环境主要包括地层岩石力学性质和地层环境因素两个部分，其中岩石力学性质有强度特征、变形特征和破岩机理等，地层环境因素包括孔隙压力、地应力、液柱压力和温度等。PDC 钻头的结构设计参数主要依据使用地层的井下工作环境。在研磨性地层，PDC 钻头需要加强保径结构；在易泥包地层中，PDC 钻头需要强化水力结构；在高硬度地层，PDC 钻头需要强化布齿数量。

　　由于 PDC 钻头切线齿所受合力不平衡，如图 5-2 所示，在旋转破岩过程中使 PDC 钻头的旋转中心偏离井眼中心，造成钻头在公转的同时伴有间断性自转，从而形成涡动，如图 5-3 所示。

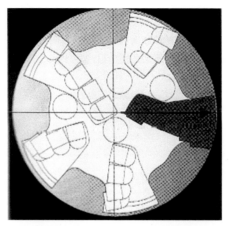

图 5-2　PDC 钻头切线齿受力图

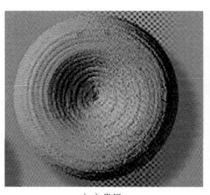

（a）常规　　　　　　　　　　　（b）涡动

图 5-3　PDC 钻头切削井底形态

为了避免 PDC 钻头在井底出现涡动状态，需要使用平衡力设计方法。设计方法及目的如下：改变切削齿的空间角度以消除不平衡力；采用不对称刀翼设计以消除不平衡力；采用低摩擦保径设计以消除不平衡力。采用轨道式布齿形成的沟槽限制钻头的涡动，如图 5-4 所示。

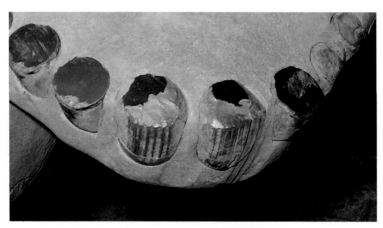

图 5-4　PDC 钻头切线齿破坏

PDC 钻头受钻柱运动的影响及与地层的相互作用，纵向振动是不可避免的。钻头的纵向振动使得切削齿受到不规则的冲击作用，造成切削齿的破坏。为减少切削齿的冲击破坏，提出了减振设计的方法，如图 5-5 所示。该方法主要有无回旋和有回旋减振设计两种形式。

（a）无回旋　　　　　　　　　　　（b）有回旋

图 5-5　减振设计的方法的表现形式

钻头工作时，是否存在回旋决定着钻头的破岩效率和使用寿命。

PDC 钻头结构设计思想主要是：分析 PDC 钻头工作稳定性的影响因素，采用新结构的 PDC 齿，深入研究 PDC 齿的岩石切削机理，合理建立 PDC 齿切削结构的数据模型，力求使 PDC 钻头对地层具有最大的攻击力，提高 PDC 钻头的研磨性和抗冲击能力，获得最佳的机械钻速。

PDC 钻头的结构设计原则主要包括力平衡设计、能量平衡设计、硬夹层钻进设计和保径设计等。其中力平衡设计的主要目的是降低钻头径向和轴向振动，提高 PDC 齿切削效率和钻头机械钻速；能量平衡设计的目的是均匀分布 PDC 齿载荷，将 PDC 齿受破坏的可能性降到最低程度；硬夹层钻进设计的目的是降低冲击载荷，增加钻头的稳定性，提高钻头过夹层的切削效率；保径设计的目的是改善工作面的稳定性，降低钻头振动。

传统 PDC 钻头的设计理论原则主要是等切削体积原则、等功率原则、等磨损原则。等切削体积原则是以每个切削齿的切削体积相等为原则；等功率原则是每个切削齿的切削功率相等；等磨损原则的目的是使钻头每个切削齿的磨损速度一致，如图 5-6 所示。

图 5-6　PDC 切削齿磨损图

等切削体积布齿原则可以用于 PDC 钻头的实际设计。但是实际应用表明，按等切削原则设计时，靠近钻头规径部位布齿密度不够，外缘部分切削齿的磨损比中心区域切削齿的磨损大三倍左右。同时等切削体积布齿原则没有考虑齿与地层的相互作用，不能准确反映切削齿受力及磨损的规律。对于等功率、等磨损原则，由于对钻头齿与地层相互作用的规律的研究不够系统完善，还不能用于实际钻头设计。

PDC 钻头力平衡设计思路：认真考虑不可见的微小振荡特征，在各种具体的使用参数下，电脑模拟 PDC 齿和岩石的接触特征，利用程序可计算力、扭矩、钻时和 PDC 齿的磨损情况，计算不平衡力的大小、方向和相互关系，在钻头设计时，不平衡力控制在一定范围之内。

PDC 钻头主要用于泥岩、砂岩、以泥质胶结为主且胶结松散的小粒径砾岩、膏岩和灰岩等地层。试验统计及现场应用情况表明：对于砂、泥岩互层，当地层抗压强度低于 100MPa、泥岩成分占岩石总量的 40% 以上时，PDC 钻头的使用效果最好。对于火成岩地层，常规 PDC 钻头一般不适合，需要额外设计特殊的 PDC 钻头。

5.1.2　冠部结构设计

1）冠部形状

PDC 钻头冠部剖面包括顶点、锥形面、鼻部、肩部、外径弧面、保径部分等，如图 5-7 所示。其中顶点是钻头的几何中心点；肩部定义为从鼻部外缘线到过渡面的曲面部分；外径弧面定义为保持肩部和保径部分之间光滑的曲面；保径部分则有助于保持钻头稳定和保持井眼尺寸。

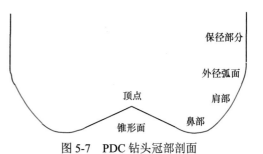

图 5-7　PDC 钻头冠部剖面

常用钻头冠部形状有长抛面型、中抛面型、短抛面型三种，如图 5-8 所示。它是决定钻头攻击性的重要因素之一。不同冠部形状的 PDC 钻头的攻击性依次为长抛面型＞中抛面型＞短抛面型。按照岩石硬度分类，推荐钻头冠型如图 5-8 所示。

（a）短抛面型　　　　　　　（b）中抛面型　　　　　　（c）长抛面型

图 5-8　PDC 钻头冠部剖面形态

钻头冠部轮廓结构设计是根据钻头设计原则和地层的软硬程度，在三种基本轮廓基础之上进行的，PDC 钻头冠部剖面选择依据如表 5-1 所示。

表 5-1 PDC 钻头冠部剖面选择依据 （单位：MPa）

岩石硬度	抗压强度	冠部形状
很低硬度	0～55	长抛面
中等硬度	55～110	中抛面
高硬度	110～220	短抛面

2）锥面角

顶点是钻头的几何中心点。钻头剖面的锥面角通常用角度来表示。深锥面（锥面角为 90°）和浅锥面（锥面角为 150°）如图 5-9 所示。

（a）深锥面　　　　　　　　　　　　　　　　（b）浅锥面

图 5-9 钻头剖面的锥面角

深锥面的优点是较高的稳定性、中心区域的金刚石覆盖率大，不足之处是导向性不好、清洗效果不好、攻击能力低。浅锥面的优点是具有较低的稳定性，中心区域的金刚石覆盖率小，不足之处是导向性好、清洗效果好、攻击能力强。

3）钻头轮廓

鱼尾轮廓钻头可镶装大切削齿，不易泥包，适合低到中等密度布齿，可在较软地层获得高钻速，如图 5-10（a）所示。

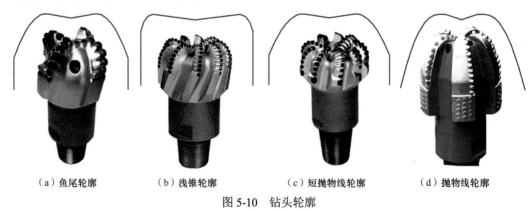

（a）鱼尾轮廓　　　（b）浅锥轮廓　　　（c）短抛物线轮廓　　　（d）抛物线轮廓

图 5-10 钻头轮廓

浅锥轮廓钻头容易清洗，适合低到高密度布齿，能较好地钻进夹层，如图 5-10（b）所示。

短抛物线轮廓钻头外侧可布更多齿，适合中到高密度布齿，可钻进带有硬夹层的中硬地层，如图 5-10（c）所示。

抛物线轮廓钻头具有尖的鼻部和长的布齿带，适合中到高密度布齿，以及高速井下动力钻进，如图 5-10（d）所示。

4）切削齿

切削齿的设计主要包括切削角、负前角、布齿密度和尺寸等。切削角的大小决定了 PDC 切削片攻击地层的能力，如图 5-11 所示。较大的切削角可以提高抗冲击能力和研磨能力。较小的切削角可以提高机械钻速。整个钻头上使用的切削角是不一样的。

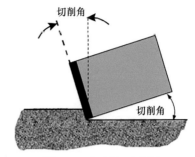

图 5-11　切削角示意图

（1）切削角为 5°～10° 时，适合非常软的黏土和泥岩，具有高钻进速度。

（2）切削角为 15° 时，适合所有地层，但应用是在软地层中效果最好。

（3）切削角为 20° 时，适合所有地层，切削片寿命长，最好是用在研磨性的砂岩地层。

（4）切削角为 30° 时，适合比较硬的地层，典型的应用在保径部位。

这样通过不同角度的组合，可以达到不同的目的，如高钻进速度和长寿命。

PDC 齿为了保证一定的寿命，负前角一般为 20°、25°、30°，但该负前角下钻头吃入能力差，攻击性不强，推荐的负前角如表 5-2 所示。

表 5-2　推荐的负前角

岩石硬度	抗压强度/MPa	切削齿负前角/(°)
很低硬度	0～55	15、18、20
中等硬度	55～110	17、20、25
高硬度	110～220	20、25、30
极高硬度	220～345	25、30、35

不同类型和材质的切削齿，需要根据地层硬度适时调整切削齿负前角，使钻头能获得较高的机械钻速和寿命。

根据岩石抗压强度，确定合理的 PDC 布齿密度，如表 5-3 所示。

表 5-3　布齿密度确定

岩石硬度	抗压强度/MPa	布齿密度
很低硬度	0～55	低布齿密度
中等硬度	55～110	中等布齿密度
高硬度	110～220	高布齿密度
极高硬度	220～345	高布齿密度（超强齿）

根据岩石抗压强度，选择合理的切削齿尺寸，如表 5-4 所示。

表 5-4 切削齿尺寸的选择

岩石硬度	抗压强度/MPa	切削齿尺寸/mm
很低硬度	0～55	19～24
中等硬度	55～110	16～19
高硬度	110～220	13～16
极高硬度	220～345	8～13（超强齿）

5）保径结构

针对山前高陡构造地层倾角大、井斜控制难的特点，选用相对较短的保径，减小钻头因与井壁接触而产生的扭矩，同时降低了保径表面积，增加了钻头保径表面的接触力，使钻头的侧向切削能力增强，有利于井斜控制，如表 5-5 所示。

表 5-5 钻头保径长度   （单位：in）

钻头尺寸	标准保径长度	短保径长度
12 1/4	2.5	1.5
8 1/2	2	1.5

6）水力结构设计

水力结构（图 5-12）的主要特征：各刀翼排屑槽的流量分配比例与各刀翼岩屑生成量的比例相符。井底漫流速度大，且沿其漫流层的流动较为稳定，提高了井底清岩能力。井底流场高压区和低压区并存，甚至出现了负压区，减小了压持效应。

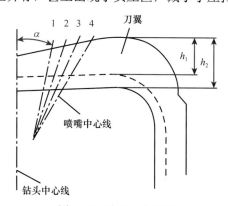

图 5-12 钻头水力结构

α-喷嘴中心线与钻头中心线的夹角

5.2 PDC 钻头定向双齿布齿设计

当前，全球油气勘探开发目标正从浅层向深层、超深层发展，高效开发深层、超深层油气资源是实现中国能源接替战略的重大需求，也是当前和未来油气勘探开发的重点和热点。深井、超深井地质条件复杂，地层坚硬，可钻性差，机械钻速低，钻井周期长，同时由于井底钻进能量不足，PDC 钻头在钻进过程中通常伴随着不同类型的振动，如横向振动、轴向振动和扭转振动。其中，横向振动是最具破坏性的振动类型之一，可能导致钻头回旋，从而使得钻头瞬时失效，并成为钻头早期破坏的原因。

PDC 钻头的钻进过程是一个复杂的非线性过程，钻头与岩石的相互作用决定了该系统的复杂性。PDC 钻头钻进是否平稳，除了与 PDC 钻头本身的设计参数有关外，还与地层条件、岩石力学性质及钻柱系统的整体运动状态有关。地质条件的复杂性和随机性决定了 PDC 钻头的自平衡布齿设计只能在数字层面完全满足平衡条件。实钻过程中，由此造成的横向振动在现阶段是不可避免的，但考虑到 PDC 钻头侧向力导致的钻柱横向振动，以及由横向振动造成的钻头反旋和 PDC 切削齿崩坏与脱落等不良影响，减小 PDC 钻头侧向力、开展自平衡布齿方法的研究仍具有重要的学术和工程意义。

综合考虑深井、超深井硬地层高效钻井破岩需求，以及非均质性强、软硬夹层多的复杂情况地层对提高钻头稳定性的需求，结合岩石力学、岩石破碎学等基础理论，开展基于定向双齿的 PDC 钻头自平衡布齿方法研究，以期降低钻头在非均质地层和软硬过渡地层中钻进的侧向力、抑制钻柱横向振动，同时达到高效破岩和保护 PDC 钻头的目的。

5.2.1　基本设计

PDC 钻头布齿设计是为了确定钻头上各个切削齿在空间中的坐标位置，PDC 布齿设计是钻头设计的核心，PDC 钻头切削齿的布置直接决定 PDC 钻头的整体受力情况。定向双齿 PDC 钻头以经典三原则为布齿基础，通过将部分单齿扩展为双齿，使双齿结构部分脱离冠部剖面线，形成单齿–双齿间隔布齿结构。在较软地层中由于岩石塑性较强，双齿与常规切削齿一同钻进井底岩石，而在坚硬地层中双齿优先接触井底，由于其定向的夹角结构在岩石中形成应力干涉，有效卸载岩石应力，从而减小冠顶常规切削齿应力集中，有效保护切削齿并提高破岩效率。一套完整的布齿程序，需要根据钻头使用需求、工作参数等首先设计冠部剖面，再根据冠部剖面曲线规划切削齿布置路径。

1. 钻头冠部剖面

冠部设计是根据钻头总体参数，如钻头直径、型号、外锥高度、内锥深度等，合理设计冠部轮廓形状，为 PDC 钻头布齿设计提供合理的空间表面。其设计应当满足以下三个基本要求：

（1）冠部形状设计应有助于实现钻头设计原则，如按等切削体积或等磨损原则设计钻头时，冠部形状就应尽可能保证容易实现钻头上的各切削齿的切削量或磨损量大致均衡的设计原则。

（2）切削齿在冠部表面容易布置，有足够的布齿空间和排屑空间。

（3）设计的冠部形状易于加工成形。

目前国内设计采用的原则主要为等切削体积原则。在该原则下，两颗切削齿的切削量应相等，即

$$R_i l_i \cos \gamma_i = R_j l_j \cos \gamma_j \tag{5-1}$$

式中，R_i（R_j）为第 i（j）颗齿在钻头剖面上的横坐标；γ_i（γ_j）为第 i（j）颗齿的装配角；

l_i（l_j）为 i（j）颗齿在刀翼上占有的曲线长度。

选取钻头冠顶处的切削齿做参考基准，该处切削齿有 $\gamma_i=0$，$R_i=R_0$。考虑切削齿沿刀翼等间距布置的常见情形有 $l_i=l_j$，代入式（5-1）并写成通式为

$$\cos\gamma = \frac{R_0}{R} \tag{5-2}$$

式中，R_0 为冠顶处切削齿的中心半径。

根据式（5-2）可得出冠部曲线在半径 R 处的斜率为

$$\frac{\mathrm{d}h_c}{\mathrm{d}R} = \tan\gamma = \sqrt{\left(\frac{R}{R_0}\right)^2 - 1} \tag{5-3}$$

对式（5-3）积分即为冠部曲线方程

$$h_c = \int \sqrt{\left(R/R_0\right)^2 - 1}\,\mathrm{d}R + C \tag{5-4}$$

式中，h_c 为钻头冠面高度（为实时计算值）。

积分得冠部曲线方程为

$$h_c = \frac{R}{2R_0}\sqrt{R^2 - R_0^2} - \frac{R_0}{2}\ln\left(R + \sqrt{R^2 - R_0^2}\right) + C, \qquad R \geqslant R_0 \tag{5-5}$$

式中，C 为积分常数，如设冠顶处 $h_c=0$，则 $C=(R_0/2)\ln R_0$。

式（5-5）即钻头冠部外锥曲线方程。

钻头冠部剖面直接影响以下性能：钻头的稳定性、导向性、布齿密度、钻头寿命、机械钻速及清洗和冷却效果。因此，钻头的剖面设计必须与钻井环境相匹配。

Winters 和 Doiron[71] 基于国际钻井承包商协会（IADC）分类标准（表 5-6）提出了 10 种不同的钻头形状。其中 IADC-1～IADC-9 代表 9 类常用的钻头形状，其具有不同鼻部位置和保径体积，而 IADC-0 则代表不常用形状（故不在表 5-6 中列出）。冠部形态示意图如图 5-13 所示。

表 5-6　IADC 钻头外形分类标准

编号	保径高度与钻头直径的关系	锥体高度与钻头直径的关系
IADC-1	$G>3/8D$	$B>1/4D$
IADC-2	$G>3/8D$	$1/8D \leqslant B \leqslant 1/4D$
IADC-3	$G>3/8D$	$B<1/8D$
IADC-4	$1/8D \leqslant G \leqslant 3/8D$	$B>1/4D$
IADC-5	$1/8D \leqslant G \leqslant 3/8D$	$1/8D \leqslant B \leqslant 1/4D$
IADC-6	$1/8D \leqslant G \leqslant 3/8D$	$B<1/8D$
IADC-7	$G<1/8D$	$B>1/4D$
IADC-8	$G<1/8D$	$1/8D \leqslant B \leqslant 1/4D$
IADC-9	$G<1/8D$	$B<1/8D$

注：D 表示保径段直径；G 表示冠面高度（为设计值）；B 表示锥面深度。

　　鼻部曲面的大小通常决定钻头的抗冲击能力，大曲面能够通过大的表面积来达到很强的抗冲击能力，适合在硬且夹层多的地层中使用。小曲面可在切削齿上形成较大的点式冲击，适合软且均质性好的地层，从而获得较高的机械钻速。鼻部与中心距离小时，可提供给肩部更大的表面积和布齿密度，适合软但是研磨性强的地层；当鼻部与保径部分距离更近时，可给钻头冠部提供更大的冠部面积，从而得到更强的冲击能力，适合比较坚硬的地层。

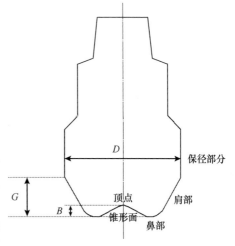

图 5-13　冠部形态示意图

　　为了方便开展研究，简化程序编制过程，采用的冠部形态为直线–圆弧形冠部，具体的冠部剖面设计参数如表 5-7 所示。

表 5-7　冠部剖面设计参数表

钻头设计参数	参数值
冠部形状	直线–圆弧形
钻头冠部外径/mm	214
冠顶半径/mm	67
内锥半角/(°)	80

2. 布齿模式

　　众所周知，PDC 刀具布置对钻头的稳定性和钻井效率起关键作用。如今的 PDC 布齿方式一般有两种：单一模式和多元模式，如图 5-14 所示。

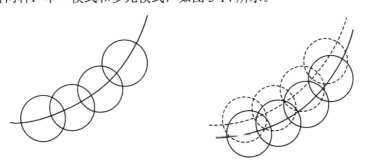

图 5-14　单一模式布齿方式和多元模式布齿方式示意图

　　单一模式（异轨布齿）是最早期和最常用的切削齿布置模式。切削齿沿着钻头冠部剖面分布，在切削齿旋转投影到钻头的径向平面后，没有刀具处于相同的径向或轴向位置，刀具完全覆盖井底，这种布置方式即单一布置。异轨布齿产生的岩脊示意图如图 5-15 所示。

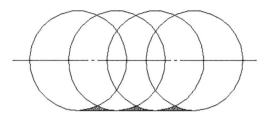

图 5-15 异轨模式产生的岩脊示意图

多元模式（同轨布齿）为在钻头径向剖面上的相同径向位置和轴向位置上，在同一切削路径中，至少有两个切削齿。在大多数的多元模式中，主刀翼上的切削齿是单组的，副刀翼上的切削齿相对于主刀翼上的切削齿来说是多余的，因为二者是同一切削轨迹。同轨模式布齿产生的岩脊示意图如图 5-16 所示。

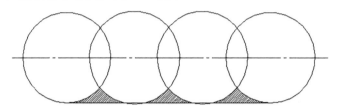

图 5-16 同轨模式布齿产生的岩脊示意图

两种布齿方式的主要差异是钻进时产生的啮合面积和压痕深度不同。单一模式布齿产生的啮合面积较大，多元模式产生的啮合面积较小。从现场使用的情况来看，单一模式布齿的使用效果要好于多元模式布齿的使用效果，但多元模式布齿方式虽然钻井效率较低，却能使钻头更加稳定。

传统上，PDC 钻头通常选用单一模式进行布齿设计，因为单一模式下每个切削齿都有自己的运动轨迹，能够使钻头的钻进效率较高。但是实际上，即使是按照单一模式布齿，同样会存在一些问题。Chen 等[72] 在 2013 年的文献中指出了传统单一模式布齿方法的两个问题：一是在过渡层中钻进会违反力平衡条件，二是钻井效率较低。Chen 等对于这两个问题的详细解释如下。

当钻进过渡地层时，钻头前端与地层接触的部分可能只有一个或几个刀具，这几个刀具产生的初始不平衡力很大。随着井深增加，不平衡力开始出现峰值，钻头中只有一部分刀具与地层接触。然后，随着与地层啮合的切削齿数量不断增加，钻头的整体不平衡力开始减小。当所有刀具都与新的地层啮合时，钻头重新达到力平衡，如图 5-17 所示。

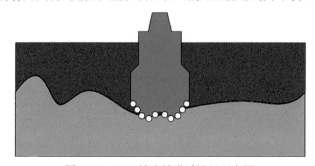

图 5-17 PDC 钻头钻进过渡层示意图

为了平衡钻头稳定性和破岩效率，定向双齿 PDC 钻头采用多元（同轴）布齿模式。首先采用冠部直线区等间距布齿和圆弧区最高密度布齿，将圆弧区部分切削齿替换为双齿，这样既可以保证圆弧区的布齿密度，又可以形成双齿–单齿交替破岩结构。这种结构既保证了钻头的高效破岩，又有效减小了冠顶部分的应力集中，有效保护切削齿破岩。值得注意的是，被替换为双齿的位置出现了布齿真空，钻头钻进后会形成较高岩脊。为保证形成光滑井底，必然要同轴后排布置切削齿；而为了高效利用布齿空间，在其他未被替换为双齿的常规齿后排同轴布置锥形齿。

5.2.2　PDC 钻头侧向力计算

PDC 钻头侧向力是 PDC 钻头涡动和反旋的主要原因，研究表明，无论钻头是在过渡地层中钻进还是在均质地层中钻进，钻头都会周期性地脱离井底从而导致侧向受力不均引起横向振动。PDC 钻头切削齿与岩石相互作用，从而产生受力载荷，所有切削齿的矢量加和产生了侧向力，这种不平衡力不可避免，但可以通过布齿设计尽量减小侧向力，从而抑制钻柱的横向振动，减小钻头的冲击破坏和磨损。

尽管国内外开展了一些侧向力研究，但却很少见 PDC 钻头侧向力计算方法的相关报道。从目前的研究进展和研究内容来看，PDC 钻头侧向力的计算，主要是通过单齿受力在空间中的整体侧向分力来实现的，也就是说这种计算方法，需要单齿受力及切削齿在空间中的分布情况，通过空间分布，分解单齿受力，再将每个切削齿的受力情况叠加，从而计算出钻头整体侧向力。

在力平衡的布齿方法下，切削齿的位置由以下因素来决定：径向位置 R_c、轴向位置 H_c、周向角 θ_c、后倾角 θ、侧转角 β、装配角 γ。目前研究人员对于 PDC 单齿切削模型的研究主要是利用邹德永和王瑞和[73]基于切削齿磨损提出的单齿受力模型，以及其他基于西松模型的单齿受力模型。

1. 常规齿切削力计算

1）基于试验数据的单齿受力模型

2005 年，中国石油大学（华东）邹德永和王瑞和[73]提出了一种通过调整刀翼周向位置使钻头侧向力达到最小的优化设计方法，该方法通过单齿切削试验，研究了切削参数（包括切削面积 A_c 和接触弧长 S_c）、后倾角 θ 及岩石可钻性级值 K_d 等因素对 PDC 钻头切削齿受力的影响规律，建立了 PDC 钻头切削齿受力模型。

单齿切削力模型：
$$\begin{cases} F_c = a_1 A_c S_c + b_1 \\ a_1 = (0.001\theta^2 - 0.012\theta + 0.483)K_d^2 \\ b_1 = (0.025\theta^2 - 0.36\theta + 22.985)K_d^2 \end{cases} \tag{5-6}$$

单齿正压力模型：
$$\begin{cases} F_n = a_2 A_c S_c + b_2 \\ a_2 = (0.0015\alpha^2 - 0.0235\alpha + 0.571)K_d^2 \\ b_2 = (0.0105\alpha^2 + 0.1585\alpha + 35.736)K_d^2 \end{cases} \tag{5-7}$$

式（5-6）和式（5-7）为单个切削齿所受切削力 F_c 和正压力 F_n 的计算公式。当我们知道单齿受力模型后，剩下的工作就是通过切削齿的空间关系，将式（5-6）和式（5-7）求得的所有的单齿受力进行矢量计算，分解到钻头的轴向、切向和径向上，从而分别得出切削齿的轴向分力 F_v、切向分力 F_c 和径向分力 F_r。

对于任意一个切削齿来说，其在空间中的布置是一个六自由度的布置，即既需要对其空间位置进行布置，还需要对其旋转角度进行布置。其在钻头上的坐标为（R_c，H_c，θ_c），其中 R_c 为切削齿的径向位置，指钻头中心到复合片面中心点的距离；H_c 为切削齿轴向位置，指复合片面中心点到钻头坐标原点的垂向距离；θ_c 为切削齿周向角，指钻头的 0° 基准线和通过复合片面中心点的角度。R_c 和 H_c 可由钻头冠部剖面曲线及等切削体积布齿原则确定，θ_c 由钻头的刀翼数确定，一般情况下，进行力平衡布齿优化时，首先优化的是 θ_c。另外，在确定切削齿空间位置后，还需对其布置的角度做出规定，以使切削齿位置固定，剩余的三个自由度分别为：切削齿的装配角 γ、后倾角 θ 及侧转角 β。钻头受力分析如图 5-18 所示。

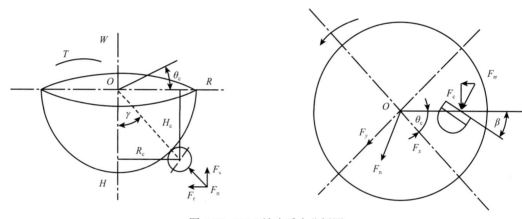

图 5-18　PDC 钻头受力分析图

将切削齿轴向分力 F_v 叠加求和，可得到钻头破碎井底岩石所需要的钻压 W。各切削齿的切削力 F_c 与切削半径的乘积之和即旋转钻头所需的扭矩 T。将各个切削齿的切削力 F_c 和径向分力 F_r、F_{rr} 向 x、y 两个坐标轴分解并求和，可求得两个坐标方向的分力 F_x 和 F_y，这样就可以计算出钻头的总侧向力 F_s 及作用方向角 θ_s，得到 PDC 钻头的受力计算模型。

得到钻压为

$$W=\sum_{i=1}^{N_c}\left(F_v\right)_i \tag{5-8}$$

式中，N_c 为切削齿个数。

扭矩为

$$T=\sum_{i=1}^{N_c}\left(F_c R_c\right)_i \tag{5-9}$$

总侧向力为

$$F_s = \sqrt{F_x^2 + F_y^2} \tag{5-10}$$

其中

$$F_x = \sum_{i=1}^{N_c} \left[F_c \sin\theta_c - (F_r + F_{rr})\cos\theta_c \right]_i \tag{5-11}$$

$$F_y = \sum_{i=1}^{N_c} \left[F_c \cos\theta_c + (F_r + F_{rr})\sin\theta_c \right]_i \tag{5-12}$$

切削齿周向角 θ_c（以钻头基准线为初始边，逆时针为正）为

$$\begin{cases} \theta_c = \arctan\left(F_y / F_x\right), & F_x \geqslant 0 \\ \theta_c = 180° - \arctan(F_y / F_x), & F_x < 0 \end{cases} \tag{5-13}$$

在上述单齿切削力模型中，与岩石力学参数有关的量为岩石的可钻性级值 K_d，与刀具有关的参数为切削面积 A_c、接触弧长 S_c 及后倾角 θ。这个模型是通过试验进行拟合的，试验人员通过事先设定好的参数目标，通过试验确定 PDC 单齿受力与这些参数的关系，从而建立 PDC 切削齿综合力学模型。虽然这种模型与实际情况拟合较好，但实际上岩石破碎时，刀具是一个非线性过程，这种非线性行为包括：短时间内结构大位移引起的非线性，大应变导致的岩石单元材料的非线性，以及岩石与刀具动态接触变化引起的非线性过程。刀具与岩石的相互作用，实际上受到很多岩石力学参数的影响，包括岩石的内摩擦力、抗剪强度、岩石的孔隙压力，以及切削时岩石的流动情况等，而不是仅仅与岩石的可钻性级值有关。

2）考虑地应力的西松修正模型

1972 年，东京大学西松提出了著名的西松模型[35]，该模型被业内人士普遍认同，并成为后续科研人员研究单齿切削力模型的基础。2019 年东北石油大学李玮等[40] 开展了以西松模型为基础的后续工作，他们考虑了地应力对模型的影响，并对西松模型进行了修正，如图 3-5 所示。

2. 锥形齿切削力计算

在定向双齿 PDC 钻头的后排齿布置中，应用锥形齿作为二级切削结构。在锥形齿钻头——StringerBlade 钻头出现之前，国内外几乎未见关于将锥形齿应用于 PDC 钻头的报道，而这种锥形齿却常见于采矿设备中，也称为镐形截齿，2016 年，上海交通大学的欧阳义平和杨启[74] 通过分析现有切削破岩峰值切削力计算公式和试验数据，进一步明确了切削力与岩石性质及切削深度之间的关系，得到了形式简单、适用性广、误差低的圆锥形齿切削力估算公式，即

$$F_c = g_1 \sigma_c^{m_1} d^{\beta_c} \tag{5-14}$$

或

$$F_c = g_2 \sigma_c^{m_2} \sigma_t^{m_3} d^{\beta_c} \tag{5-15}$$

式中，g_1 和 g_2 为由刀齿的形状、切削状态（切削前角和冲角）及刀齿和岩石的摩擦角决

定的函数；m_1、m_2 和 m_3 均为岩石强度的幂次，为不变量；d 为切削厚度；β_c 为待定常数；σ_c 为岩石单轴抗压强度；σ_t 为岩石单轴抗拉强度。

考虑切削前角、圆锥齿锥顶角和刀齿与岩石摩擦角对切削力的影响，可以将函数 g_1 和 g_2 写成如下形式：

$$g_j = \frac{k_j \sin^2\left[(90°-\theta-\alpha)/2+\psi\right]}{\cos^2\left[(\theta+\psi)/2\right]\cos\left[(90°-\theta-\alpha)/2+\psi\right]}, \quad j=1,2 \tag{5-16}$$

式中，ψ 为刀齿与岩石摩擦角（大部分岩石为 30°）；k_j 为常量系数。利用试验得到的回归系数，可以确定 k_j 的值。

将 k_j 代入式（5-14）和式（5-16），可得峰值切削力估算公式：

$$F_c = \frac{0.0234\sigma_c^{0.823}d^{1.2}\sin^2\left[(90°-\theta-\alpha)/2+\psi\right]}{\cos^2\left[(\theta+\psi)/2\right]\cos\left[(90°-\theta-\alpha)/2+\psi\right]} \tag{5-17}$$

5.2.3 定向双齿 PDC 钻头设计

依据 PDC 钻头几何学基础，结合定向双齿 PDC 钻头设计要求，设计钻头冠部剖面和布齿参数。钻头设计的基本参数如表 5-8 所示，根据该参数开展定向双齿 PDC 钻头设计。

表 5-8 钻头设计参数

钻头设计参数	参数值
冠部形状	直线–圆弧形
钻头冠部外径 D_p/mm	214
冠顶处切削齿的中心半径 R_0/mm	67
内锥半角 α_c/(°)	80
切削齿直径/mm	13.44
切削齿尺长/mm	8
切削齿后部距离/mm	默认值为 1
刀翼数	5
后倾角 θ/(°)	[15 20]
切削齿切削深度/mm	0.5
刀翼初始周向角/(°)	[0 72 144 216 288]

1. 钻头的冠部剖面设计

如 5.2.1 节中所述，PDC 钻头的冠部形状按 IADC 分类标准可分为 10 种形态，在设计钻头冠部时，需要考虑地层情况，设计保径区、内锥区和外锥区形态。由于在此领域前人的工作已做得十分充分，且 PDC 冠部的设计并不是本书研究的重点内容，为了方便研究，我们仅以直线–圆弧形冠部剖面为例进行讲解。

直线–圆弧形冠部设计如图 5-19 所示。

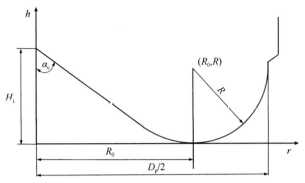

图 5-19　直线–圆弧形冠部剖面设计图

直线–圆弧形冠部相关设计参数为

$$
\begin{cases}
h = kr + H_1 \\
(r - R_0)^2 + (h - R)^2 = R^2
\end{cases}
\tag{5-18}
$$

式中，k 为冠部直线的斜率；h 为冠部曲线轴向坐标；r 为冠部曲线径向坐标。

其中

$$
\begin{cases}
k = -\cot \alpha_{c} \\
R = D_p / 2 - R_0 \\
H_1 = R(1 - \sin \alpha_{c} - \cos \alpha_{c} / \tan \alpha_{c}) + R_0 / \tan \alpha_{c} \\
H_2 = R
\end{cases}
\tag{5-19}
$$

式中，D_p 为冠部外径，mm；R_0 为冠顶处切削齿的中心半径，mm；α_{c} 为内锥半角，（°）；H_1 为内锥高度，mm；H_2 为外锥高度，mm；R 为圆弧半径，mm。

由程序生成的冠部曲线示意图如图 5-20 所示。

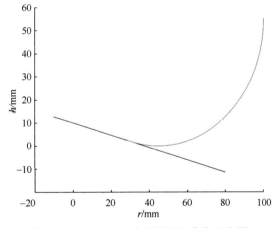

图 5-20　MATLAB 生成的冠部曲线示意图

将 MATLAB 得到的冠部曲线数据整理成数据点，写入文本文档中，再通过 Solidworks 导入对应曲线，如图 5-21 所示，转换实体引用，通过修剪完善草图，从而生成实体，如图 5-22 所示。

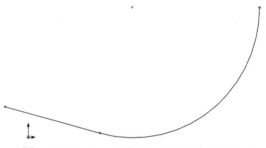

图 5-21　Solidworks 导入曲线文件示意图　　图 5-22　Solidworks 修剪后的草图实体示意图

2. 钻头的布齿参数设计

PDC 钻头的布齿参数设计是 PDC 钻头侧向力平衡的重点，布齿参数的设计直接决定 PDC 钻头产生侧向力的大小及钻头的性能。PDC 钻头的布齿要依据钻头的冠部剖面曲线形状、刀翼数量、切削齿尺寸及切削齿侵入岩石深度的设计值来决定。本节的设计方法是：通过冠部剖面曲线公式，确定切削齿径向位置坐标，直线区依据井底覆盖原则设计，圆弧区依据等切削体积原则设计。基础程序布置完成后，以切削齿中心点为基准点，将部分切削齿沿冠部剖面切线扩展为双齿，使双齿结构部分脱离冠部剖面线，形成单齿–双齿径向间隔布齿结构。同时依据最小齿间距判断准则，保证每个刀翼上的切削齿不会碰撞，计算出每个切削齿的径向坐标，依据刀翼数，给予每个刀翼周向角初始值，完成周向布齿设计计算。最后将每个切削齿的三维坐标写入文本文档，导入 Solidworks 中完成 PDC 钻头布齿设计。

3. 径向布齿设计

在确定切削齿径向坐标时，直线区的布置方法与圆弧区的布置方法有所不同。直线区位于钻头中心，其磨损量较小，只需要布置少量切削齿即可满足井底覆盖，而圆弧区位于钻头鼻部和肩部，是与井底接触最多的部分，磨损量大，因此需要增大布齿密度以减小每颗切削齿的磨损量。本部分的设计方法主要参考了中国石油大学（北京）李峰[75]的布齿设计方法，以此为基础进行双齿径向布齿程序改进。

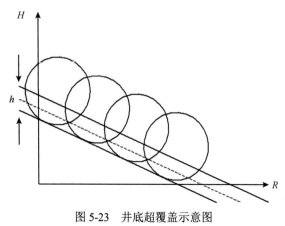

图 5-23　井底超覆盖示意图

1）井底切削覆盖设计（直线区布齿设计）

井底切削覆盖设计时，要求钻头中心的几颗齿在设计钻速下能够完全覆盖井底。当设计钻速下的切削齿切削深度为 h 时，井底切削齿可分为超覆盖、刚好覆盖、未完全覆盖三种情况，如图 5-23～图 5-25 所示。

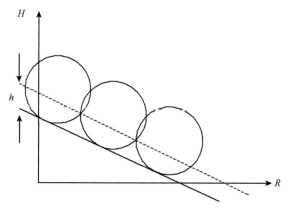

图 5-24　井底刚好覆盖示意图

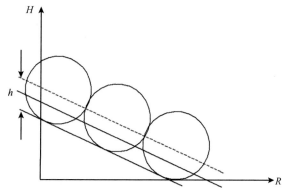

图 5-25　井底未完全覆盖示意图

设计时考虑的是井底刚好覆盖的情况，因此需要满足式（5-20）：

$$r - \frac{\left(R_{i+1} - R_i\right)^2 + \left(H_{i+1} - H_i\right)^2}{4} = r - h\sin\left(\frac{\varphi}{2}\right)^2, \qquad i=1, 2, 3, \cdots \qquad (5\text{-}20)$$

式中，R_{i+1}、R_i 为第 i+1 颗齿和第 i 颗齿在钻头剖面上的横坐标；H_{i+1}、H_i 为第 i+1 颗齿和第 i 颗齿在钻头剖面上的纵坐标；φ 为内锥角。

将冠部直线区的方程代入式（5-20）可得

$$R_{i+1} = R_i + 2\sqrt{\frac{r^2 - \left(r - \sin\frac{\varphi}{2}\right)^2}{1 + \left(\cos\frac{\varphi}{2}\right)^2}}, \qquad i=1, 2, 3, \cdots \qquad (5\text{-}21)$$

通过式（5-21）可得出直线区各齿的径向坐标，但实际上切削齿在刀翼上的布置不能发生碰撞，需要通过齿之间的最小间距对切削齿在同一刀翼上的布置进行判断，当某齿间距小于以下判据时应当将该齿布置在其他刀翼上，若该齿不满足任何一个刀翼上的齿间距判据，应当将该齿剔除。判断切削齿最小齿间距判据如式（5-22）所示：

$$\Delta L_1 = \frac{R_{i+1} - R_i}{\sin\dfrac{\varphi}{2}} = \frac{2}{\sin\dfrac{\varphi}{2}} \sqrt{\frac{r^2 - \left(r - h\sin\dfrac{\varphi}{2}\right)^2}{1 + \left(\cot\dfrac{\varphi}{2}\right)^2}}, \qquad i=1,2,3,\cdots \tag{5-22}$$

2）均匀磨损设计（圆弧区布齿设计）

圆弧区切削齿磨损较为严重，该区域的布齿应当尽量提高布齿密度，以减少磨损。当冠部形状、刀翼数等参数确定后，布齿密度取决于布齿间距的大小。布齿间距由冠部圆弧半径、切削齿长度、切削齿直径、齿前角、切削齿后部距离决定，具体计算方法如式（5-23）所示：

$$\Delta L_2 = \frac{(2r+x)(R-r)}{R-r-l\sin\theta} - 2r \tag{5-23}$$

式中，ΔL_2 为布齿间距，mm；l 为切削齿长度；r 为切削齿半径，mm；R 为圆弧半径，mm；θ 为后倾角，（°）；x 为切削齿后部距离，mm，一般取 1。

上述最小布齿间距 ΔL_2 作为圆弧区各切削齿最小布齿间距的判据，设圆弧区对应的中心角为 ρ，则圆弧区对应所有刀翼上的总的中心角度为 ρm，其中 m 为钻头刀翼数。则圆弧区一共可布置的切削齿数为

$$n = \frac{\rho m}{2\arcsin\left(\dfrac{d+\Delta L_2}{2R-d}\right)} \tag{5-24}$$

式中，d 为切削齿直径。则切削齿在径向平面上的中心齿间距为

$$\Delta L_3 = 2R\sin\left(\frac{\rho}{2n}\right) \tag{5-25}$$

如图 5-26 和图 5-27 所示，当切削齿按顺序布置在圆弧区时：当下一齿中心点和圆心的连线与过圆心的垂线形成的夹角小于半个 θ_{cr}（相邻两齿中心与圆心连线形成的夹角）时，下一齿出现在上一齿的右下方，反之出现在右上方。

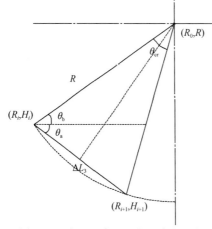

图 5-26　当下一齿处于上一齿右下方
（圆弧区左侧）

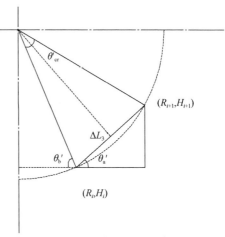

图 5-27　当下一齿处于上一齿右上方
（圆弧区右侧）

当下一齿出现在右下方时，情况如图 5-26 所示，此时

$$\theta_b = \frac{\pi - \theta_{cr}}{2} - \theta_a \tag{5-26}$$

$$\theta_b = \arctan\left(\frac{R - H_i}{R_0 - R_i}\right) \tag{5-27}$$

由式（5-26）和式（5-27）可得

$$\theta_a = \frac{\pi}{2} + \frac{\theta}{2} - \arctan\left(\frac{R - H_i}{R_0 - R_i}\right) \tag{5-28}$$

则下一齿的坐标（R_{i+1}, H_{i+1}）为

$$\begin{cases} R_{i+1} = R_i + \Delta L_3 \cdot \cos\theta_a \\ H_{i+1} = H_i - \Delta L_3 \cdot \sin\theta_a \end{cases} \tag{5-29}$$

式中，（R_1, H_1）为直线区与圆弧区切点坐标。

当下一齿出现在右上方时，情况如图 5-27 所示，此时

$$\theta'_b = \pi - \frac{\pi - \theta_{cr}}{2} - \theta'_a \tag{5-30}$$

$$\theta'_b = \arctan\left(\frac{R - H_i}{R_i - R_0}\right) \tag{5-31}$$

由式（5-30）和式（5-31）可得

$$\theta'_a = \frac{\pi}{2} + \frac{\theta_{cr}}{2} - \arctan\left(\frac{R - H_i}{R_i - R_0}\right) \tag{5-32}$$

则下一齿的坐标（R_{i+1}, H_{i+1}）为

$$\begin{cases} R_{i+1} = R_i + \Delta L_3 \cdot \cos\theta'_a \\ H_{i+1} = H_i + \Delta L_3 \cdot \sin\theta'_a \end{cases} \tag{5-33}$$

由此得到圆弧区所有齿的径向坐标，冠部剖面如图 5-28 所示。

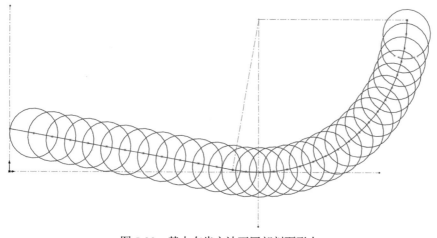

图 5-28　基本布齿方法下冠部剖面形态

153

3）双齿径向布齿改进

双齿径向布齿的基本方法是作过齿中心的冠部圆弧切线，在该切线上绘制两个呈一定夹角和距离的切削齿。这种双齿结构会使切削齿一部分脱离冠部剖面，使得钻头在接触硬地层时双齿优先破碎岩石，呈一定夹角的双齿在切削齿前方岩石中形成应力干涉区，扩大了应力波的传播范围并有效卸载原岩应力，从而形成较大的破碎区，减小双齿周围常规齿及后排切削齿的磨损。同时双齿形成的较高岩脊在一定程度上起到稳定钻头的作用。一部分切削力的反作用力在双齿结构内部抵消，有效降低了侧向不平衡。

设常规最高密度径向布齿中，冠部剖面上两个连续的切削齿中心与圆心连线形成的夹角为 θ_c，同刀翼下两个连续齿对应径向布齿的间隔为 DV，则在常规最高密度径向布齿中，同刀翼两个连续齿对应的中心角为 $\theta_c \cdot$ DV。但在双齿布置下，情况有所不同。

由于圆弧区已经采用了最高密度布齿方法，说明在同刀翼上两个连续切削齿的间距已经达到了最小，若采用双齿布齿必然发生模型干涉。为了避免这种问题，进行布齿干涉判断。

设被替代的单齿坐标为 (R_i, H_i)，切削齿①的坐标设定为 (R_{d1}, H_{d1})，切削齿②的坐标设定为 (R_{d2}, H_{d2})，两个切削齿的间距为 d_4，双齿连线对应切线方程为 $H = k_d r + b_d$（k_d 为切线的斜率，b_d 为双齿连线对应切线方程的截距），其结构图如图 5-29 所示。

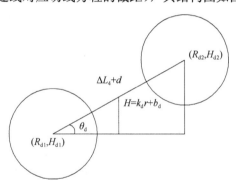

图 5-29 双齿坐标计算模型

则两个切削齿的坐标为

$$
\begin{cases}
R_{d1} = R_i - \left(\dfrac{\Delta L_4 + d}{2} \right) \cdot \cos\left(\arctan k_d \right) \\[2mm]
H_{d1} = H_i - \left(\dfrac{\Delta L_4 + d}{2} \right) \cdot \sin\left(\arctan k_d \right)
\end{cases}
\tag{5-34}
$$

$$
\begin{cases}
R_{d2} = R_i + \left(\dfrac{\Delta L_4 + d}{2} \right) \cdot \cos\left(\arctan k_d \right) \\[2mm]
H_{d2} = H_i + \left(\dfrac{\Delta L_4 + d}{2} \right) \cdot \sin\left(\arctan k_d \right)
\end{cases}
\tag{5-35}
$$

为了避免发生干涉，同刀翼上两组双齿间距之间的最小间距应为

$$
\Delta L_5 = \left(H_{d3} - H_{d2} \right)^2 + \left(R_{d3} - R_{d2} \right)^2 \geqslant d^2
\tag{5-36}
$$

式中，H_{d3} 为第二组双齿的 I 号齿在径向剖面上的纵坐标；R_{d3} 为第二组双齿的 I 号齿在径向剖面上的横坐标。

当双齿呈一定夹角布置时，两组相邻的齿的后部也可能发生碰撞，此时需要满足判据：

$$\frac{d}{2}\cos\beta + l\cos\left(\frac{\pi}{2}-\beta\right) \leqslant \frac{\Delta L_5}{2} \tag{5-37}$$

式中，β 为双齿侧转角；d 为切削齿直径；l 为切削齿长度。

双齿径向间距判断示意图如图 5-30 所示。

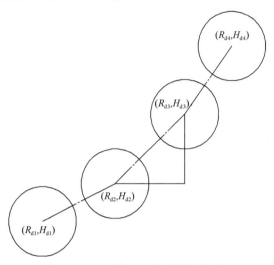

图 5-30　双齿径向间距判断示意图

具体的双齿后部干涉判据和双齿径向布齿示意图如图 5-31 和图 5-32 所示。

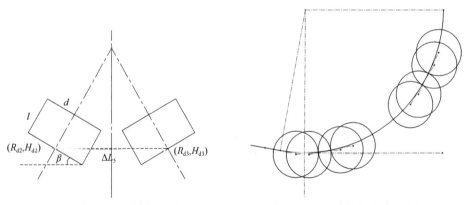

图 5-31　双齿后部干涉判据示意图　　　　图 5-32　双齿径向布齿示意图

4. 周向步齿设计

定向双齿 PDC 钻头的周向布齿方法与传统方法有所不同，传统周向布齿方法主要是根据刀翼数确定周向角大小，其具体布置方案如表 5-9 所示。

表 5-9 传统布齿方法下的周向布置方案 ［单位：(°)］

刀翼序号	不同刀翼数量对应的周向角 θ_{c}						
	③	④	⑤	⑥	⑦	⑧	⑨
①	0	0	0	0	0	0	0
②	120	180	144	180	154	180	160
③	240	90	216	240	257	45	240
④		270	288	60	103	90	280
⑤			72	120	309	135	80
⑥				300	51	225	120
⑦					315	270	320
⑧						315	200
⑨							40

　　而由于双齿布置的干涉限制，切削齿在各刀翼上的布置顺序需要有所改变，结合 Chen 等 [76] 对于力平衡布齿的描述及二级切削结构，设计定向双齿 PDC 钻头周向布齿方案如下 [77]。

　　对于奇数个刀翼数的钻头来说，以五刀翼钻头为例，如图 5-33（a）所示，以一、三、五号刀翼为主刀翼，二、四刀翼为副刀翼，布齿的顺序为第一、三、五、二、四号刀翼。由于切削齿组对力平衡的要求，需要组内切削齿结构保持一致，故在主刀翼一、三、五刀翼上布置常规单齿，形成力平衡三齿结构；在副刀翼二、四刀翼上布置定向双齿，形成力平衡二齿结构。这样在一个布齿循环中，序号为图 5-33 中的④、⑤的齿为双齿结构，这使得这些双齿结构在第一个布齿循环中处于冠顶位置，能够起到高效破岩和保护钻头的作用。同时为了避免双齿在同一刀翼上发生干涉，每隔一个循环布置一次双齿，其余循环为常规单齿结构。

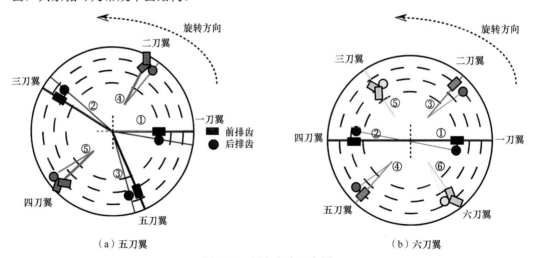

（a）五刀翼　　　　　　　　　　　　　　　（b）六刀翼

图 5-33　周向布齿示意图

　　对于偶数个刀翼数钻头来说，以六刀翼钻头为例，如图 5-33（b）所示，由于刀翼数为偶数，可以自然形成力平衡二齿组和力平衡三齿组，在一个布齿循环中只需间隔布置双齿和常规单齿即可。布齿的刀翼顺序为一、四、二、五、三、六对称布齿。

5. 布齿实例

设计一个直径为 214mm 的钻头，冠顶半径为 67mm，内锥角为 160°，切削齿直径为 13.44mm，刀翼数为五刀翼，后倾角初始值为 15°，设计切削深度为 1mm。则通过程序计算，得出直线区初始布齿数量 $n_z=11$，圆弧区初始布齿数量 $n_y=20$。

考虑布齿空间干涉，舍弃直线区第 [2 4 11] 齿，直线区布置切削齿代号为 [1 3 5 6 7 8 9 10]；圆弧区布置单齿代号为 [1 2 3; 6 7 8; 11 12 13; 16 17 18]，该矩阵的行表示布置的顺序，该矩阵的列表示布置的刀翼，代号为 [1 3 5]。

在一个钻头中，由于双齿占用的空间较大，能够布置的双齿数量十分有限，按自平衡布齿设计方法，仅当圆弧区切削齿组为奇数组时，才在该组的副刀翼上（二、四刀翼上）布置双齿。圆弧区布置双齿的齿的代号为 [4 5; 14 15]，将这组单齿改为双齿结构。径向布齿的剖面图已在前面列出，得到的钻头周向布齿结果如图 5-34 所示。

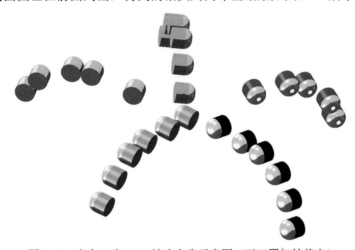

图 5-34　定向双齿 PDC 钻头布齿示意图（五刀翼初始状态）

5.3　定向双齿 PDC 钻头破岩机理模拟分析

5.3.1　PDC 切削齿失效分析

PDC 钻头由 PCD 加上活化剂（钴或硅）和碳化钨基底在高温高压下烧结而成。PDC 钻头在石油和天然气钻探、采矿和地热钻探行业的井下工具市场中广泛流行，具有较好的耐磨性和强度，以及良好的热稳定性和冲击韧性。

根据统计分析和现场调查的结果，PDC 钻头的失效主要是钻进过程中刀具的机械磨损和断裂，很少发生刀具脱落。钻头冠部顶端的切削齿主要发生机械磨损，而冠部边缘的切削齿则经常发生断裂和脱落。

PDC 切削齿的失效主要包括机械磨损、断裂和脱落，如图 5-35 所示。其中机械磨损造成的钻头失效约占37%，是PDC钻头最为常见的失效。PDC切削齿的磨损通常包括正常的钻进磨损和冲击造成的异常磨损。正常的钻进磨损不可避免，而异常冲击磨损主要是钻柱系统的横向、扭转和轴向振动导致的，这加剧了钻头的机械磨损，同时造成切削齿断裂和脱落。

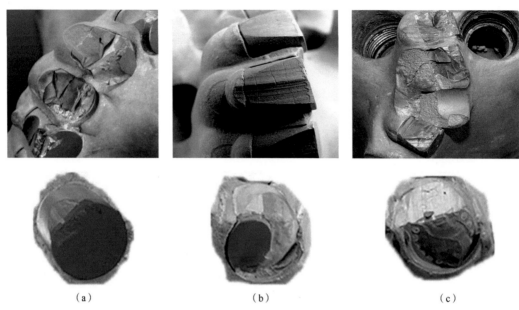

（a）   （b）   （c）

图 5-35　PDC 切削齿的机械磨损、断裂和脱落

在钻井过程中，岩石颗粒将由于接触应力被迫沿着摩擦表面进行相对运动，而切削齿表面材料将沿着切削方向产生运动错位，从而造成磨料损失。对切削齿表面进行观察可以发现切削齿的材料磨损与切削方向一致，存在一定数量的孔隙和空洞，但没有明显的沟槽。PDC切削齿材料强度较高，因此表面只有一些轻微的划痕，这种磨损不会因为应力集中对PCD造成破坏。

PDC切削齿的断裂失效主要包括整个刀具的断裂和局部的疲劳断裂，其主要原因是：①抗冲击性低，即PDC刀具上的碳化钨、Co和PCD材料之间的结晶边界内聚力不足，或者材料固有的孔洞、错位或其他缺陷容易受到冲击而产生裂纹甚至断裂。②钻井过程中的黏滑振动会给PDC刀具造成瞬时过载的情况。③钻井过程中的循环作用会导致应力疲劳的积累，以及裂纹的扩展和加深，并导致PDC刀具断裂。

PDC刀具脱落的主要原因包括：① PDC刀具中的残余应力、机械磨损和温度变化使得结晶内聚力降低，从而导致刀具内部产生局部裂纹，甚至大面积破裂或脱落。② PDC刀具的热稳定性较差，当切削温度超过1200℃时，材料晶体的稳定性会被完全破坏，从而导致性能降低。③刀具PCD材料和碳化钨材料热膨胀的巨大差异，使得摩擦产生的热应力降低了二者的结合强度，并与外力一起导致微裂纹的产生和PCD的加速脱落。

由上述PDC刀具失效分析可知，在宏观上，刀具的失效很大程度上是钻柱系统的振动冲击造成的局部应力集中引起刀具内部微裂纹扩展和加深导致的。如何避免刀具应力集中、减小刀具冲击载荷是减少刀具冲击破坏、提高钻头使用寿命的重要途径。

5.3.2　PDC 单齿破岩模拟分析

近年来，由于有限元模拟分析具有简洁、高效等优势，有限元模拟分析方法被广泛地应用到计算过程中，利用有限元模拟进行金属、岩石等材料的切削分析，并以此观测和计算工件的应力应变状态、观测刀具切削力动态等，已经成为科研人员广泛使用的研究方法。

ABAQUS 有限元模拟分析软件由于具有较强的非线性处理能力，利用热力耦合分析步，可以对切削过程进行较为准确的仿真分析，目前国际上用得也最多，同时与 Python 较好的交融性使得 ABAQUS 可以利用子程序与 Python 进行定制开发，从而为解决问题提供了较好的条件。为了更清晰地了解常规 PDC 切削齿和锥形切削齿的破岩过程与两种切削齿的受力情况，盖京明[77] 利用有限元模拟软件 ABAQUS 进行两种切削齿的单齿切削模拟，以便观察岩石应力场变化、裂纹走向和刀具受力情况。

1. 常规齿和锥形齿破岩模拟分析

为了更清晰地观察刀具切削岩石时岩石的应力状态，分别进行二维和三维模拟。

1）基本假设

由于本节模拟分析仅用于研究切削齿的破岩过程和岩石应力场分布，为了便于进行分析，在确保模型准确性的情况下对模型做以下假设：

（1）由于 PDC 切削齿的强度、硬度远大于岩石，且在切削时不考虑磨损，将 PDC 切削齿假设为刚体。

（2）假设岩石材料连续且各向同性，忽略岩石中裂纹和孔隙压力的影响，以及岩石围压。

（3）假设岩屑流动不对切削齿运动造成影响。

（4）假设切削齿平稳地沿直线运动，不受钻柱轴向、扭转和横向振动的影响。

模拟的岩石材料选择砂岩，其岩石力学参数如表 5-10 所示。

表 5-10　砂岩岩石力学参数

岩性	密度/(g/cm³)	杨氏模量/MPa	泊松比	抗压强度/MPa	剪胀角/(°)	内聚力/MPa	内摩擦角/(°)
砂岩	2.62	5220	0.111	50.656	20.3	26.13	24.47

2）几何模型和网格模型

（1）切削齿模型。常用 PDC 复合片直径为 13.44mm、16.10mm、19.05mm 的切削齿，对应的长度分别为 8mm、10mm、13mm，为了与锥形齿尺寸保持一致，此处选用直径为 13.5mm、长度为 8mm 的常规 PDC 复合片。如上述假设所述，将常规 PDC 复合片假设为刚体，不进行网格划分。在二维模拟中，将常规 PDC 复合片简化为一个长为 13.5mm、宽为 8mm 的矩形。在切削齿与岩石接触的一角设定一个参考点，以便在结果中输出切削力。

（2）岩石模型。依据圣维南原理，为了防止远端约束对岩石应力分布造成影响，岩石的模型体积应为切削齿的 5～10 倍，故在二维模拟中，将岩石简化为一个 100mm×50mm 的长方形，在三维模拟中，将岩石简化为一个 100mm×100mm×50mm 的长方体。为了避免岩石边缘对切削的初始应力场造成影响，将岩石与刀具接触的边缘绘制成与刀具切削面平行状。由于在切削过程中刀具前端和下部受力较大，对岩石造成较大应力，将岩石模型受切削部分进行网格加密，网格划分结果如图 5-36 所示。

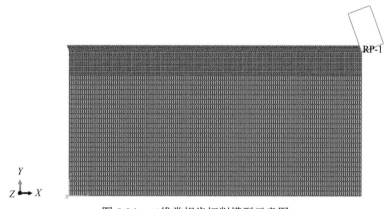

图 5-36　二维常规齿切削模型示意图

RP-1-刀具上的参考点

3）分析步设置

设置刀具后倾角为 20°，切削深度为 2mm，切削速度为 5m/s。设置分析方法为显式动力学模拟，打开非线性选项。总切削时长为 6s，为了更清晰地观察岩石破坏过程，将时间步细化为 0.05s。在场输出请求中选择应力、能量、断裂、状态等选项，完成分析步设置。

4）模拟结果分析

有限元模拟分析结果揭示了常规 PDC 切削齿破碎岩石的整个过程。结合前人开展的室内试验研究，我们可以很好地解释岩石在常规 PDC 切削齿和锥形 PDC 切削齿切削作用下的破碎过程和应力场分布情况。

A. 常规 PDC 切削齿破岩过程

在初始阶段，PDC 切削齿开始压入岩石，刀具前方的岩石被压实并出现应力集中，岩石应力场呈下凹弧形向刀具前方和下方扩展。随着刀具继续移动，刀具尖端岩石应力大于屈服应力，岩石开始出现裂纹，从第 0.70s 处可以看出裂纹的萌生情况。刀具继续压入岩石，裂纹受力不断扩展，从第 0.95s 和第 1.05s 可以清晰地看见裂纹的发展和应力场的扩展情况，裂纹沿弧形向上方发展，应力场从裂纹尖端逐渐扩散到弧形的整个区域。在裂纹充分发展后，弧形区域的岩石应力得到释放，应力减小，如第 1.35s，最后岩屑从岩石主体上剥落，如第 1.55s。当岩屑与岩石主体分离时，刀具所受阻力突然减小，刀具突然向前移动，撞击岩石，使得压碎区域显著扩大，同时这种冲击使得刀具前方和下方的岩石萌生裂纹，导致岩石产生地下裂纹并使裂纹发展，并排除一些岩屑，如图 5-37

（g）所示。当我们改变塑性变形参数，使得岩石脆性增加时，这种冲击产生的裂纹会更为明显，如图 5-37（h）所示。随后，岩石被刀具压实变形，下一个循环开始。从拉（压）应力云图 5-38 中可以看出，在整个切削过程中，刀具前方的岩石受拉应力，刀具下方的岩石主要受压应力，而刀具尖端处岩石则受到较强的剪应力作用，这种剪应力促进岩石的主裂纹萌生和发展。

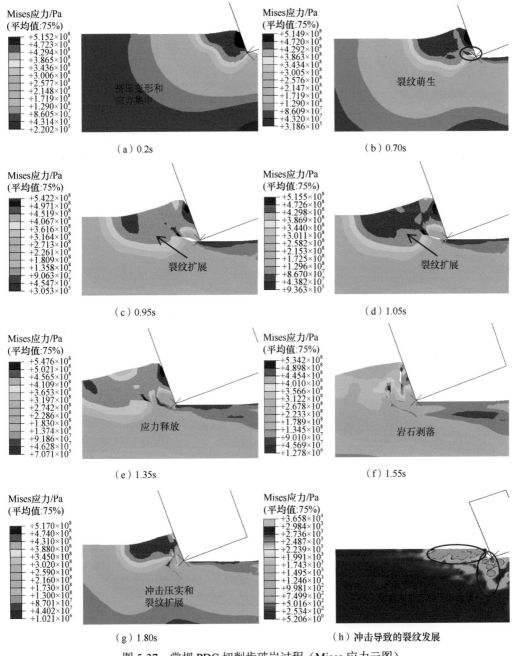

图 5-37　常规 PDC 切削齿破岩过程（Mises 应力云图）

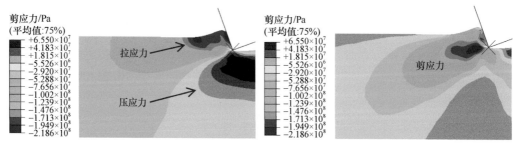

图 5-38　常规 PDC 切削齿切削时的应力类型和分布

B. 锥形 PDC 切削齿破岩过程

对锥形齿破岩应力云图进行分析，得到锥形齿破岩过程和应力场在不同时刻的分布状态。

在初始时刻，刀具与岩石开始接触，岩石发生变形并产生应力集中，但未萌生裂纹，应力场呈环形向岩石边缘扩散，如图 5-39（a）、（b）所示，从图 5-39（a）中可以看出，刀具前端岩石主要受拉应力影响，压应力主要集中在刀具下部岩石，剪应力主要作用在刀具尖端，这种剪应力呈环形分布，并且越靠近刀具尖端应力值越大。在 1.05s 时，

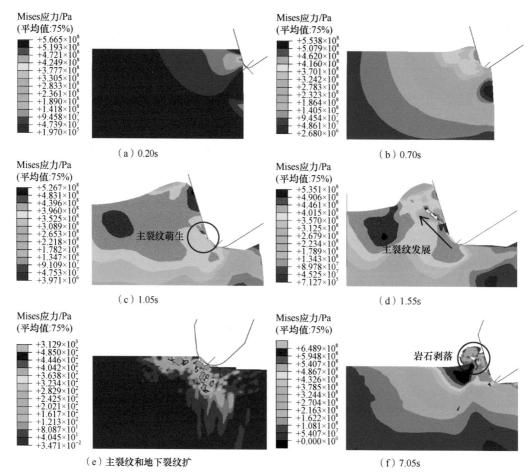

（a）0.20s

（b）0.70s

（c）1.05s

（d）1.55s

（e）主裂纹和地下裂纹扩

（f）7.05s

图 5-39　锥形 PDC 切削齿破岩过程（Mises 应力云图）

能够看到明显的主裂纹萌生，裂纹向前方和上方发展，成形后的主裂纹形态如第 1.55s ［图 5-39（d）］所示，同时，刀具下部的岩石在较强的压应力和剪应力作用下萌生地下裂纹，这种裂纹在岩石脆性较强时更为明显，如图 5-40（e）所示。主裂纹是拉应力和剪应力共同作用导致的，如图 5-40（c）、（d）所示，而裂纹的扩展则由拉应力主导，如图 5-40（e）、（f）所示。锥形齿岩屑成块脱落的发生时间较晚，在 7.05s 时第一块大的岩屑断裂，脱离主体岩石。在此之前，有一些小的岩屑排出，至此完成一整个切削过程。

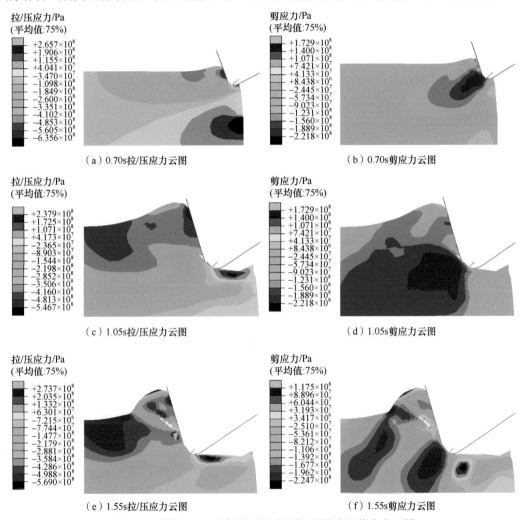

图 5-40　锥形 PDC 切削齿切削时的拉/压应力和剪应力云图

从模拟的结果来看，无论是常规 PDC 切削齿还是锥形 PDC 切削齿，其对岩石均有一定的拉/压和剪切作用，岩石在拉/压应力和剪应力作用下，萌生主裂纹和地下裂纹，不同的是在常规 PDC 切削齿作用下，主裂纹的萌生和发展主要受较强的剪应力作用，而在锥形 PDC 切削齿作用下，主裂纹的产生是拉应力和剪应力的共同作用导致的，主裂纹的扩展则由拉应力主导。常规 PDC 切削齿作用下岩石应力场呈扁平的弧形向远端岩石扩展，而锥形 PDC 切削齿作用下的岩石应力场则呈环形向岩石内部扩展。岩石在刀具的切削作用下，主裂纹不断萌生、发展和贯通，刀具的切削力也随着岩石形态的变化而波动，在岩屑剥离岩石主体时，刀具惯性冲击岩石基体，刀具尖端的压剪作用促进了地下裂纹的发展，使得岩石内部的原始应力得到一定程度的释放，切削路径的粗糙表面表明了地下裂纹的存在。

二维模拟能够充分地体现岩石内部的应力状态，而三维模拟则能体现岩石受刀具实际形状的影响。本书进行了多组三维模拟，分析了两种切削齿在不同切削深度和后倾角下的切削力和破岩比功，以此分析两种刀具在不同布齿参数下的工作状况。

图 5-41 和图 5-42 为常规 PDC 切削齿和锥形 PDC 切削齿三维切削模拟示意图。刀具在切入岩石的最初几秒，岩石挤压变形，形成较大的破碎坑，在随后的切削中保持相对稳定，切削槽表面比较粗糙，常规 PDC 切削齿刀具前端的应力相对较高，应力场呈弧形向刀具前方传播，而刀具两侧的岩石应力较小；锥形 PDC 切削齿不仅在刀具前方形成环形应力场，同时刀具的两侧岩石应力也较高，岩石的应力场整体数值高于常规 PDC 切削齿切削的应力值。

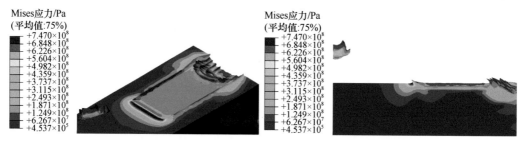

图 5-41　常规 PDC 切削齿三维切削模拟示意图（Mises 应力云图）

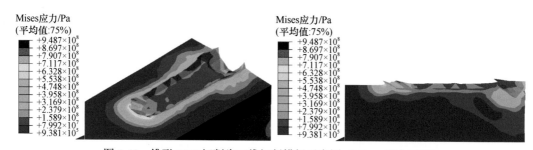

图 5-42　锥形 PDC 切削齿三维切削模拟示意图（Mises 应力云图）

2. 两种切削齿破岩效果与布齿参数关系

为了定量分析两种切削齿的切削状态，将破岩比功作为判据分析两种切削齿的破岩效率。岩石的破岩比功是评价刀具切削效率的重要指标，破岩比功定义为单位体积岩石破碎所需的能量，其表达式为

$$\text{MSE} = \frac{W_{\text{breek}}}{V} = \frac{F_{\text{h}} S_{\text{cut}}}{A S_{\text{cut}}} = \frac{F_{\text{h}}}{A} \tag{5-38}$$

式中，MSE 为破岩比功，J/mm^3；W_{breek} 为破碎岩石所消耗的能量，J 或 N·m；V 为破碎岩石的体积，m^3；F_{h} 为平均切削力，N；S_{cut} 为切削行程，m；A 为切削面投影面积，mm^2。

从定义上看，破岩比功越小，切削齿破岩效率越高，通过 ABAQUS 软件可以直接获得破岩能量和体积数据，由此计算破岩比功的大小。分析比较不同结构参数和布齿参数下的切削齿破岩比功，可以得到各种切削齿的破岩效率。

同时分析两种切削齿的破岩比功随不同布齿参数的变化规律，具体如图 5-43～图 5-45 所示。

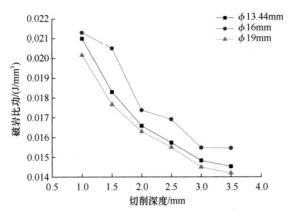

图 5-43　常规 PDC 切削齿破岩比功与切削深度关系图

ϕ-切削齿尺寸

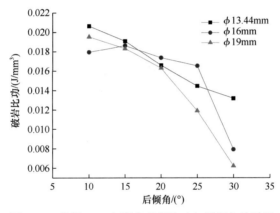

图 5-44　常规 PDC 切削齿破岩比功与后倾角关系图

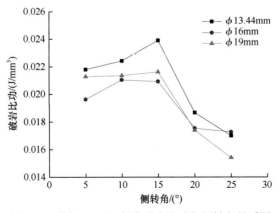

图 5-45　常规 PDC 切削齿破岩比功与侧转角关系图

图 5-43～图 5-45 分别进行了 13.44mm、16mm、19mm 三种尺寸的常规切削齿破岩比功随切削深度、后倾角和侧转角变化模拟。从结果可以看出，对于常规 PDC 切削齿，破岩比功随着切削深度和后倾角的增大而减小，三种尺寸的切削齿结果相差不大。随着侧转角增大，破岩比功先增大后减小，侧转角在 15° 时破岩比功达到极值，侧转角大于 15° 时破岩比功迅速降低，但考虑切削齿磨损和实际切削效果，侧转角不宜过大。

图 5-46 和图 5-47 进行了锥形 PDC 切削齿破岩比功随切削深度和后倾角变化模拟，模拟采用的锥形 PDC 切削齿结构为：锥顶直径为 1mm，锥顶角为 72°。结果表明，锥形 PDC 切削齿破岩比功随切削深度的增加而减小，随后倾角的增加呈线性增加，锥形 PDC 切削齿破岩比功小于常规 PDC 切削齿破岩比功，这主要是由锥形 PDC 切削齿以拉应力破岩为主要破岩方式引起的。

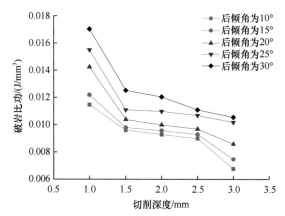

图 5-46 锥形 PDC 切削齿破岩比功与切削深度关系图

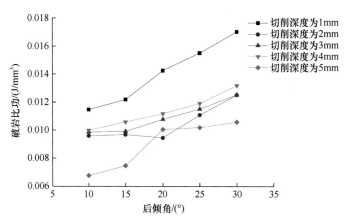

图 5-47 锥形 PDC 切削齿破岩比功与后倾角关系图

虽然切削力不能完全决定破岩比功的大小，但仍对岩石的破坏造成一定影响，当岩石所受切削力和正压力波动较大时，岩石的主要裂纹和径向裂纹会发育得更为良好，从而影响后续切削齿的破岩效率及切削力，同时对钻头的整体自平衡设计起到一定的参考作用。

由图 5-48 可知，常规 PDC 切削齿和锥形 PDC 切削齿切削力和正压力随切削深度增大而增大。常规 PDC 切削齿切削力和正压力呈线性增加，而锥形 PDC 切削齿切削力和正压力先增加，在切削深度增加到 2.0mm 后趋于平稳。两种切削齿切削力都大于正压力，常规齿切削力明显大于锥形齿切削力，这是因为锥形 PDC 切削齿的切削面呈圆锥状，而常规 PDC 切削齿切削面呈扇形，锥形 PDC 切削齿与岩石的接触面积远小于常规 PDC 切削齿。由图 5-49 可知，常规 PDC 切削齿切削力和正压力随后倾角呈指数上升；随着后倾角增加，锥形 PDC 切削齿切削力略有减小，正压力先减小后增大并在 20° 时达到极小值。当后/前倾角变化时，常规 PDC 切削齿切削力大于锥形齿，锥形齿切削力与正压力相当。

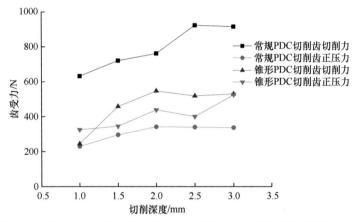

图 5-48　常规 PDC 切削齿和锥形 PDC 切削齿受力随切削深度变化曲线

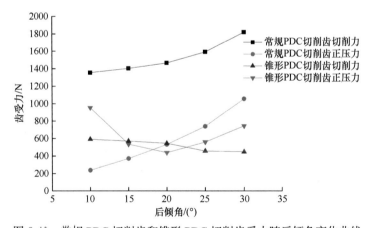

图 5-49　常规 PDC 切削齿和锥形 PDC 切削齿受力随后倾角变化曲线

切削力和正压力的变化很好地反映了刀具前端和下部岩石的破坏情况，当刀具受力较大时，需要更大的切削力来破碎岩石，这在一定程度上影响了破岩比功，并且影响了主裂纹和地下裂纹的发展。

5.3.3　PDC 双齿破岩模拟分析

研究人员对于单齿性能已开展了大量研究，但单齿切削效果不足以描述钻头的整体切削状态。2019 年，Tulsa 大学 Chen 等[76] 开展了双齿布齿间距和布齿高度研究，填补了多齿联合破岩研究的空白。Chen 等建立了一个切削模型来研究双刀的综合效果，该模型计算了双刀在岩石中产生的耦合应力和孔隙压力，并由此预测双齿切削力和 MSE，结果表明当切削深度较大且双齿布齿间距足够小时，双齿的综合作用可使 MSE 降低 5%～25%，这项研究为钻头与岩石的相互作用和 PDC 钻头的设计提供了新的思路。

如 5.3.2 节中常规 PDC 切削齿切削云图 5-41、图 5-42 所示，常规 PDC 切削齿切削岩石时，会在刀具前方形成一块弧形应力场，当两个双齿布齿间距足够近时，刀具前方的应力场会相互干涉叠加，如图 5-50 所示，而双齿布齿间距较远时，岩石中的应力场不发生干涉，此时两个齿的切削效果类似于两个独立的切削齿的切削效果。当应力干涉值达到岩石的屈服极限时，双齿中心发生应力干涉叠加的部分就会优先破碎，并释放岩石基体的整体应力。

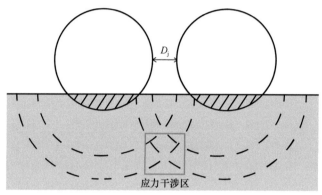

图 5-50　双齿应力干涉示意图

D_j-双齿间距

1. 双齿布齿间距模拟分析

Chen 等[76] 的研究中主要提到了两种双齿模式，一种为双齿切削深度相同，但存在一定间距；另一种为双齿间距为 0，但存在高度差，其结构如图 5-51 所示。本节在第一种间距双齿模式的基础上开展研究，目的是充分利用双齿形成的岩脊提高钻头整体稳定性，扩大应力场作用范围，并且配合锥形齿形成切削齿组联合破岩，提高破岩效率。

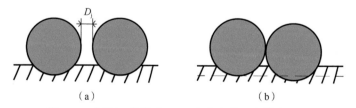

（a）　　　　　　　　　　　　　（b）

图 5-51　间距双齿模式（a）和高度差双齿模式（b）

图 5-52 为 13.44mm 切削齿双齿布置时不同间距下的切削应力云图，从图中可以看到明显的应力干涉区域，随着双齿间距增加，应力干涉区域逐渐减小，应力场逐渐趋于单齿应力场，当双齿间距为 10mm 时，应力场干涉区域完全消失，呈现两个单齿应力场。

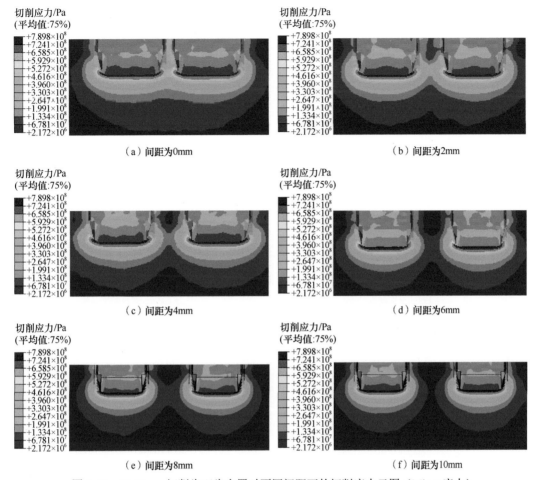

图 5-52　13.44mm 切削齿双齿布置时不同间距下的切削应力云图（Mises 应力）

　　为了观察不同尺寸切削齿应力场干涉情况，分别进行了三种尺寸切削齿在不同双齿间距下的模拟，其中 16mm 和 19mm 切削齿如图 5-53 所示。从应力云图 5-53 可以看出，在相同切削深度下，随着切削齿尺寸增大，应力场的区域也有所增加，这主要是切削面积增加导致的。另外，切削齿尺寸的增加导致两齿中心距离增加，双齿中心形成的岩脊宽度也有所增加。

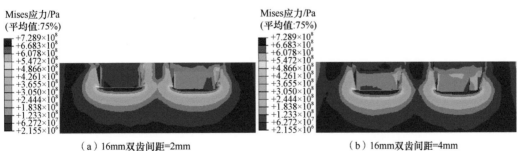

（a）16mm双齿间距=2mm　　　　　　　　　　（b）16mm双齿间距=4mm

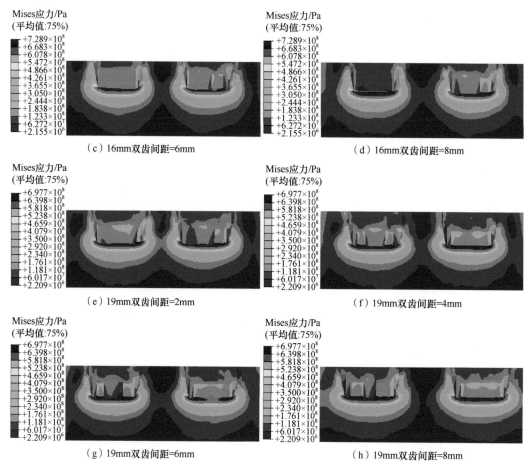

（c）16mm双齿间距=6mm　　　　　　　（d）16mm双齿间距=8mm

（e）19mm双齿间距=2mm　　　　　　　（f）19mm双齿间距=4mm

（g）19mm双齿间距=6mm　　　　　　　（h）19mm双齿间距=8mm

图 5-53　16mm 和 19mm 切削齿不同间距下的应力云图（Mises 应力）

图 5-54 显示了不同双齿间距下，双齿在切深 2mm、后倾角为 20° 情况下的破岩比功和干涉模拟结果，可以看出随着双齿间距减小，破岩比功迅速降低，是双齿前方岩石应力场相互干涉叠加导致的，由于应力叠加，破碎岩石所需的力减小，从而有效降低了

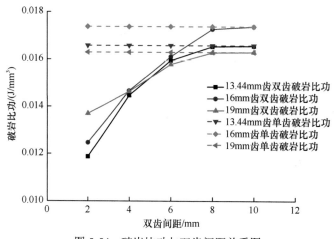

图 5-54　破岩比功与双齿间距关系图

破岩比功。当双齿间距为 0 时，定向双齿的破岩比功相比单齿减小约 28.5%，这与 Chen 等的研究结果几乎相同。但当双齿间距达到 6mm 以上时，双齿综合作用会明显降低，在双齿间距达到 8mm 后双齿综合作用完全消失，双齿产生的效果与单齿几乎相同。

2. 双齿夹角模拟分析

除了双齿间距影响双齿综合效果外，考虑到侧转角对破岩比功的影响，推断当双齿布置呈一定角度时，破岩比功会受到　定影响。本部分进行了三种尺寸切削齿在夹角为 180°、160°、140° 和 120° 情况下，双齿间距为 4mm 的模拟，分析双齿夹角对破岩比功的影响。

从图 5-55 可以看出，随着双齿夹角逐渐减小，岩石应力场区域逐渐扩大，这种扩大主要朝向刀具侧面的岩石，岩石应力集中区从刀具前方逐渐转移到两个刀具的外侧，这种情况主要是刀具侧转一定角度后接触面从面转为刀具边缘，从而造成一定的应力集中。同时，应力干涉区域也随着刀具向内侧靠拢从刀具前方转向两齿之间，导致应力干涉区域向前方突出，形成较大的干涉区域，如图 5-56 所示。

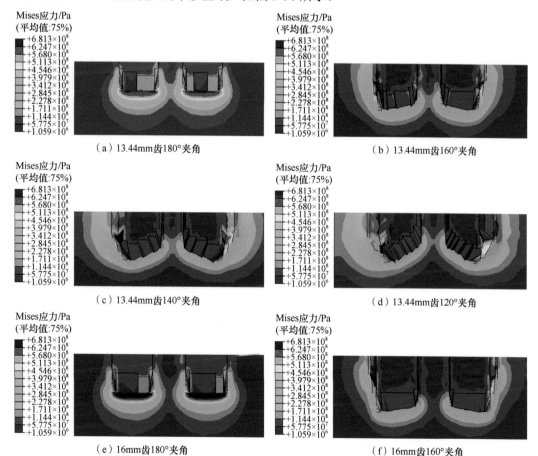

（a）13.44mm齿180°夹角　　　　（b）13.44mm齿160°夹角

（c）13.44mm齿140°夹角　　　　（d）13.44mm齿120°夹角

（e）16mm齿180°夹角　　　　（f）16mm齿160°夹角

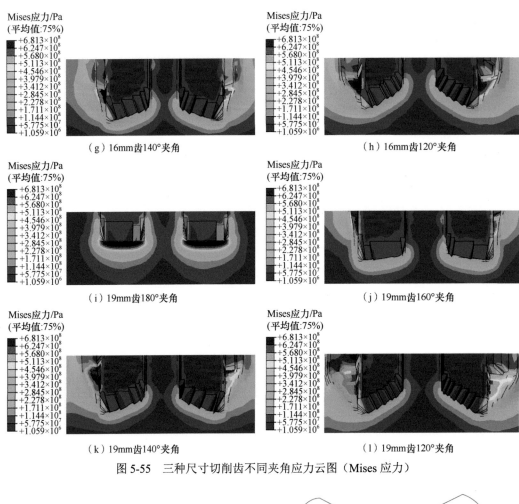

（g）16mm齿140°夹角　　　　　　　　（h）16mm齿120°夹角

（i）19mm齿180°夹角　　　　　　　　（j）19mm齿160°夹角

（k）19mm齿140°夹角　　　　　　　　（l）19mm齿120°夹角

图 5-55　三种尺寸切削齿不同夹角应力云图（Mises 应力）

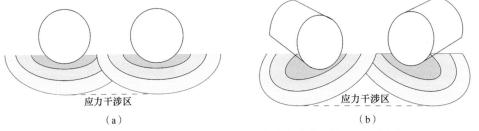

图 5-56　双齿平行应力干涉（a）和双齿夹角应力干涉（b）示意图

对双齿不同夹角下的破岩比功进行了计算，得到的曲线如图 5-57 所示，可以看出破岩比功随双齿夹角减小而减小，考虑到侧转角对刀具磨损的影响，双齿夹角不宜过小。当双齿夹角等于 140°（单齿侧转角为 20°）时，定向双齿的破岩比功相比单齿侧转角为 20° 时的破岩比功减小约 35%。

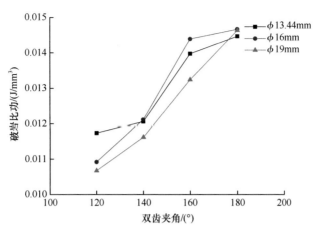

图 5-57　双齿夹角与破岩比功关系示意图

5.3.4　切削齿组破岩模拟分析

现在我们研究了单齿和双齿在不同布齿参数下的破岩比功和切削力状态,通过分析模拟结果得到了不同切削齿和不同布齿参数下刀具的切削效果,但是以切削齿为单位进行模拟分析始终是局限的,应当考虑切削齿群对钻头的整体使用效果。本节考虑切削齿在钻头上的整体布置情况,进行定向双齿与锥形齿切削齿组切削效果的模拟分析。

当一只钻头切削齿复合片磨损时,其切削效率和稳定性都会大打折扣,但由于井底的复杂性难以对钻头磨损进行实时预测,为了减小切削齿磨损对钻头整体效果的影响,目前多种新型钻头的设计采用多级切削结构,如 Halliburton 公司生产的 GeoTech 钻头采用二级切削结构,通过将部分 PDC 复合片脱离钻头冠部轮廓,从而使一部分复合片比另一部分复合片破碎更多的岩石,使其在软地层使用较少复合片而在硬地层或研磨性地层使用较多复合片;又如 Smith 公司的 StingBlade 钻头采用不同出露高度切削齿形成多级切削结构,在上一级切削齿磨损后可由后排出露高度较小的切削齿继续切削。

本节采用的钻头布齿结构是一种两级切削结构,具体为由双齿和常规单齿组成的一级切削结构,该结构布置在前排。双齿布齿的基本方法是过奇数组(保证足够的布齿空间)的最后两颗单齿的齿中心分别做冠部圆弧切线,在该切线上绘制两个呈一定夹角和距离的切削齿。由锥形齿组成二级切削结构,该级切削结构的出露高度略低于一级切削结构,主要起辅助切削作用。锥形齿同轨布置在一级常规单齿的后排,用于控制切削深度,减小黏滑效应;对于双齿部分来说,锥形齿布置在双齿对应的原单齿位置的同轨后排,用于移除双齿结构产生的较宽岩脊。

由于后排使用锥形齿破岩的方法已经得到广泛使用,此处不作赘述,仅关注双齿与锥形齿联合作用对岩石的破碎效果,进行锥形齿与双齿布齿间距模拟,如图 5-58 所示。

模拟采用的双齿间距为 4mm,双齿尺寸为 19mm,锥形齿与双齿前后间距为 10~30mm,从破岩应力云图 5-59 中可以看出随着间距的增加,双齿与锥形齿应力的干涉区域减小。为了更清晰地观测齿组联合破岩效果,计算破岩比功与双齿-锥形齿间距关系,如图 5-60 所示。

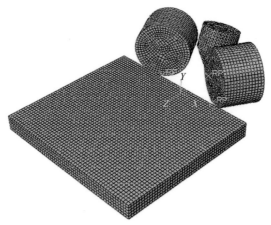

图 5-58　双齿–锥形齿联合破岩模型示意图

RP-参考点

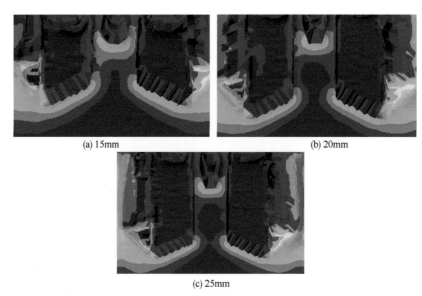

(a) 15mm　　　　　　　　(b) 20mm

(c) 25mm

图 5-59　15mm、20mm、25mm 间距双齿与锥形齿破岩应力云图

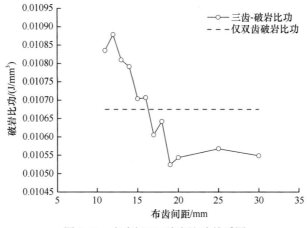

图 5-60　布齿间距–破岩比功关系图

从图 5-60 中可以看出，随着锥形齿与双齿距离增加，破岩比功逐渐下降，当间距增加至 17mm 左右，三齿联合破岩的比功已小于双齿比功，说明破岩效率增加；当间距大于 20mm 后，破岩比功几乎不变，相比初始状态减小约 4.1%，锥形齿与定向双齿相互独立，说明锥形齿与定向双齿间距不宜过小。

5.4　定向双齿 PDC 钻头自平衡布齿参数优化

在之前的论述中，我们简要介绍了新型布齿方法的基本思路，即通过两级切削结构和三级力平衡布齿结构提高钻头的破岩效率和稳定性。在 5.3 节的研究中，已掌握了不同切削齿形态、尺寸、布置方法对切削齿破岩效率和稳定性的影响规律，本章将通过自平衡布齿设计和参数优化充分发挥切削齿的破岩效果，并提高钻头整体稳定性。

5.4.1　定向双齿 PDC 钻头自平衡布齿优化方法

1. 布齿参数的粒子群优化

PDC 钻头的侧向不平衡力是钻头涡动的主要原因之一，而侧向不平衡力取决于钻头的布齿结构，通过合理的布齿结构设计，优化切削齿周向位置，可以有效地控制侧向不平衡力，从而防止钻头涡动。

调整切削齿周向角的方法看似简单，实际上却由于求解的目标值过多而计算量巨大，如对于一个五刀翼的 PDC 钻头，若每个刀翼的周向角调整范围为 10°，即使是每次调整 1° 进行计算，也需要计算 10^5 次才能得到最优解。如此大的计算量，依靠穷举法列举是不现实的，此时便需要一套优化方法，应用于 PDC 钻头的侧向力优化计算中。

PDC 钻头的自平衡布齿设计实质上是一个最优化问题，将各个切削齿所得侧向力进行矢量累加，从而得到钻头整体侧向力。例如，对于一个五刀翼钻头，其优化的对象为五个刀翼所对应的周向角，优化的目标是钻头整体侧向力的最小值，即

$$\min F_s\left(\theta_1, \theta_2, \cdots, \theta_N\right) = \sum_{i=1}^{N_c} \sqrt{F_{x,i}^2\left(\theta_i\right) + F_{y,i}^2\left(\theta_i\right)} \qquad (5\text{-}39)$$

式中，F_s 为钻头整体侧向力；θ_i 为钻头第 i 个刀翼的周向角，i=1, 2, 3, $\cdots$, N_c；F_x、F_y 分别为钻头在 x 和 y 方向的分力；N_c 为钻头切削齿总数。

在获得目标优化函数后，需要明确这个函数的形态，以及适用于该函数的优化算法。对于一个五刀翼钻头来说，计算目标是使得整体侧向力 F_s 最小化，该函数有五个自变量（优化对象），分别为五个刀翼的周向角。对于该目标函数来说，其优化对象（周向角）的维度较高，计算优化过程较为复杂，当利用群智能算法进行优化时，为了保证运算的准确性，需要标定较多的粒子，此时计算量受到优化对象的高维度影响呈指数上升。

群智能算法家族的两个重要成员是粒子群算法和蚁群算法，它们的基本思想都是模拟自然界生物群体行为力来构造随机优化算法，不同的是粒子群算法模拟鸟类群体行为，而蚁群算法模拟蚂蚁觅食行为。由于该目标函数的优化维度较高且计算过程十分复杂，需要通过一个函数先计算出各个刀翼上总的切削齿的侧向力情况，然后再通过调用函数

的方式采用矢量加和计算钻头整体侧向力情况，齿数越多，刀翼数越多，计算过程就越复杂，计算时间和代码停滞率就越高。

为了尽可能地简化代码，加快收敛速度和提高算法准确度，对优化算法进行优化，我们选择粒子群优化（PSO）算法作为优化算法的基础结构。粒子群优化算法是一种原理相当简单的启发式算法，与其他仿生算法相比，它所需的代码和参数较少。粒子群优化算法通过当前搜索到的最优点进行信息共享，最关键的是粒子群优化算法受所求问题维度的影响较小。而同为群智能算法家族的蚁群算法，采用了正反馈机制，其中的个体只能感知局部信息，不能直接利用全局信息。基本蚁群算法一般需要较长的搜索时间，且容易出现停滞现象，其收敛性能对初始化参数的设置较为敏感。对比两种群智能算法的优缺点后，本节选择粒子群算法作为研究的基础架构。

粒子群优化算法是一种基于种群的智能算法，种群中每个成员称作粒子，代表着一个潜在的可行解，而食物的位置则被认为是全局最优解。群体在 N_D 维空间上搜寻全局最优解，并且每个粒子都有一个适应函数值和速度来调整它自身的飞行方向以保证向食物的位置飞行，在飞行过程中，群体中所有的粒子都具有记忆能力，能对自身位置和自身经历过的最佳位置进行调整。为了实现接近食物位置这个目标，每个粒子通过不断地向自身经历过的最佳位置（pbest）和种群中最好的粒子位置（gbest）学习，最终接近食物位置。图 5-61 给出了粒子速度和位置在第 t 代和第 $t+1$ 代的调整示意图，全局最优解在★处。其中，v_1 代表在迭代时刻 t，"社会部分"学习引起粒子向 gbest 方向飞行的速度；v_2 表示"自知部分"学习引起粒子向 pbest 方向飞行的速度；v_3 表示粒子自身具有的速度。在速度 v_1、v_2、v_3 的共同作用下，最终粒子以速度 v_{t+1} 到达新的粒子位置 x_{t+1}，在下一迭代时刻，粒子从位置 x_{t+1} 继续迭代，以同样的速度和位置合成方式向最优位置★靠近。

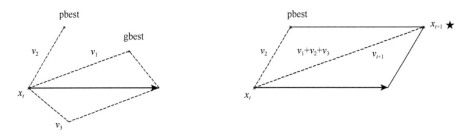

图 5-61　粒子速度和位置调整示意图

粒子群优化算法的数学描述如下：假设种群规模为 N，在迭代时刻 t，每个粒子在 N_D 维空间中的坐标位置可以表示为 $\bar{x}_i(t)=(x_i^1, x_i^2, \cdots, x_i^d, \cdots, x_i^{N_D})$；粒子的速度表示为 $\bar{v}_i(t)=(v_i^1, v_i^2, \cdots, v_i^d, \cdots, v_i^{N_D})$。坐标位置 $\bar{x}_i(t)$ 和速度 $\bar{v}_i(t)$ 在 $t+1$ 时刻，按照下述方式进行调整：

$$\min F_s(\theta_1,\theta_2,\cdots,\theta_N) = \sum_{i=1}^{N}\sqrt{F_{x,i}^2(\theta_i)+F_{y,i}^2(\theta_i)} \tag{5-40}$$

$$\bar{v}_i(t+1) = \omega\bar{v}_i(t)+c_1r_1\left[\bar{p}_i(t)-\bar{x}_i(t)\right]+c_2r_2\left[\bar{p}_g(t)-\bar{x}_i(t)\right] \tag{5-41}$$

$$\bar{x}_i(t+1) = \bar{x}_i(t)+\bar{v}_i(t+1) \tag{5-42}$$

且

$$\begin{cases} v_i^d = v_{\max}, & \text{if } v_i^d > -v_{\max} \\ v_i^d = v_{\min}, & \text{if } v_i^d < -v_{\max} \end{cases}$$

式中，$\bar{v}_i(t)$ 为粒子先前的速度，即自身开拓、扩大搜索空间、探索新的搜索区域的趋势，这使得算法具有全局优化能力；$\bar{p}_i(t)$ 为粒子 i 所经历的最优位置，表示粒子本身的思考，即向自身学习的能力；$\bar{p}_g(t)$ 为种群中最好的粒子位置，表示粒子向整个种群学习的能力；c_1 和 c_2 为粒子的加速常数，通常取 0～2；r_1 和 r_2 为两个在 [0, 1] 均匀分布的随机数；ω 为惯性权重，用于描述粒子的惯性对于速度的影响，调节 PSO 的全局或局部寻优能力，通常取 [0.9, 1.2]；$F_{x,i}$、$F_{y,i}$ 分别为第 i 颗齿在 x、y 方向上产生的力；$v_{\max}$、$v_{\min}$ 分别为粒子的最大和最小速度。

原始粒子群算法的基本流程如下。

步骤 1：随机产生粒子的位置和速度。

步骤 2：进行种群评价，计算每个粒子的适应度函数值 fitness（适应度函数，即优化目标函数）。

步骤 3：更新学习样本，比较粒子的适应度函数值 fitness 与个体最佳位置 pbest 的值，如果粒子的适应度函数值 fitness 大于个体最佳位置 pbest 的值，则更新粒子位置为个体最佳位置 pbest；比较粒子的个体最佳位置 pbest 的值与群体最佳位置 gbest 的值，如果个体最佳位置 pbest 大于种群中最好的粒子位置 gbest，则 gbest 就是 pbest 所对应的粒子位置。需要注意的是，此处我们所求目标函数的值是其最小值，所以更新粒子时取适应度函数中取值更小的粒子，若所求目标函数的值是最大值，则相反。

步骤 4：更新粒子的速度和位置。

步骤 5：判断是否满足跳出判据，如果满足则停止计算，若不满足则返回步骤 2 开始计算。此处的跳出判据是设定的最大迭代次数。

具体如图 5-62 和图 5-63 所示。相关研究成果意见申请专利 [78]。

2. 力平衡切削齿组自平衡布齿优化

从目前已有的侧向力优化文献来看，研究人员对于布齿参数的优化，主要是首先确定好刀翼的周向角，其次将切削齿布置在各个刀翼上，最后通过优化算法对周向角进行优化，从而实现侧向力设计值最小化。但是，该方法的出发点在于，钻头的钻进是在均质地层中进行的，钻头没有振动和磨损。但是实际上，地层的随机激励导致的钻柱轴向、扭转和侧向的振动，使得钻头上的切削齿并不是时刻与岩石接触，同时切削齿所受的力也因地层性质的随机性而产生波动。

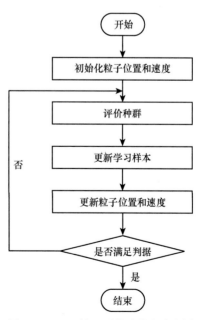

图 5-62　PSO 粒子群算法基本流程图

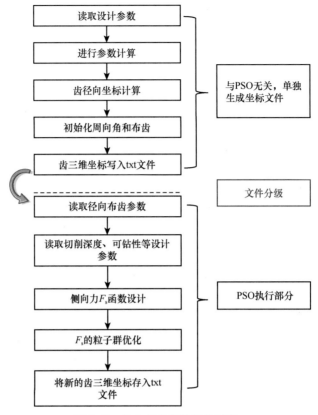

图 5-63　钻头布齿参数优化过程

对于传统的优化方法来说，优化的对象仅为刀翼的周向角，通过改变周向角的大小，调整钻头整体侧向力，从而实现钻头自平衡。这种优化方法的出发点在于，钻进的是在均质地层中进行的，也就是说假设切削齿受力不随时间变化，钻头没有振动和磨损。但是实际上，地层的随机激励导致的钻柱轴向、扭转和侧向的振动，使得钻头上的切削齿并不是时刻与岩石接触，同时切削齿所受的力也因地层性质的随机性而产生波动。当钻头钻进过渡地层时，钻头前端的切削齿钻进新地层，而钻头后部的切削齿钻进旧地层，这种地层的差异导致钻头的侧向力与原本的设计值发生较大偏差，甚至可能突破 5% WOB 的设计极限，从而导致钻头发生涡动和早期破坏。另外有研究表示：即使钻头钻进的是均质地层，钻头的振动也不可避免，这是因为在钻进时，钻头振动导致刀具周期性脱离井底，从而产生较大的不平衡力。也就是说无论是在均质地层还是在过渡地层，钻头都可能会违反布齿平衡条件。

为了解决上述问题，2013 年，Chen 等 [72] 发表了关于提高 PDC 钻头在过渡地层钻进稳定性的新型布齿方法的研究成果。Chen 等的布齿理论的核心思想是将相邻的切削齿配对成组，其主要有三种形式：力平衡二刀组、力平衡三刀组和力平衡连续刀组，配置形式的选择是由刀翼的奇偶数量决定的，在数学上，任何一个正整数都可以由 2 和 3 的倍数加和而成，如 7=2+2+3，因此切削齿的配对形式可由上述三种方式组合而成。

现在假设对于一个传统五刀翼钻头来说，钻头前端由 5 个切削齿切削和移除岩石。如图 5-64、图 5-65 所示，切削齿①、②、③、④、⑤由钻头中心逐渐向钻头外侧布置，现在我们将这块岩石分为两个部分：内环和外环。内环由①、②两个切削齿切削，①、②分别位于岩石圈同一侧，无法有效切削岩石。在钻头旋转一周时，切削齿②总是可以比①移除更多的岩石，即使它们是单级布齿。同理，岩石的外环主要由③、④、⑤三个切削齿切削，由于它们处于钻头的同一侧，这三个刀具也无法有效地移除岩石。

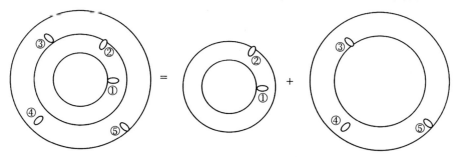

图 5-64　传统布齿方法的内环和外环切削

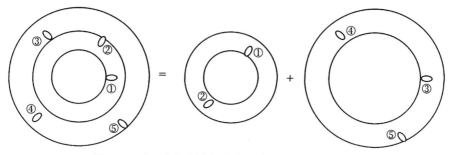

图 5-65　力平衡切削齿组布齿方法的内环和外环切削

为了详细解释优化的对象和方法，下面对 Chen 等的布齿理论做详细阐述。

1）力平衡二刀组

对于一个力平衡二刀组来说，其组合形式如图 5-66 所示。齿①和齿②分别布置在相对对称的两个刀翼上，这两个齿的布置要求如下：

（1）$160° \leqslant \beta \leqslant 200°$，理想情况下 $\beta=180°$；

（2）$R_2 > R_1$（R_i 表示第 i 颗齿在径向平面上的半径，$i=1, 2, 3$）；

（3）切削齿①和②必须是钻头剖面上相邻的两个齿。

2）力平衡三刀组

对于一个力平衡三刀组来说，其组合形式如图 5-67 所示。齿①、齿②和齿③分别布置在相对对称的三个刀翼上，这三个齿的布置要求如下：

（1）$100 \leqslant \beta_i \leqslant 140°$，理想情况 $\beta_i=120°$，$i=1, 2, 3$；

（2）$R_3 > R_2 > R_1$；

（3）齿①、②、③必须是钻头剖面上相邻的三颗齿。

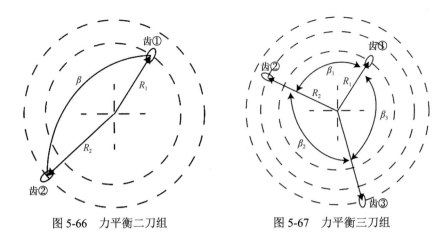

图 5-66 力平衡二刀组   图 5-67 力平衡三刀组

3）力平衡连续刀组

力平衡连续刀组主要分为力平衡连续三刀组和力平衡连续四刀组。如果任意三个或四个连续的刀具沿钻头剖面轮廓线产生的不平衡力最小，则这三个或四个连续的切削齿将形成一个力平衡连续刀组。当按照要求布置切削齿时，对于具有奇数个刀翼的钻头可能会表现出这种特征，而对于具有偶数个刀翼的钻头来说，则存在力平衡连续四刀组。具体配置要求如表 5-11 所示。对于一个钻头，可以将其刀翼分为主刀翼和副刀翼，它们分别用于形成相应的力平衡二刀组和三刀组，并配合形成力平衡连续刀组。各刀翼情况下钻头布齿方法如图 5-68 所示。

表 5-11 各刀翼数钻头的刀翼平衡配对安排

刀翼数	主刀翼	刀翼配对安排	力平衡三刀组或四刀组
5	1，3，5	[(1, 3, 5), (2, 4)]	1, 2, 3; 2, 3, 4; 3, 4, 5
6	1，4	[(1, 4)(3, 6), (2, 5)]	1, 2, 3, 4; 2, 3, 4, 5; 3, 4, 5, 6
7	1，4，6	[(1, 4, 6)(2, 5), (3, 7)]	1, 2, 3, 4; 2, 3, 4, 5, 6; 4, 5, 6, 7
8	1，3，5，7	[(1, 5)(3, 7)(2, 6)(4, 8)]	1, 2, 3, 4; 2, 3, 4, 5; 3, 4, 5, 6; 4, 5, 6, 7
9	1，4，7	[(1, 4, 7)(2, 5, 8)(3, 6, 9)]	1, 2, 3; 2, 3, 4; 3, 4, 5; 4, 5, 6; 5, 6, 7; 6, 7, 8; 7, 8, 9

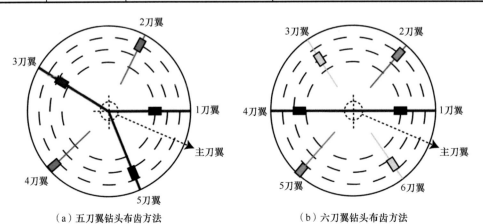

（a）五刀翼钻头布齿方法   （b）六刀翼钻头布齿方法

图 5-68 各刀翼情况下钻头布齿方法

应当注意的是，切削齿布置刀翼顺序的确定是确保力平衡连续四刀组产生的侧向力最小化的关键，如果不使用上述的力平衡布置顺序，则可能会违反力平衡条件。例如，对于一个八刀翼钻头来说，如果使用刀翼的配对顺序为 [(1, 5)(2, 6)(3, 7)(4, 8)]，则切削齿会出现在钻头的同侧，从而导致钻头侧向力较大。

文献 [67] 首次提出了力平衡切削齿组的概念。分组布齿模式很好地保证了组内切削齿的侧向力平衡，但这种方法仍然是建立在传统布齿方法上的，并没有对切削齿本身做出要求，也没有对各刀具组布齿参数做出要求，仅是移动了切削齿的布置顺序。随着钻探行业的不断发展，各种新型钻头不断出现，锥形切削齿、旋转复合片、复合片定向技术等大幅提高了钻头在各种地层中的使用效果，为了充分发挥双齿和锥形齿的破岩效果及稳定性，基于 Chen 等自平衡布齿方法设计出了基于定向双齿 PDC 钻头自平衡布齿方法。

3. 定向双齿 PDC 钻头自平衡布齿方法

基于 PSO 算法和力平衡切削齿组布齿优化方法，设计定向双齿 PDC 钻头为三级力平衡布齿结构，具体优化内容如下：

（1）每个力平衡切削齿组的组内侧转角优化；

（2）力平衡切削齿组组间的后倾角优化；

（3）每个刀翼的周向角优化。

形成三级力平衡结构，使钻头在钻进夹层较多的地层中钻进时，能够使各级均达到力平衡，而不同于传统布齿的整体力平衡及 Chen 等的力平衡切削齿组形成的各组组内平衡。

双齿结构仅布置在奇数组切削齿的最后两齿上，因此拥有足够的布齿空间。由于力平衡切削齿组布齿方法的要求，对于一个五刀翼钻头来说，双齿仅会出现在第 2、4 刀翼上，而对于一个六刀翼钻头来说，双齿仅会出现在第 3、6 刀翼上，如图 5-69 所示。

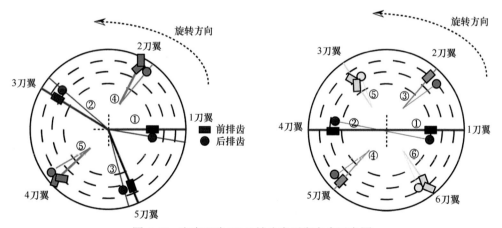

图 5-69　定向双齿 PDC 钻头自平衡布齿示意图

5.4.2　定向双齿 PDC 钻头布齿参数粒子群优化

由 5.4.1 节对定向双齿 PDC 钻头自平衡布齿方法的叙述，开展三级力平衡切削齿组的布齿参数优化，分别对力平衡切削齿组组内侧转角、组间后倾角和刀翼周向角进行粒子群优化。

1. 切削齿组组内侧转角粒子群优化

组内侧转角优化的目的是降低切削同一岩石圈的所有切削齿组成的切削齿组形成的整体侧向不平衡力，以应对过渡地层产生的组内不平衡力。

由 5.2 节定向双齿 PDC 钻头布齿实例的结果可知，直线区布置切削齿代号为 [1 3 5 6 7 8 9 10]；圆弧区布置单齿代号为 [1 2 3; 6 7 8; 11 12 13; 16 17 18]，圆弧区布置双齿的齿的代号为 [4 5; 14 15]，将这组单齿改为双齿结构。

实际上，在传统布齿方法下，圆弧区一个力平衡切削齿组中齿的个数应为刀翼数，但在布置双齿后，由于布齿空间的限制，仅能在奇数组的末尾两齿布置双齿，而偶数组相应的同刀翼单齿则需剔除。例如，在本算例中，圆弧区布置单齿代号为 [1 2 3; 6 7 8; 11 12 13; 16 17 18]，圆弧区布置双齿的齿的代号为 [4 5; 14 15]，即对应的偶数组 [9 10; 19 20] 被剔除。这种布齿方法使得力平衡切削齿组进行了重新规划——由刀翼数划分组别；对这个组别进行细分——由每组的前 3 颗切削齿组成力平衡三刀组，由奇数组的末尾两齿组成力平衡两刀组，此组为双齿布齿结构。

在这种布齿方式下，开展各小组侧转角优化。

1）圆弧区单齿组侧转角优化

如图 5-70 所示，将 200 个粒子随机分布在矩阵空间中，刀具侧转角浮动界限均设置为 [−5°, 5°]，得到四维矩阵图，图中三个坐标轴分别对应侧转角范围，颜色代表侧向力

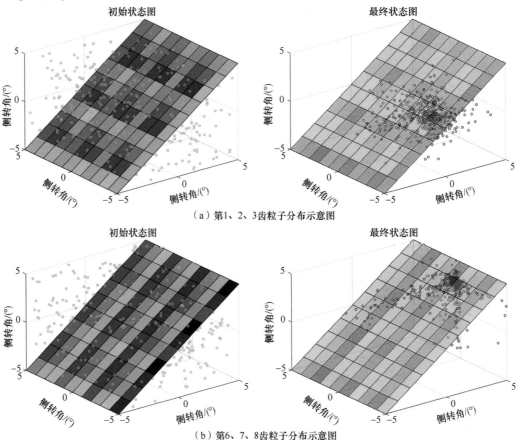

（a）第1、2、3齿粒子分布示意图

（b）第6、7、8齿粒子分布示意图

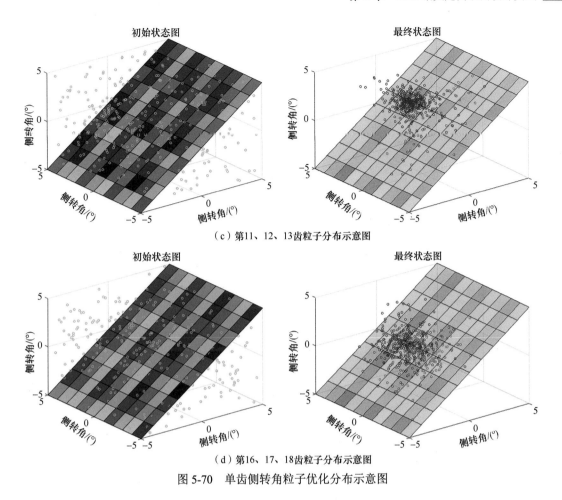

（c）第11、12、13齿粒子分布示意图

（d）第16、17、18齿粒子分布示意图

图 5-70　单齿侧转角粒子优化分布示意图

的大小。通过粒子群优化，粒子向最优点（侧向力最小点）移动，最后集中于最优区域附近，得到侧向力最小值，侧向力收敛过程如图 5-71 所示。从图 5-71 中可以看出优化结果在 40 代左右全部收敛。值得注意的是，在侧向力收敛过程图中，侧向力的初始值并不代表实际计算的侧向力的初始值，而是代表随机生成的粒子对应的侧向力的平均值。

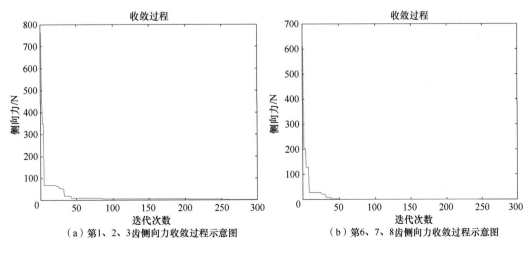

（a）第1、2、3齿侧向力收敛过程示意图　　　　（b）第6、7、8齿侧向力收敛过程示意图

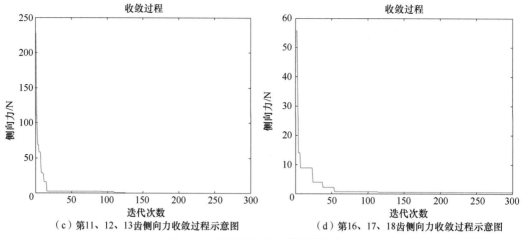

（c）第11、12、13齿侧向力收敛过程示意图　　　（d）第16、17、18齿侧向力收敛过程示意图

图 5-71　各组侧向力收敛过程示意图

2）双齿组侧转角优化

已知双齿序号为 [4 5; 14 15]，由这四颗齿共形成 8 颗单齿，由于每组双齿形成的夹角是固定的，优化对象为 [4 5] 号齿的二维侧转角优化，以及第 [14 15] 号齿的二维侧转角优化，结果如图 5-72、图 5-73 所示。由侧向力粒子群优化程序得到具体优化结果，如附表 5-1 所示。

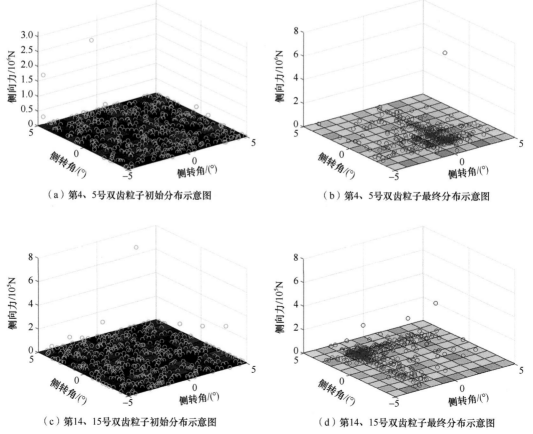

（a）第4、5号双齿粒子初始分布示意图　　　（b）第4、5号双齿粒子最终分布示意图

（c）第14、15号双齿粒子初始分布示意图　　　（d）第14、15号双齿粒子最终分布示意图

图 5-72　双齿侧转角粒子优化分布示意图

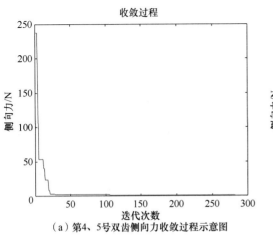

（a）第4、5号双齿侧向力收敛过程示意图

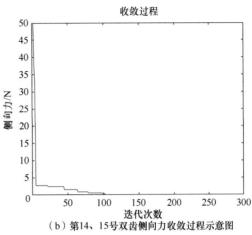

（b）第14、15号双齿侧向力收敛过程示意图

图 5-73　双齿侧转角侧向力收敛过程示意图

2. 切削齿组组间后倾角和刀翼周向角粒子群优化

依据多级自平衡布齿方法，对同组切削齿侧转角进行优化后，需以各组为单位对后倾角进行优化，从而使各组组间侧向力平衡。由于优化后倾角时的维度为4，优化周向角时的维度为5，无法得到相应的粒子优化分布示意图，仅能得到侧向力收敛过程图。

由 PDC 钻头设计经验可知，后倾角越大越适用于硬度更高的地层，通常后倾角从钻头中心向钻头外侧逐渐增大。设定四个单齿切削齿组的后倾角初始值分别为 10°、15°、20° 和 25°，两组双齿后倾角初始值为 [10°, 20°]。优化侧向力收敛过程如图 5-74（a）所示，侧向力最优值为 102.37N，后倾角优化结果为：单齿组后倾角为 [8.19°, 13.18°, 18.38°, 26.78°]，双齿组后倾角为 [11.25°, 21.44°]。

最后一级粒子群优化对象为刀翼周向角优化，设置初始周向角为 [0°, 72°, 144°, 216°, 288°]，周向角优化结果为 [−2.46°, 74.95°, 146.15°, 214.27°, 291.62°]，侧向力最优值为 47.8695N，占钻压比为 0.107%，符合设计条件 <5%WOB。侧向力收敛过程如图 5-74（b）所示。

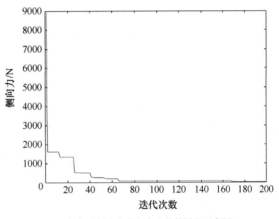

（a）后倾角优化侧向力收敛过程示意图

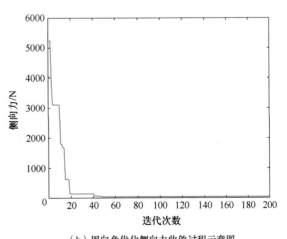

（b）周向角优化侧向力收敛过程示意图

图 5-74　后倾角和周向角优化侧向力收敛过程示意图

5.4.3 传统布齿与定向双齿 PDC 钻头破岩效果对比

建立传统布齿 PDC 钻头和定向双齿 PDC 钻头三维模型，通过有限元模拟，分析两种 PDC 钻头的侧向力动态变化和破岩比功，以评价定向双齿 PDC 钻头在高效破岩和钻进稳定性两个方面的优势。建立的三维模型如图 5-75、图 5-76 所示。

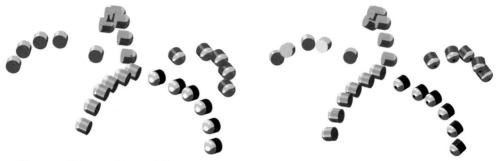

图 5-75　常规 PDC 钻头三维模型示意图　　图 5-76　定向双齿 PDC 钻头（无后排锥形齿）示意图

由于在模拟中，当后排锥形齿出露高度小于前排常规齿时，模拟精度较差，考虑到锥形齿仅起到辅助作用，为了更精确地测量两种 PDC 钻头的破岩比功，在此模拟中忽略后排锥形齿的影响，仅考虑作为主体的前排布齿情况对破岩比功和侧向力的影响。

建立的有限元模型如图 5-77 所示。为了模拟过渡地层对钻头侧向力的影响，该模型由两片岩石组成，岩石尺寸为 500mm×500mm×50mm，两片岩石的材料属性不同。上部为建立好的 PDC 钻头模型，为了方便施加载荷，将钻头设计为一体式。将岩石四周和底面固定，钻头施加载荷的轴向速度为 5mm/s，旋转速度为 0.628rad/s，时间步长为 20s，岩石与钻头设为通用接触。

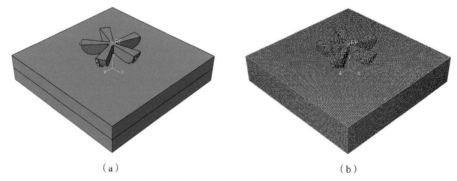

（a）　　　　　　　　　　　　（b）

图 5-77　钻头切削岩石有限元模型（a）和网格模型（b）

钻头的破岩过程如图 5-78 所示。

图 5-78 为钻头在钻进过程中井底形貌的变化过程，从图中可以看出，在 2s 时，钻头开始压入岩石，各切削齿附近形成较高的点载荷，随着钻头转动，切削齿剪切、拉伸破坏岩石，岩石出现大范围损伤，钻头继续转动形成较为平整的井底形貌。

本节我们关注的重点在于钻头整体侧向力及钻头的破岩比功大小。在 5.3 节中，已经明确了不同布齿参数下切削齿的破岩比功变化情况，因此，本节只关注钻头整体的侧向力情况。通过软件输出钻头 xy 轴的侧向力变化如下。

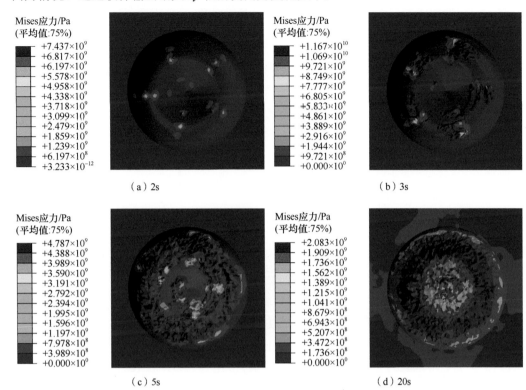

图 5-78　钻头在钻进过程中井底形貌示意图（Mises 应力）

　　如图 5-79、图 5-80 所示，钻头在钻进到新岩层时侧向力有较大波动。当钻头上下切削齿分别切削不同岩石时，由于岩石力学参数不同，所受切削力大小不同，破坏了钻头力平衡条件，侧向力便出现波动。为了尽可能减小过渡地层的侧向力波动，尤其是应对非均质性强、软硬夹层多的地质形态，定向双齿 PDC 钻头设计了三级力平衡结构，通过切削齿组内部侧向力平衡、组间后倾角力平衡和周向角力平衡，提高钻头在过渡地层中钻进的稳定性。从图 5-79 中可以明显看出定向双齿 PDC 钻头在钻进过渡地层时，在 xy

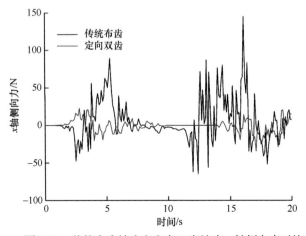

图 5-79　传统布齿钻头和定向双齿钻头 x 轴侧向力对比

轴两个方向上的侧向力波动均小于传统布齿的钻头，其在同一地层中钻进时的侧向力为 4～40N，占钻压比不到 0.1%，与理论计算结果几乎一致。

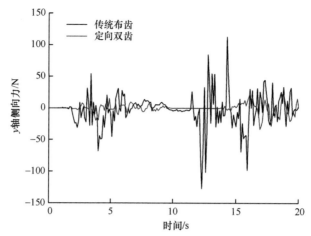

图 5-80　传统布齿钻头和定向双齿钻头 y 轴侧向力对比

采用标准差来对比和评价传统布齿和定向双齿三级力平衡布齿方法下 xy 轴侧向力的波动情况。在 x 轴方向上，20s 内传统布齿方法的侧向力标准差为 29.41，前 10s 的标准差为 22.53，后 10s 的标准差为 35.14；而定向双齿 PDC 钻头的三级力平衡布齿方法下，20s 内侧向力的标准差为 8.46，前 10s 的侧向力标准差为 7.43，后 10s 的侧向力标准差为 9.19。y 轴方向传统布齿方法 20s 内的侧向力标准差为 26.78，前 10s 的标准差为 17.35，后 10s 的标准差为 33.82；而定向双齿 PDC 钻头的三级力平衡布齿方法下，20s 内的侧向力标准差为 7.95，前 10s 的侧向力标准差为 5.25，后 10s 的侧向力标准差为 9.99。定向双齿 PDC 钻头三级力平衡布齿方法下，侧向力波动相比传统布齿方法减小约 70%，说明三级力平衡结构能够有效降低 PDC 钻头在过渡地层中的侧向力激增。

综上所述得到以下结论。

（1）本章以 PDC 钻头几何学为基础，设计了定向双齿 PDC 钻头径向和周向布齿规则。通过冠部剖面曲线公式，确定切削齿径向坐标。依据井底刚好覆盖规则和等切削体积原则设计切削齿基础布齿程序；依据刀翼数量和力平衡切削齿组布齿规则将切削齿分组配对，并将奇数组中的特定位置切削齿更改为定向双齿组，如五刀翼钻头中每个奇数组的第 4、5 颗齿。保证定向双齿在不与其他切削齿发生碰撞的情况下以最大密度布置在冠顶位置，从而使双齿突出于冠部剖面，在硬地层中预先破岩，扩大应力干涉范围，卸载岩石基体应力，减小切削齿磨损；在软地层中与单齿共同切削，提高破岩效率。

（2）开展了常规切削齿复合片、锥形齿、定向双齿及切削齿组的破岩有限元模拟分析。研究结果表明，常规切削齿破岩比功随切削深度和后倾角增大而减小，随侧转角增大先增大后减小，在 15° 达到峰值，且 13.44mm、16mm、19mm 三种尺寸的常规切削齿破岩比功相差不大。锥形齿破岩比功随切削深度增大而减小，随前倾角增大而线性增大。定向双齿在切削深度为 2mm、后倾角为 20°、间距为 0 时，破岩比功相比单齿减小约 28.5%。当双齿间距达到 6mm 以上时，双齿综合效果明显降低，间距达到 8mm 以上时双齿效果与单齿几乎相同。定向双齿的破岩比功随着双齿夹角减小而减小，夹角小于140° 后下降趋势减缓；当夹角等于 140° 时，定向双齿的破岩比功相比单齿侧转角为 20°时的破岩比功减小约 35%。定向双齿与后排锥形齿间距增大，破岩比功线性降低，但当间距大于 20mm 后，破岩比功稳定不变，相比初始状态减小约 4.1%，锥形齿与定向双齿相互独立，说明锥形齿与定向双齿间距不宜过小。

（3）定义了布齿顺序和双齿布置规则，设计了五刀翼定向双齿 PDC 钻头三级力平衡结构。按冠部剖面上的切削齿顺序，每五个切削齿为一组，将每组前三个切削齿分别布置在第 1、3、5 刀翼上，每组后两个切削齿分别布置在第 2、4 刀翼上，将奇数组的后两个切削齿设计为双齿，以保证足够的布齿密度和布齿空间，这使得 2、4 刀翼上的切削齿均为双齿，1、3、5 刀翼上的切削齿均为单齿。这种设计可以保证最后一组切削齿也能够完全布置在各刀翼上，并形成力平衡二齿组或三齿组。

（4）基于粒子群优化算法，对三级力平衡结构的布齿参数进行了优化，这三级力平衡结构分别为：力平衡切削齿组的组内侧转角优化、组间后倾角优化和刀翼的周向角优化。有限元模拟分析结果表明：相比于传统布齿的钻头，布齿参数优化后力平衡切削齿组结构使得钻头在过渡地层中钻进时的稳定性大幅增加，侧向力波动远小于传统布齿钻头，侧向力标准差减小约 70%，在同层钻进中侧向力为 4～40N，占钻压比不到 1%，与理论计算结果基本一致。

本章附表

附表 5-1　定向双齿 PDC 钻头力平衡切削齿组组内侧转角优化结果

组别	组内切削齿序号	侧转角初始值/(°)	侧转角优化值/(°)	侧向力初始值/N	侧向力优化值/N
单齿力平衡三刀组					
1	1	0	1.25	5415.67	2.38
	2	0	−1.9		
	3	0	−0.61		
2	6	0	5.00	7345.12	0.20
	7	0	0.43		
	8	0	2.60		
3	11	0	−0.70	1860.03	0.43
	12	0	0.34		
	13	0	2.51		
4	16	0	−0.56	2388.25	0.64
	17	0	1.01		
	18	0	0.20		
双齿力平衡二刀组					
1	4	0	0.98	1352.31	0.56
	5	0	−2.59		
2	14	0	−2.37	1563.67	0.06
	15	0	2.98		

第**6**章

射吸式冲击器研发

6.1 工具设计基础

射吸式冲击器是我国自主发明的一种提速工具,该工具在地矿领域和石油钻探领域均有应用。射吸式冲击器结构较为简单,没有弹簧和射流元件,因而使用方便,能量利用率高,性能可靠,工作寿命长。

6.1.1 工具概况

射吸式冲击器结构及工作原理如图 6-1 所示。冲击器工作原理[22]:利用高压射流的卷吸作用和高速流体的水击效应,实现冲击器的轴向高频冲击。利用高压射流的卷吸作用形成上腔室的相对低压,引起阀和冲锤向上运动;利用阀和冲锤上移闭合形成高速流体的水击效应,推动冲锤向下运动,并以冲击和振动两种方式向钻头输出能量;如此反复,实现冲击器的高频冲击。

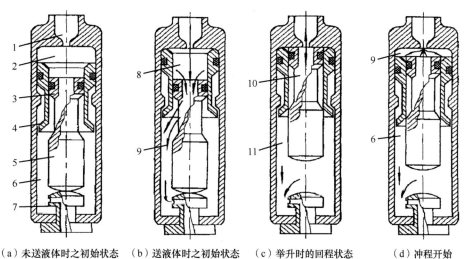

(a) 未送液体时之初始状态　(b) 送液体时之初始状态　(c) 举升时的回程状态　(d) 冲程开始

图 6-1　射吸式冲击器结构及工作原理

1-喷嘴;2-上腔室;3-活塞;4-阀;5-冲锤;6-下腔室;7-砧子;8-低压腔;9-高压腔;10-产生水击区;11-降压区

射吸式冲击器工作流程可分为回程和冲程两个阶段:

(1)回程中,启动前,冲击器的阀与活塞均处于行程下限,液流通道畅通。当工作液从喷嘴射出,高速射流的卷吸作用使上腔压力迅速下降,由于通道扩大,流速减慢及

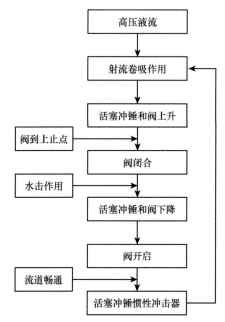

图 6-2　射吸式冲击器工作流程图

节流孔的增压作用使下腔压力升高，上下腔形成压力差，阀与活塞同时上升，但由于阀质量较小，先行到行程上限，随后活塞也到上限，回程完成。

（2）当活塞和阀同时达到上限时，阀门关闭，高速液流受到阻断产生水击，上腔形成很大的压力；同时活塞下腔因上面液流不能下流，而原来的液体继续向下流动，压力急剧下降，即在上腔产生正水击的同时，下腔产生一次负水击，上下腔压力差推动活塞及阀一起向下运动，阀门逐渐开启，直至冲击砧子、阀门全部开启，冲程结束[79-83]。

射吸式冲击器的具体工作流程图如图 6-2 所示。

石油领域射吸式冲击器技术参数如表 6-1 所示。

表 6-1　射吸式冲击器技术参数[22]

项目	φ100mm 工具技术参数	φ178mm 工具技术参数
冲锤质量/kg	10	15
工具直径/mm	100	178
工作流量/(L/s)	2～20	10～35
工作泵压/MPa	>4.0	>10.0
工作背压/MPa	0～5.0	0～5.0
压力降/MPa	1.0～2.0	1.5～2.5
单次冲击功/J	1000	1500
频率/(次/min)	2000～4000	1500～3000
长度/mm	1200	1500
总质量/kg	50	120

射吸式冲击器具有以下特点[84,85]：

（1）除了活塞与冲锤以外，冲击器无其他运动零件，没有弹簧、配水活阀等易损零件，因而钻具工作稳定，使用寿命长。

（2）冲锤向下撞击砧子过程中，没有自由行程阶段，也不存在弹簧对冲击力的抵消作用，活塞和冲锤下行时始终保持着加速运动，这有利于提高单次冲击功。

（3）冲击器停止工作时不会憋死，不会产生烧钻头及憋坏水泵零件等问题。

（4）冲击器工作条件基本不受围压、温度、钻井液密度等井下环境条件的影响，只要钻井液的动能足够，就可以用于超深井作业中。

（5）冲击器内部结构简单，零件少，便于安装、拆卸等。

射流式冲击器中的射流元件制造要求较高，在泥浆的冲刷作用下稍有冲蚀，射流元件的形状就容易发生改变，则射流机理将不能形成，正常有效的冲击就无法形成。阀式冲击器零件较多，其中弹簧是易损件，若弹簧出现问题，钻具就无法产生冲击，而且弹簧的刚度弹性问题直接影响冲击功。

6.1.2　工具基本参数关系

射吸式冲击器工作时，在冲击瞬间冲锤冲击砧子作用的时间很短，但是在这一瞬间的冲击中砧子却有着很大的变化幅度，这就是冲击动载荷。冲击能量通过砧子和下接头将冲击动载荷以应力波的形式传递到钻头来破碎岩石。射吸式冲击器在一定流量下便可开启工作，且流量越大，冲击功与频率也越大，压力和流量的调节幅度也比较大。

由图 6-3～图 6-6 可知，泵排量和喷嘴流速、泵排量和背压、冲锤质量和冲击功、冲锤质量和冲击力的关系为直线关系。这说明随着泵排量增大，喷嘴流速和背压增大；随着冲锤质量增大，冲击力和冲击功增大。

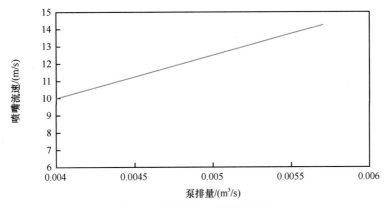

图 6-3　泵排量和喷嘴流速关系

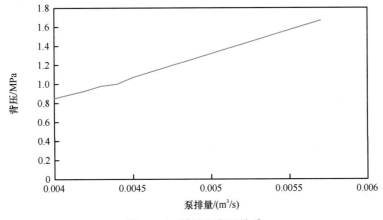

图 6-4　泵排量和背压关系

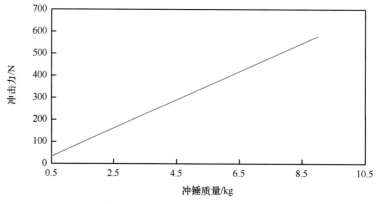

图 6-5　冲锤质量与冲击力关系

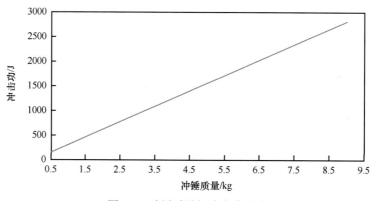

图 6-6　冲锤质量与冲击功关系

6.1.3　工具研发内容及技术要求

研发射吸式冲击器工具时,先要确定工具的研发内容和技术要求,再确定工具研发的技术路线,按照进度计划一步一步地开展研究工作。在研发过程中,会遇到一系列的技术难题,这些难题有些是设计上的,有些是工艺上的,有些是比较容易解决的,有些是很难解决的。对待这些问题,要区别对待,具体问题具体分析。

1. 研发内容

研究内容包括射吸式冲击器的工作原理设计、原理样机室内试验、结构设计及分析、结构流体分析、样机设计、样机室内试验、现场试验、操作工艺制定、应用效果分析等,最终形成相应的图纸、样机、报告等成果。

2. 技术要求

工具总体技术要求如下:

(1)工作温度:0~200℃;

(2)适用排量:15~40L/s;

(3)压降:<2MPa;

（4）频次：0～30Hz；

（5）寿命≥120h；

（6）适用 PDC 钻头；

（7）对比不使用工具的提速效果≥30%；

（8）工具整体抗拉抗扭等性能参数不低于配套钻具技术参数。

3. 研究思路

在充分调研国内外相关领域技术发展情况，深入研究射吸式冲击器工作原理的基础上，对 8.5in 井眼射吸式冲击器进行结构优化设计和工具材质优选；对工具关键零件进行有限元模拟，开展工具结构优化和流体分析；计算机模拟后，确定工具图纸并加工样机，进行室内原理试验和性能测试；选取合适井位开展提速工具现场试验，以进一步优化工具结构、参数，分析现场应用效果，验证其井下工作寿命和耐高温性能，形成现场操作规范。

通过图 6-7 的技术路线，在东北石油大学高效钻井破岩技术研究室现有冲击器研究及现场应用的基础上，开展射吸式冲击器研发工作。

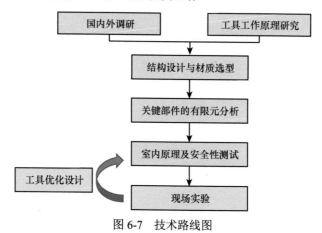

图 6-7　技术路线图

东北石油大学高效钻井破岩技术研究室深入研究了射吸式冲击器的工作原理，并进行室内和现场试验，取得了一定的进展[86-89]。

6.2　零件结构及工作流程

研发工具时，首先要设计工具的原理样机。原理样机是工具必要结构的最简化设计，能够实现工具所需功能，但是未必是最优的设计。原理样机设计十分必要，它具有结构简单、功能可靠、加工时间短、节省科研经费等优点。射吸式冲击器的原理样机如图 6-8、图 6-9 所示。

图 6-8 原理样机三维图

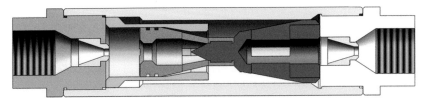

图 6-9 原理样机剖面图

6.2.1 零件结构设计

射吸式冲击器的主要零件结构包括上下接头、外壳短接、活动阀、射流活塞、冲锤、砧子、上下喷嘴等。

外壳短接是射吸式冲击器的重要零件，它的功能主要包括封装和连接其他零件、传递钻压、扭矩等，设计要点主要是外径尺寸、壁厚、安全性等，如图 6-10 所示。

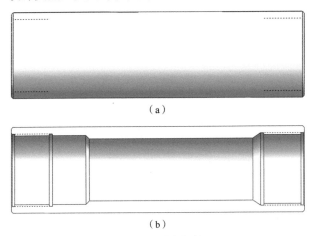

（a）

（b）

图 6-10 外壳短接

喷嘴是射吸式冲击器的射流原件，它的功能是形成高压水射流，让流体在中心集中流动，设计重点主要是喷嘴内径、材料，如图 6-11 所示。

上接头是工具的外部零件，它的功能是连接外壳短接，传递钻压、扭矩等，设计要点主要是外径、螺纹及安全性，如图 6-12 所示。

射流活塞是射吸式冲击器重要的原理零件，它的功能是连接冲锤、流动沟通等，设计要点主要是内径大小、光滑度、密封、内部结构等，如图 6-13 所示。

活动阀是射吸式冲击器重要的原理零件，它的功能是打开和关闭流体流通通道，设计要点主要是结构特征比例、光滑度、密封、材料等，如图 6-14 所示。

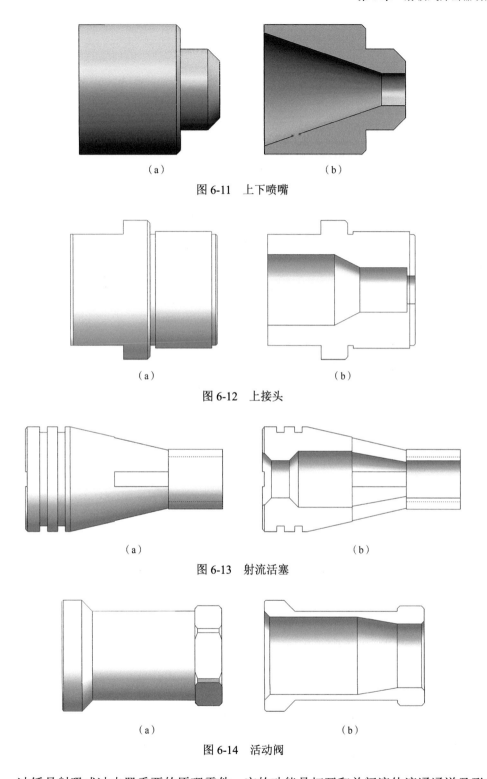

（a）　　　　　　　　　　（b）

图 6-11　上下喷嘴

（a）　　　　　　　　　　（b）

图 6-12　上接头

（a）　　　　　　　　　　（b）

图 6-13　射流活塞

（a）　　　　　　　　　　（b）

图 6-14　活动阀

　　冲锤是射吸式冲击器重要的原理零件，它的功能是打开和关闭流体流通通道及形成冲击力、流通通道等，设计要点主要是结构特征、光滑度、密封、材料等，如图 6-15 所示。

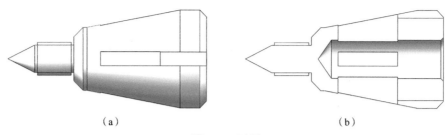

（a） （b）

图 6-15　冲锤

下接头是射吸式冲击器的外部零件，它的功能是连接外壳短接，传递钻压、扭矩等，设计要点主要是外径、螺纹及安全性，如图 6-16 所示。

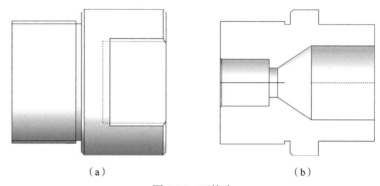

（a） （b）

图 6-16　下接头

6.2.2　工作流程

射吸式冲击器工作过程包括回程阶段 1、回程阶段 2 和冲击阶段，如图 6-17～图 6-19 所示。

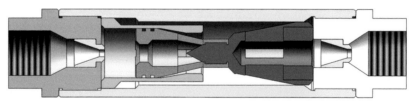

图 6-17　原理样机的回程阶段 1 剖面图

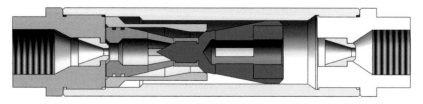

图 6-18　原理样机的回程阶段 2 剖面图

回程阶段 1，活动阀在射吸式冲击器的左侧，并与上接头接触。射流活塞和冲锤在射吸式冲击器中心右侧，并与下接头接触。此时，射吸式冲击器活动阀在上喷嘴的射流卷吸作用下运动到射吸式冲击器中心左侧。

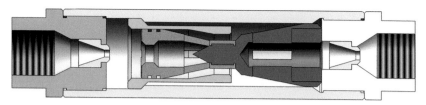

图 6-19　原理样机的冲击阶段剖面图

回程阶段 2，活动阀在射吸式冲击器的左侧，并与上接头接触。射流活塞和冲锤在射吸式冲击器中心左侧，并与上接头接触。此时，射吸式冲击器活动阀、射流活塞和冲锤，在上喷嘴的射流卷吸作用下运动到射吸式冲击器中心左侧。活动阀和冲锤将射吸式冲击器流通通道关闭。

冲击阶段，活动阀在射吸式冲击器的右侧并离开上接头，与外壳短接台肩接触。射流活塞和冲锤在射吸式冲击器中心右侧，并与下接头接触。此时，射吸式冲击器活动阀、射流活塞和冲锤，在左侧流体动能的作用下运动到工具中心右侧。在冲锤完成冲击前，活动阀和冲锤将射吸式冲击器流通通道打开。冲锤借助自身的惯性向下冲击并完成冲击。

6.3　工具流场优化设计

6.3.1　流场模型

1. 流场处理和网格划分

将模型适当简化，导入 Design Modeler 中进行模型前处理，使用流场扩充和切片等功能划分流场，将固体零件和多余流场压缩，得到轴向冲击部分流场，网格如图 6-20 所示。

图 6-20　轴向冲击部分流场网格示意图

由于模型较为复杂，存在许多狭窄流道和不规则几何形状，采用四面体网格进行划分，网格大小为 5mm，网格质量偏度值平均值为 0.231，最大值为 0.97，网格质量良好。

2. 流体模拟分析设置

选择稳态（steady）方法计算该模型，不考虑重力影响，湍流模型选择 k-ε，采用标准模式。流体选择液态水，以排量30L/s计算，通过计算入口截面面积，得到入口流速约为15m/s。初始化流场，为了能够尽可能真实地体现流场状态，采用较大的迭代步数使流场充分发展，迭代步数为500，步长为0.01s。

3. 流场描述

轴向冲击部分流场分为上下两个腔室，上腔室由阀套、活塞和射吸式冲击器外壳短接包围形成，下腔室由活塞、冲锤和射吸式冲击器外壳短接包围形成。活塞和冲锤除主要机械结构外，还包含分流孔，活塞上部中心还包含喉管。

6.3.2 回程阶段

结合前面所述的轴向冲击部分各运动阶段流场运动状态和工作原理及流场模拟得到的流速、压力云图如图6-21、图6-22所示，分析多维复合冲击器轴向冲击部分在各运动阶段的流场状态。

流速/(m/s)

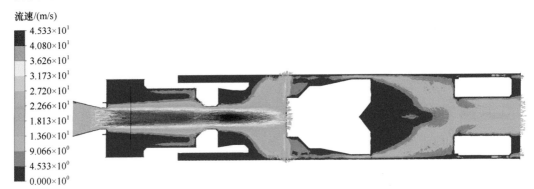

图6-21 回程阶段轴向冲击部分流场流速云图

压力/Pa

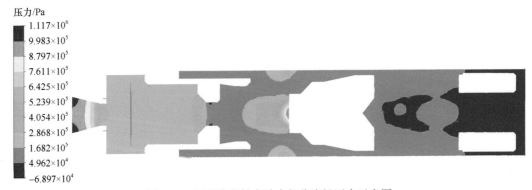

图6-22 回程阶段轴向冲击部分流场压力示意图

在回程阶段，阀套、活塞、冲锤均处于下止点，流道打开。液流通过上喷嘴产生高速射流进入轴向冲击部分，依次流过阀套上腔室、活塞中心喉管、活塞分流孔、下腔室和冲锤分流孔，其流动迹线如图6-23所示。在阀套上腔室内，主要的射流都从活塞喉管流出，一小部分流体撞击活塞上壁面形成反馈涡流，这部分流体逆流而上，沿着阀套壁面向上流动，最终与主射流交汇继续向下流动；通过活塞喉管的主射流撞击活塞下壁面，分流孔向周向扩散，由于撞击流速急剧降低，流体沿着冲锤壁面向下流动，最终通过冲锤过流孔汇集到工具末端，可以看出工具末端的流体流速明显低于工具入口处的流体流速，并且由于流体的汇合撞击部分流体向上反馈形成涡流，损失了一部分水力能量。

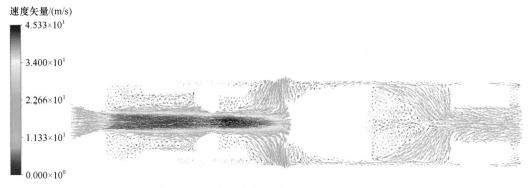

速度矢量/(m/s)

图 6-23　回程阶段轴向冲击部分流线示意图

值得注意的是，上腔室压力高于下腔室压力，说明上喷嘴及活塞分流孔产生的射流卷吸效果不好，上喷嘴与活塞喉管的尺寸匹配不佳，上喷嘴过大的直径不能产生良好的射流降低上腔压力，这种喷嘴尺寸的配合使得阀套和活塞不能正常回程，后续需要对其进行改良。

为了更清晰地了解轴向冲击部分各腔室的具体流场状态，分别在活塞和冲锤两个部分截取流场观察流场状态。

回程阶段活塞部分流场的压力和流速云图如图 6-24 所示，图 6-24（a）为压力云图，图 6-24（b）为流速云图。从压力云图中可以看出，活塞中心区流场压力较高，而流体在撞击活塞下壁面后，通过四个过流孔向下腔室流动，经过活塞过流孔的流体流速较高，撞击活塞下壁面，流体损失部分能量，流速降低。流体流过过流孔后，流场面积增大，流体流速迅速降低，这在图 6-24（b）的速度云图中体现得较为明显。从图 6-25 的流线矢量图中可以看出流体通过活塞过流孔的流动轨迹，流体在活塞内部时流速较高，而在流过活塞过流孔后冲击工具外壳壁面产生涡流，这些涡流相互撞击减小了一部分水力能量，使得流体流速降低。

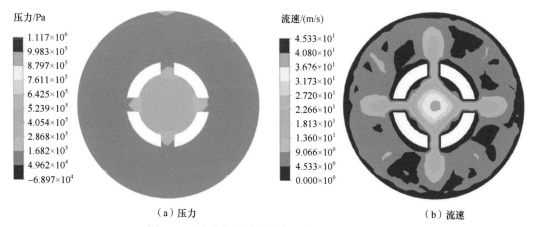

压力/Pa

流速/(m/s)

（a）压力　　　　　　　　　　　　　　（b）流速

图 6-24　回程阶段活塞部分压力云图和流速云图

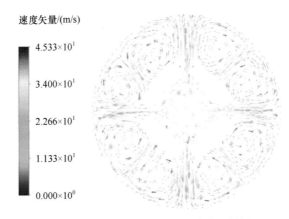

图 6-25　回程阶段活塞部分流线矢量图

回程阶段冲锤部分的流场压力和流速云图如图 6-26 所示，图 6-26（a）为压力云图，图 6-26（b）为流速云图。从图 6-26 中可以看出，流体从冲锤外腔通过过流孔流入冲锤内部，流体通过过流孔狭窄截面流速增加，压力降低，流体从四周汇集到截面中央，相互碰撞后向四周扩散，并继续向下流动。回程阶段冲锤部分流线矢量图如图 6-27 所示。

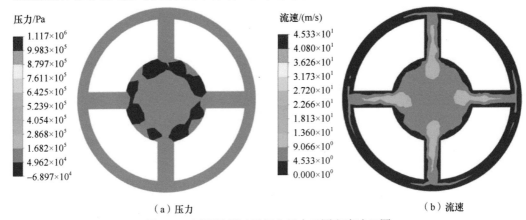

（a）压力　　　　　　　　　　　　　　　　　　　　（b）流速

图 6-26　回程阶段冲锤部分压力云图和流速云图

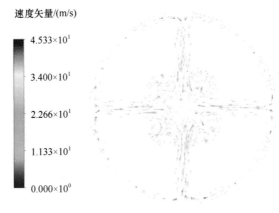

图 6-27　回程阶段冲锤部分流线矢量图

由于在此结构下工具并不能很好地运作，我们暂时不关注具体的流场信息，仅分析流场各部分的合理性。

6.3.3　冲程阶段

回程阶段结束后，阀闭合切断高速液流形成水击压强，活塞冲锤在水击作用下加速下行。将冲击阶段的起始时刻模型作为模拟对象，模拟轴向冲击部分的流场状态。

冲程阶段流场状态如图 6-28～图 6-30 所示，此时阀套、活塞和冲锤均处于上止点，流体通过上喷嘴进入轴向冲击部分后，形成高速射流冲击活塞上壁面，由于零件均处于上止点，上腔空间狭小，射流在很短的射程内便与活塞发生碰撞，在上腔室较大的范围内形成涡流，从压力云图中可以看到明显的射流冲击壁面导致的压力降低区域。同时由于阀套与活塞之间的流道较小，上腔室流体形成了强烈的水击作用，这种水击作用产生强烈的推力并使上腔室压力激增，从压力云图中能够明显看出上腔室压力远高于下腔室，压力差推动活塞和冲锤向下运动。

压力/Pa

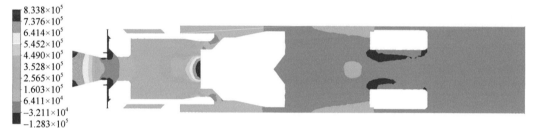

图 6-28　冲程阶段轴向冲击部分流场压力云图

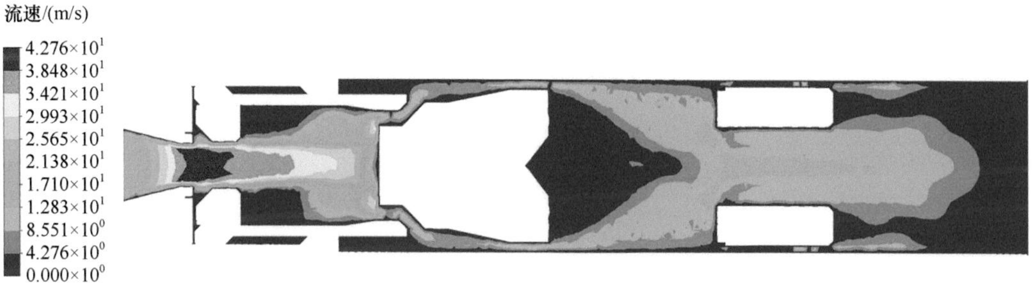

流速/(m/s)

图 6-29　冲程阶段轴向冲击部分流场流速云图

速度矢量/(m/s)

图 6-30　冲程阶段轴向冲击部分流线示意图

同样地，我们对活塞和冲锤两个区域的流场状态做具体分析。

活塞部分流场状态如图 6-31 所示，可以看出由于阀套关闭流道，流场分为两层，外层为下腔室流场，中心圆形流场为活塞内部流场。从上喷嘴喷出的高速流体进入活塞内部，流体从阀套与活塞之间的狭窄流道流入下腔室，这条流动迹线能够在流线矢量图 6-32 中观察到，四条流线表示从活塞中心流向阀套与活塞之间的空隙及下腔室，由于阀套和流场之间的流道处于关闭状态，外环的流动迹线较为稀疏，说明流体量较少。

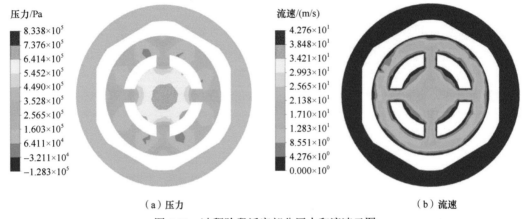

（a）压力　　　　　　　　　　　　　　　　　　　（b）流速

图 6-31　冲程阶段活塞部分压力和流速云图

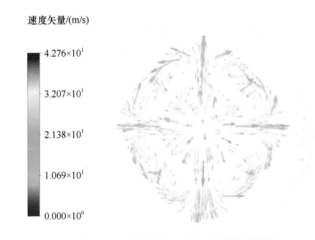

图 6-32　冲程阶段活塞部分流线矢量图

冲程阶段冲锤部分流场压力和流速云图如图 6-33 所示，外环表示下腔室流体，内环表示冲锤内部流场。从图 6-33 中可以看出下腔流场压力高于冲锤内部流场压力，这主要是流体通过冲锤过流孔截面后高速流入冲锤内部导致的，由伯努利定理可知，流速增加，压力降低，从速度云图可以看出明显的高速流体流入内环流场。这四股高速流体进入冲锤内部后相互碰撞，主要向工具下部流动，一小部分流体碰撞回流，在工具后方形成的回流由于瞬时流量较小可以忽略不计。冲程阶段冲锤部分流线矢量图如图 6-34 所示。

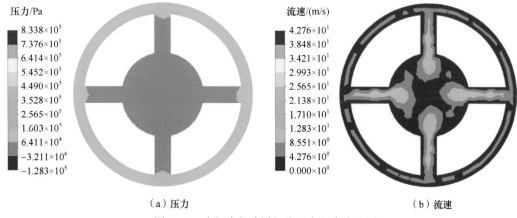

（a）压力　　　　　　　　　　　（b）流速

图 6-33　冲程阶段冲锤部分压力和流速云图

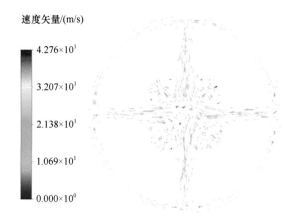

图 6-34　冲程阶段冲锤部分流线矢量图

6.3.4　惯性冲击阶段

当冲程阶段结束后，流道恢复畅通，活塞冲锤在惯性作用下继续下行，冲击砧子，完成一次循环。

惯性冲击阶段流场状态如图 6-35～图 6-37 所示，随着活塞、冲锤和阀套下行，上腔空间增加，上喷嘴产生的射流随着距离增加逐渐发散，外围射流撞击活塞上壁面反馈形成涡流，中心部分受活塞喉管结构影响收束到工具中心轴线附近，并在撞击活塞下壁

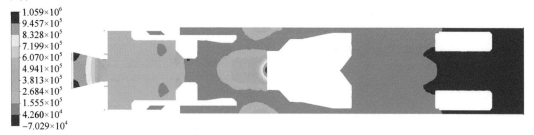

图 6-35　惯性冲击阶段轴向冲击部分流场压力云图

面后发散，通过活塞分流孔流向轴向冲击部分下腔室，流体撞击壁面导致液流流速急剧降低，在活塞下壁面前方形成一段高压区域，活塞下壁面受液流冲击力和压力差双重作用导致活塞和冲锤向下运动，结合冲程阶段的水击能量产生的运动惯性冲锤做冲击运动。

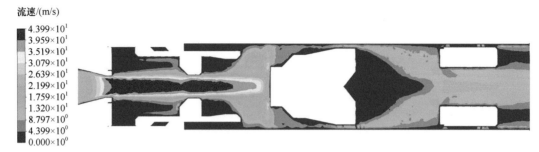

图 6-36　惯性冲击阶段轴向冲击部分流场流速云图

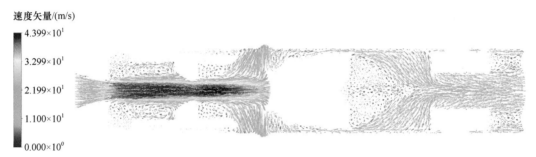

图 6-37　惯性冲击阶段轴向冲击部分流线示意图

惯性冲击阶段的活塞部分流场与回程阶段流场状态几乎一致，如图 6-38 所示，高速射流从活塞中心通过分流孔流入下腔室。中心高速流体撞击活塞下壁面导致流速降低，在通过过流孔狭窄流道时流速略有增加，使得下腔压力低于中心压力。流道打开，使得活塞分流孔的流量增加，流体在流过分流孔后撞击工具内壁产生涡流，这个运动阶段的涡流较回程阶段的涡流更为明显，从压力云图中可以看出在两股涡流交汇的部分压力更高，而涡流的中心压力则较低，这主要是涡流内外流速不同导致的。惯性阶段冲锤部分流线云图如图 6-39 所示。

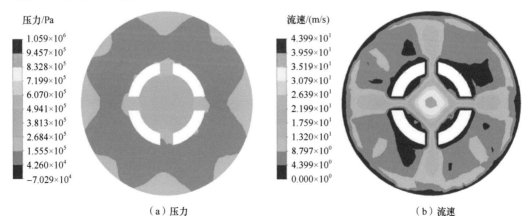

（a）压力　　　　　　　　　　　　　　　　　（b）流速

图 6-38　惯性冲击阶段活塞部分压力云图和流速云图

206

速度矢量/(m/s)

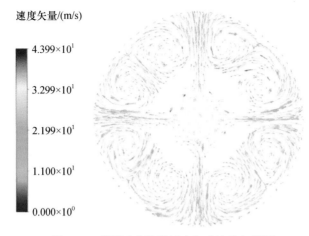

图 6-39 惯性冲击阶段活塞部分流线矢量图

惯性冲击阶段的冲锤部分流场状态与回程阶段几乎一致，如图 6-40、图 6-41 所示，此处不再赘述。

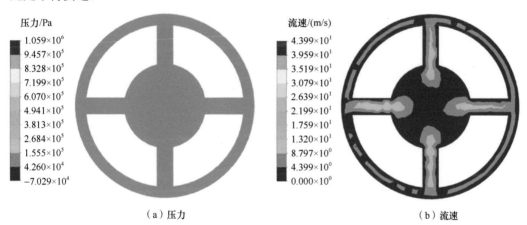

（a）压力   （b）流速

图 6-40 惯性冲击阶段冲锤部分压力云图和流速云图

速度矢量/(m/s)

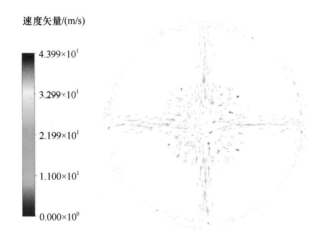

图 6-41 惯性冲击阶段冲锤部分流线矢量图

6.4 工具结构优化

通过上述分析，我们发现射吸式冲击器的几处不足之处：首先，最为重要的问题是在该结构下上喷嘴产生的射流卷吸压力不足以推动活塞和冲锤回程，这要求我们改善上喷嘴结构及与之配合的活塞喉管尺寸。其次，需要改善液流冲击活塞下壁面造成的较高能量损失及对压力变化的不良影响。最后，调整阀套和活塞之间的尺寸距离，应当使冲程阶段能够完整地关闭流道，从而使水击产生足够的动力推动冲锤冲击。

6.4.1 喷嘴尺寸优化

在之前的叙述中，提到了回程阶段压力差不足的问题，这个问题主要是上喷嘴尺寸不合适导致的。为了使工具正常工作，对轴向冲击部分的结构进行优化。

为了使回程阶段的压力差足够推动冲锤和活塞上升，至少要使喷嘴产生的射流产生足够的射流卷吸力，并使得工具上腔压力下降到足够小的值，这就要求喷嘴尺寸要足够小。

对优化后的轴向冲击部分进行模拟分析，此处采用原理模型开展研究。在对照组中分别设置了 4 个直径的上喷嘴，分别为 22mm、24mm、26mm、28mm，对比分析不同直径对上腔压力变化的影响，得到的压力云图如图 6-42 所示。

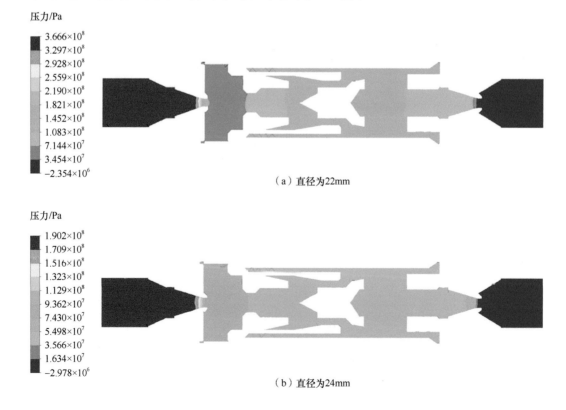

（a）直径为22mm

（b）直径为24mm

压力/Pa

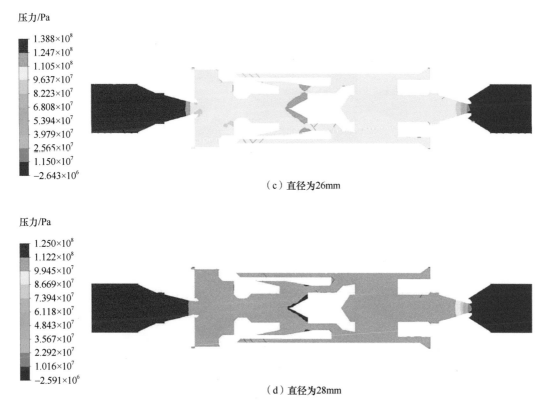

（c）直径为26mm

（d）直径为28mm

图6-42 优化后轴向冲击部分不同喷嘴直径压力云图

从图6-42 中可以看出，当其他条件不变时，在回程阶段，随着上喷嘴直径增加，喷嘴产生的射流流速降低，且向四周发散，对应在上腔室产生的压力逐渐升高，同时也带动下腔室压力上升。值得注意的是，当喷嘴直径增加时，上下腔室的压力差逐渐减小，最后趋于相等，从图6-42 中可以看出，仅当上喷嘴直径小于24mm 时，喷嘴产生的射流才足以在上腔室形成较低的压力场，并使下腔室压力高于上腔室压力，完成回程阶段。实际上，由于冲锤截面积较大，仅需很小的压差即能推动冲锤回程，详细内容请见6.3.2 节。

从图6-43 中也可以看出，当喷嘴直径较小时，由于产生的射流束较为集中，射流在上腔室撞击活塞上壁面的量较少，这也使得整束射流较为完整地通过上腔室，而没有因为撞击活塞壁面导致流速降低，压力升高。

流速/(m/s)

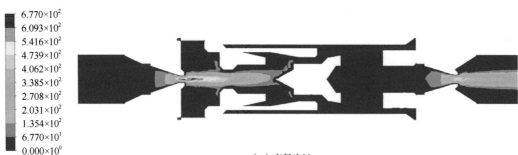

（a）直径为22mm

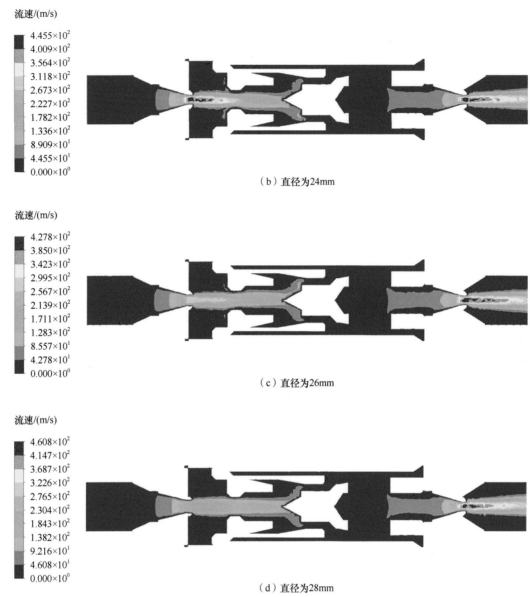

（b）直径为24mm

（c）直径为26mm

（d）直径为28mm

图 6-43　优化后轴向冲击部分不同喷嘴直径流速云图

对喷嘴直径为 22mm 的情况开展分析，从图 6-44 中可以看出轴向冲击部分的主体流体域可以分为四个部分：第一个部分为上喷嘴喷射流体产生的低压力场区域，该区域位于工具的上腔室；第二个部分为流体流过活塞喉管后在活塞内部形成的相对低压区；第三个部分为流体流过活塞分流孔后在下腔形成的相对高压区；第四个部分为流体流过冲锤分流孔后形成的相对高压区。由于第一部分上腔室的压力低于第二和第三部分的流场压力，在压差作用下阀套、活塞和冲锤能够向上运动，完成回程。

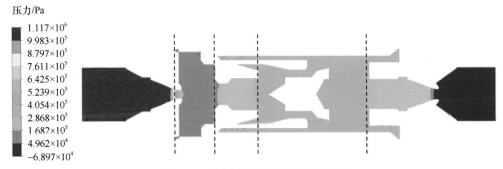

图 6-44　轴向冲击部分四段流场结构

6.4.2　活塞下壁面和冲锤外壁面流线型结构改进

在原始结构中，活塞下壁面为圆形平面结构，这使得射流冲击活塞壁面时流速急剧降低，造成了较大的能量损失，并使得流过过流孔的液流相互碰撞产生大量涡流，从而增大了压耗。优化结构后将活塞下壁面平面改为锥形面，使得冲击在活塞下壁面上的流体流动更为平滑，顺畅地流过活塞过流孔，减小能量损失和涡流反馈。

从图 6-45 和图 6-46 中可以看出，当喷嘴直径较小时，射流撞击在锥形活塞下壁面上几乎不发生碰撞反馈，而是直接沿锥形壁面流入下腔室；而当喷嘴直径较大时，射流流速相对较低，一部分液流撞击活塞下壁面形成涡流反馈，增大了能量的损耗，同时也使得活塞内部的压力升高。

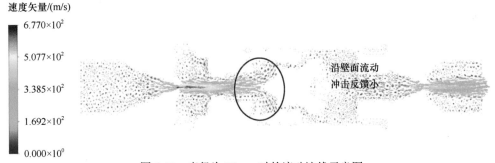

图 6-45　直径为 22mm 时的流动迹线示意图

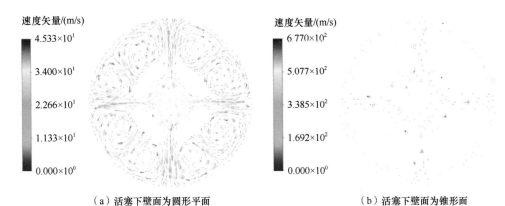

（a）活塞下壁面为圆形平面　　　　　　　（b）活塞下壁面为锥形面

图 6-46　直径为 22mm 时活塞处截面流动迹线对比图

图 6-47 为轴向冲击部分结构优化前后活塞部分流场的流动迹线示意图，图 6-47（a）为原始结构流动迹线图，图 6-47（b）为结构优化后的流动迹线示意图。从图 6-47 中可以看出，结构优化后活塞部分流场相对原始结构更加稳定，中心部分流体通过锥形面向四周扩散，这使得流体沿着活塞和冲锤壁面平滑地流入下腔室，冲击产生的涡流较小，能量损失较低。

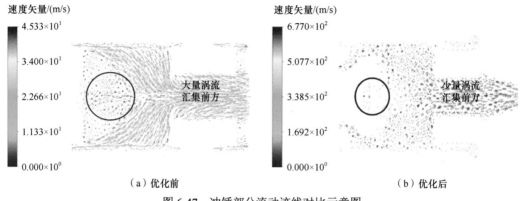

（a）优化前　　　　　　　　　　　　　　（b）优化后

图 6-47　冲锤部分流动迹线对比示意图

这种流线结构设计同样使用在冲锤外壁面上，由于流体的附壁效应，流体更趋于靠近固体壁面流动，这种流线型的结构设计使得流体沿着冲锤壁面运动，并在冲锤过流孔前端流入汇集到冲锤内部，而不是像原始结构那样汇集在冲锤后部。这种设计的优点在于能够减小流体碰撞产生的回流，从而减小能量损失。

6.4.3　阀套与活塞相对距离优化

在原始结构中，当阀套和活塞均处于上止点时，即冲程阶段，为阀套和活塞之间设计了一小段间隔距离，这使得冲程阶段产生的水击压力不会对工具内部零件及上部钻柱系统造成直接损伤，在此处我们优化了这段距离，使得流场的流动更为顺畅，并能产生足够的水击压力。一般情况下，冲程阶段的水击压力都能够满足冲击所需要的能量，而工具回程阶段则对内部的压力分布要求较高，因此，我们以喷嘴直径为 22mm 的工具为研究对象，观察回程阶段阀套与冲锤壁面之间的距离对内部流场的影响。

将阀套与冲锤壁面之间的距离分别设置为 12mm、14mm、16mm 和 18mm，其他条件不变，开展流场模拟分析，得到的中心截面处流场压力状态如下。

从图 6-48 中可以看出，当阀套与冲锤壁面之间的距离增加时，第二、三、四部分的流场压力逐渐趋于相等，即整个下腔室的压力逐渐趋于平衡。而第一部分上腔室的压力也有所升高，但整个轴向冲击部分仍能保持足够的压力差，使阀套和活塞、冲锤组件能够向上运动完成回程。值得注意的是，随着阀套与冲锤壁面之间的距离增加，入口处的压力值有所上升，说明工具压耗增大。

综上所述：

（1）多维复合冲击器的轴向冲击部分主要有三个运动阶段，即回程、冲程和惯性冲击阶段。其中回程阶段对流场压力状态的要求较高，为了保证工具能正常工作需通过结

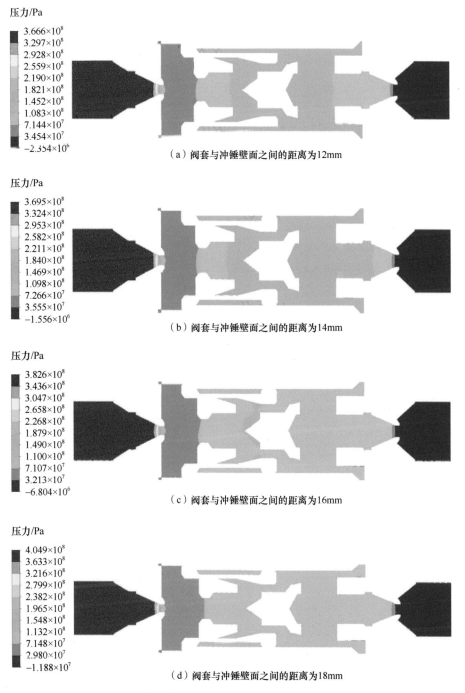

压力/Pa

3.666×10⁸
3.297×10⁸
2.928×10⁸
2.559×10⁸
2.190×10⁸
1.821×10⁸
1.452×10⁸
1.083×10⁸
7.144×10⁷
3.454×10⁷
-2.354×10⁶

（a）阀套与冲锤壁面之间的距离为12mm

压力/Pa

3.695×10⁸
3.324×10⁸
2.953×10⁸
2.582×10⁸
2.211×10⁸
1.840×10⁸
1.469×10⁸
1.098×10⁸
7.266×10⁷
3.555×10⁷
-1.556×10⁶

（b）阀套与冲锤壁面之间的距离为14mm

压力/Pa

3.826×10⁸
3.436×10⁸
3.047×10⁸
2.658×10⁸
2.268×10⁸
1.879×10⁸
1.490×10⁸
1.100×10⁸
7.107×10⁷
3.213×10⁷
-6.804×10⁶

（c）阀套与冲锤壁面之间的距离为16mm

压力/Pa

4.049×10⁸
3.633×10⁸
3.216×10⁸
2.799×10⁸
2.382×10⁸
1.965×10⁸
1.548×10⁸
1.132×10⁸
7.148×10⁷
2.980×10⁷
-1.188×10⁷

（d）阀套与冲锤壁面之间的距离为18mm

图 6-48　回程阶段阀套与冲锤壁面不同距离下的流场状态

构优化保证工具轴向冲击部分回程阶段能够正常进行。

（2）设置 22mm、24mm、26mm、28mm 四个直径的喷嘴开展模拟分析，结果表明优化喷嘴尺寸能有效降低轴向冲击部分上腔室压力，从而使工具顺利回程。工具的轴向冲击部分压耗受喷嘴直径的影响较为明显，通过更换喷嘴调整工具压耗是简单且高效的方法，喷嘴直径越大，压耗越小，但应使轴向冲击部分能够完成回程。

（3）利用流体附壁效应，活塞和冲锤流线型壁面有利于减小能量损耗，从而降低压耗。

（4）阀套与活塞间距对轴向冲击部分上下腔压力差影响不大，但增大间距会使压耗升高，即推荐采用紧凑结构以减小压耗。

6.5 射吸式冲击器室内试验

6.5.1 直径为 100mm 原理样机

原理样机直径为 100mm，适用于 6in 井眼，射吸式冲击器全长 470mm，中心最小节流面积取决于上下两个接头的喷嘴，喷嘴尺寸系列为 6mm、7mm、8mm、9mm、10mm、11mm、12mm。安装的时候，上接头的喷嘴尺寸小于等于下接头的喷嘴尺寸。在室内对原理样机进行安装调试，并进行小排量、高泵压测试。

根据前面射吸式冲击器原理模型的三维零件，绘制工具零件的工程图，如图 6-49 所示，联系加工厂家对工具零件进行加工。工具原理样机一般需要先后加工两个。原理样机的加工材料主要是 45# 钢。第一个原理样机用于测试射吸式冲击器的功能。当第一个原理样机能够实现射吸式冲击器的功能时，对其进行改进完善后，加工第二个原理样机，主要用于测试原理样机工作的稳定性。

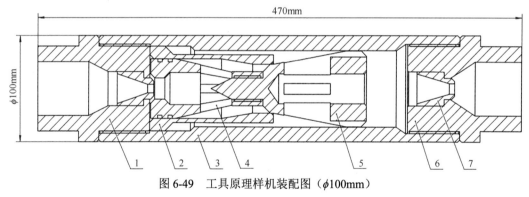

图 6-49　工具原理样机装配图（φ100mm）

1-上接头（1 个）；2-活动阀（1 个）；3-外壳短接（1 个）；4-射流活塞（1 个）；5-冲锤（1 个）；6-下接头（1 个）；7-喷嘴（2 个）

1）试验目的

本次试验是为了检验射吸式冲击器的原理设计是否正确，即在不考虑冲击器工作稳定性、安全性及结构完整性的前提下，验证和分析射吸式冲击器的工作机制。

2）试验条件

在东北石油大学高效钻井破岩技术研究室内进行室内试验，试验条件包括小排量、低压/高压泵、高压管线、高压接头、压力表、高压和试验台架等，其中高压泵为柱塞泵，额定泵压 20MPa。试验装置具体连接如图 6-50 所示。

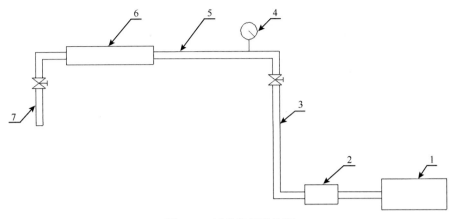

图 6-50　试验装置连接图

1-水箱；2-高压泵；3-高压管线 1；4-压力表；5-高压管线 2；6-试验台架及工具样机；7-高压管线

3）试验流程

在原理样机组装前，先将零件上的毛刺及杂物清理干净；根据图纸将加工好的工具模型零件组装在一起；将工具模型安装在试验平台上，连接管线；调试好高压泵和变频器，根据试验程序进行室内试验。原理样机具体连接如图 6-51 所示。

图 6-51　原理样机安装及测试（ϕ100mm）

根据现有喷嘴尺寸，逐一测试不同喷嘴组合下原理样机的工作情况。测试的喷嘴组合如表 6-2 所示。

表 6-2　喷嘴组合及工作情况　　　　　　　　　（单位：mm）

序号	上喷嘴尺寸	下喷嘴尺寸	工作情况
1	6	8	不工作
2	7	9	不工作
4	8	10	工作
5	9	11	工作
6	10	12	不工作

室内试验表明：工具在 2L/s 的排量下即可开始稳定工作，随着排量的增大，工具的压耗、工作频率、冲击力逐渐增大。8～10mm、9～11mm 的喷嘴组合能够正常工作，其中 8～10mm 的喷嘴组合工作最为稳定。

射吸式冲击器原理样机设计极为简单，没有对零件的中心度、光滑度等指标有过高的要求，这很可能是 9～11mm 的喷嘴组合工作不稳定，其他喷嘴组合不工作的一个重要原因。

从原理样机的角度来看，此次室内试验还是成功的。这为技术团队进行下一步研究奠定了一个良好的开端。

6.5.2 直径为 178mm 原理样机

此试验原理样机的直径为 178mm，适用于 8.5in 井眼，工具全长 780mm，中心最小节流面积取决于上下两个接头的喷嘴，喷嘴尺寸系列为 16mm、17mm、18mm、19mm、20mm、21mm、22mm、23mm、24mm。安装的时候，上接头的喷嘴尺寸小于等于下接头的喷嘴尺寸。在室内对原理样机进行安装调试，并进行大排量高泵压测试。

根据直径为 100mm 射吸式冲击器原理样机的实践经验，绘制直径为 178mm 射吸式冲击器原理样机零件的工程图，联系加工厂家对工具零件进行加工。此次设计的原理样机共有两个类型：其一是与直径为 100mm 射吸式冲击器原理样机相同的结构，其二是芯阀设计结构，如图 6-52、图 6-53 所示。原理样机的加工材料主要是 45# 钢。第一个原理样机用于测试工具的功能，检验原理样机结构尺寸由 100mm 到 178mm 过程中，射吸式冲击器原理工作是否稳定。第二个原理样机的结构设计是芯阀设计，它的设计原理和第一个无差别，但流体流动性要好些。

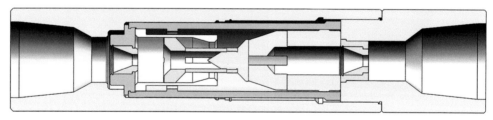

图 6-52　经典型原理样机三维剖面图

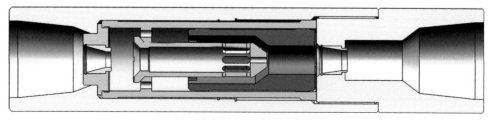

图 6-53　芯阀型原理样机三维剖面图

本次试验的目的是检验经典型原理样机的原理设计稳定性，也是为了验证芯阀型原理样机是否可行。

该试验高压泵额定泵压为 6MPa，额定排量为 3000L/min。

原理样机具体连接如图 6-54 所示。

图 6-54　原理样机安装及测试（ϕ178mm）

根据现有喷嘴尺寸的情况，逐一测试不同喷嘴组合下原理样机的工作情况。测试的喷嘴组合如表 6-3 所示。

表 6-3　经典型原理样机喷嘴组合及工作情况　　　　　　　　（单位：mm）

序号	上喷嘴尺寸	下喷嘴尺寸	工作情况
1	16	18	不工作
2	17	19	不工作
4	18	20	工作
5	19	21	不工作
6	20	22	不工作

室内试验表明：大部分喷嘴组合的情况下，工具原理样机是不工作的。其中经典型原理样机在 18～20mm 喷嘴组合下能够正常工作，随着排量的增大，工具的压耗、工作频率、冲击力逐渐增大。芯阀型原理样机在所有喷嘴组合的情况下，都不能正常工作，这说明芯阀型原理样机存在问题，要么是设计上存在缺陷，要么是原理上存在缺陷。

此次射吸式冲击器原理样机设计时，没有对零件的中心度、光滑度等指标有过高的要求，只是想验证不同型号的工具的原理稳定性。从原理样机的角度上，此次室内试验还是成功的。这为技术团队进行下一步研究奠定了一个坚实的基础。

6.5.3　直径为 127mm 工具样机试验

在直径为 100mm 射吸式冲击器样机和直径为 178mm 射吸式冲击器样机室内试验的基础上，技术团队开展直径为 127mm 射吸式冲击器样机的设计并开展相关的室内试验。直径为 127mm 射吸式冲击器样机按照井下工作环境进行设计。需要综合考虑冲击器井下工作稳定性、安全性及结构完整性等一系列问题。工具样机设计的装配图如图 6-55、

图 6-56 所示。

工具零件的加工件如图 6-57 所示。

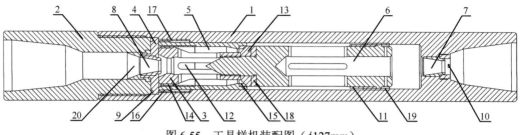

图 6-55　工具样机装配图（ϕ127mm）

1-外壳短接；2-上接头；3-活塞；4-上喷嘴座；5-阀套；6-冲锤；7-喷嘴-12；8-喷嘴-10；9-黄铜-垫片；10-下喷嘴-锁环；11-合金环-冲锤；12-合金环-阀套-1；13-合金环-活塞；14-合金环- 活塞-1；15-合金环-阀套-2；16-合金环-阀套-3；17-合金环-外壳-2；18-橡胶圈-活塞；19-合金环-外壳短接-1；20-上喷嘴罩

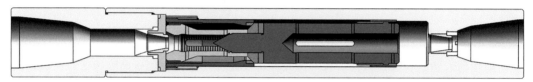

图 6-56　工具样机三维结构剖面图（ϕ127mm）

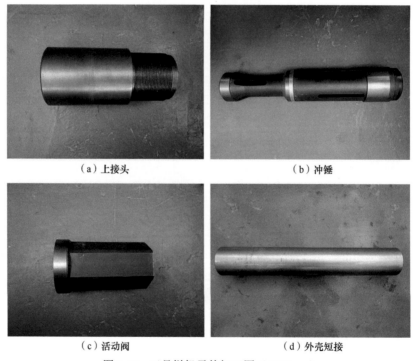

（a）上接头　　　　　　　　　　（b）冲锤

（c）活动阀　　　　　　　　　　（d）外壳短接

图 6-57　工具样机零件加工图（ϕ127mm）

1.试验前准备

试验前，检查工具样机零件，安装工具样机零件，另外，发现了一些问题，总结如下：

（1）工具安装前，对内部进行擦拭，安装前喷上一些润滑油，方便拆卸，进行二次试验。

（2）装配检查阀套内孔直径 $\phi75mm$ 处的键槽深度较设计短 5mm，到加工厂加深后问题解决。外圆直径 86mm 位置有渗碳后微变形阀套安装不进去，现场打磨后解决。

（3）装配擦拭过程中一个合金环不小心掉落摔坏，购买后重新安装。涉及合金环薄壁易碎工件要小心装配。

2. 试验计划及结果

试验后，相关零件结果见图 6-58。具体试验结果如下。

（a）活动阀　　　　　　（b）硬质合金环　　　　　　（c）冲锤和射流活塞

图 6-58　工具试验后零件图（$\phi127mm$）

第 1 组试验：进口喷嘴直径 20mm，出口喷嘴直径 22mm，冲锤尖部提高 20mm，压耗 4MPa，最大排量 14～15L/s。工具未工作。

第 2 组试验：进口喷嘴直径 20mm，出口喷嘴不放，冲锤尖部提高 20mm，在排量 18～23L/s 有动作。压耗 4MPa，在排量 22L/s 时，工具工作较好。

第 3 组试验：进口喷嘴直径 22mm，出口喷嘴不放，冲锤尖部提高 20mm，最大压耗 4.5MPa，排量 27L/s，工具未工作。

第 4 组试验：进口喷嘴直径 20mm，出口喷嘴不放，冲锤换尖部正常，去掉铜垫，压耗 4MPa，排量 20～25L/s，工具工作较好。

第 5 组试验：进口喷嘴直径 18mm，出口喷嘴不放，冲锤换尖部正常，去掉铜垫，压耗 2MPa，排量 15L/s，工作正常。压耗 4MPa，排量 22L/s，工作正常，频率较快。拆开后，阀套内合金锥底座被震掉。

第 6 组试验：进口喷嘴直径 18mm，出口喷嘴不放，冲锤尖部提高 20mm，压耗 2MPa，排量 15L/s，工作正常。压耗 4MPa，排量 22L/s，工作正常，频率较第五组快些。拆开后，阀套外合金环损坏。

3. 试验结果分析

（1）试验失败，拆解工具，阀套、活塞、冲锤配合顺滑，无卡顿。对比以前试验和现在试验条件的不同之处，此试验设备最大压耗达到 4.6MPa。

（2）试验成功，试验中阀套黏接不牢，运行一段时间硬质合金环被震掉，应改进设计，防止振荡脱落。试验中排量较小时，下一步尝试加高冲锤尖部，增大进口喷嘴直径，看工具是否正常工作。

（3）通过试验，压耗一定情况下，加高冲锤尖部 20mm，喷嘴 20mm 无动作，喷嘴为 18mm 时动作较之前快、效果佳。安装 22mm 下喷嘴后，工具未工作。下喷嘴最小直径应在 30mm，工具才能工作。

（4）通过试验，压耗一定情况下，加高冲锤尖部 20mm，喷嘴 20mm 时动作缓慢，喷嘴 18mm 时动作较快、效果佳。

（5）阀套外合金环和阀套合金锥阀座在冲击中掉落及损坏，须考虑紧固各位置合金套。

（6）试验中进口上接头与外壳连接位置渗水，需考虑密封。

综上所述，射吸式冲击器用于大泵量施工的钻井工程中，由于受到自身管径的限制，其阀控机构都难以容纳钻井所需泵量，需要采用分流方式解决。但是分流必然导致射吸式冲击器结构复杂，无用能耗增大，而且还会带来一些其他的技术问题。

如果射吸式冲击器未能正常启动工作，可以从以下几方面考虑改进。

（1）适当减小喷嘴内径。减小喷嘴内径可以使射流卷吸作用增强，上腔的压力进一步降低，产生更大的压差，从而可以提起冲锤，使冲击器正常启动工作。

（2）增大液流的入口速度。也就是增大进入冲击器的液流流量，这就要求高压泵（或者泥浆泵）的排量增大，或者将小排量的泵并到一起同时工作。

（3）适当减小节流环内径。减小节流环的内径，可以使下腔的压力有所增大，压差也会有所增大。不过这种方法可能作用不会太大，建议主要考虑以上两个方面。

（4）减小冲锤的质量。压差虽然形成，但是压差太小，不足以提起冲锤，这就需要减小冲锤的质量。但是不建议使用这种方法，它会降低冲击器功率。

射吸式冲击器已经完成室内试验，能够正常启动工作，但仍有许多问题需要解决和优化，如动力学模型的建立问题，以及工作时内部流场情况和一些参数对冲击器性能的影响等。解决以上诸多问题能够提高射吸式冲击器工作的可靠性，发挥其最佳性能，提高工作效率，最终达到提高钻进速度的目的。

第 **7** 章

扭力冲击器研发

7.1 工具的基本情况

7.1.1 工具简介

近年来，超深井的勘探开发比例正逐年增加，其中西部地区新疆的塔里木油田、四川的元坝地区较为典型[90,91]。PDC 钻头是超深井硬地层主要的破岩工具，其破岩进尺占我国钻井完成总进尺的 80% 以上。由于 PDC 钻头破岩时产生黏滑振动，引发 PDC 钻头过早失效，大大限制了 PDC 钻头在深井硬地层中的提速效果。

早期研究黏滑振动时，主要用数学方法建立钻头–钻柱系统的运动方程，了解下部钻具的运动规律，揭示钻头黏滑振动的产生条件，通过优化钻井参数来降低甚至消除黏滑振动对钻井的影响。2010 年开始，国内外石油钻探公司主要通过研发扭力冲击器抑制黏滑振动，该工具可产生高频低幅的周向冲击，从而可有效缓解钻头的黏滑振动。

扭力冲击器 TorkBuster 是加拿大 Ulterra 公司研发的一种纯机械的井下辅助 PDC 钻头的提速工具，具有延长钻头寿命和提高机械钻速的特点。

扭力冲击器巧妙地将钻井液的流体能量转换成扭向的、高频的（每分钟 750～1500 次）、均匀稳定的机械冲击能量，并直接传递给 PDC 钻头，这就使钻头不需要等待积蓄足够的扭力能量就可以切削地层，如图 7-1 所示。

图 7-1　扭力冲击工具及钻头产品

PDC 钻头利用岩石的抗剪切应力大大低于抗拉、抗压应力的特点，采用回转切削方式实现钻进，如图 7-2 所示。因此，一般情况下 PDC 钻头具有较牙轮钻头钻速快、效率高的特点。但是，破岩方式决定了 PDC 钻头适用于软到中硬、比较均质的地层，而在硬及研磨性较强，特别是在软硬交错的非均质地层中使用，将导致 PDC 钻头寿命大大缩短或机械钻速过低。

（a）破岩前的PDC钻头   （b）破岩后的PDC钻头

图 7-2　PDC 钻头

研究表明，制约 PDC 钻头在硬及研磨性强或者非均质地层中使用的主要原因是：

（1）钻具轴向振动、扭转振动、横向振动和涡动等引起的组合冲击载荷使 PDC 钻头非线性振动，导致钻头产生黏滑、弹跳及回转，致使切削刃碎裂和切削效率下降。

（2）高接触压力和高研磨性导致 PDC 切削齿与岩石相互作用面上的温度过高，使 PDC 切削齿强度降低，磨损速度加快。

扭力冲击器提供的这种额外的扭向冲击力完全改变了 PDC 钻头的运作方式，就相当于每分钟切削地层 750～1500 次，使钻头和井底始终保持连续性。

扭力冲击器是近十年来出现的新型钻井工具，其主要优点如下：

（1）扭力冲击器能大大消减在硬地层钻进时的"卡–滑"现象，不但能够提高机械钻速，还能延长钻头及下部钻柱组合的寿命。

（2）在元坝地区的应用表明，在 311.2mm 井眼单趟钻平均进尺 164.10m，平均机械钻速为 2.40m/h，机械钻速同比提高了 130.77%。在 215.9mm 井眼的试验中应用效果更好，单趟钻平均进尺 364.93m，平均机械钻速为 3.46m/h。

（3）扭力冲击器+PDC 钻头的钻进方式较牙轮钻头提速效果明显，机械钻速和单只钻头进尺提高 3 倍以上。

经济性分析表明，由于国外公司技术服务成本较高，在 311.2mm 井眼采用 UD513PDC 钻头+扭力冲击器钻井技术与牙轮钻头常规钻井技术的单位成本相当。为了降低成本，扭力冲击器的国产化势在必行。

7.1.2　工具研究基本情况

1. 研究目的

扭力冲击器钻井是未来钻井技术发展的重要方向之一。扭力冲击器的成功研制，会大幅度提高研磨性强、可钻性高的复杂难钻地层的机械钻速，减少钻具组合的疲劳强度，延长钻具使用寿命，大大减少钻机租赁费用、材料及人工成本费用。国产扭力冲击器的制造费用与常规井下钻具制造费用相近，与国外引进工具相比则成本大大降低，从而能整体大幅度降低钻井成本。

扭力冲击器可以解决 PDC 钻头在复杂地层寿命短和机械钻速低的难题，其配合

PDC 钻头的钻井工艺打破了对 PDC 钻头使用的传统认识。该工具的推广应用会拓展 PDC 钻头的应用范围，预计在适合 PDC 钻头钻进的地层使用，将会获得更好的提速效果和经济效益。

针对我国当前深部地层钻井难点和钻井破岩技术的实际情况，研发具有自主知识产权的扭力冲击器，为我国钻井工程、矿山开采工程提速降本提供科学指导和技术支撑，无论是对学术研究，还是现实指导都具有十分重要的意义。

2. 研究内容

（1）扭力冲击器工作原理、结构设计及优化；
（2）扭力冲击器零件材质、扣型等评价研究；
（3）扭力冲击器地面安全性能测试及破坏性试验研究；
（4）扭力冲击器现场应用试验与效果分析；
（5）9.5in 井眼扭力冲击器工具设计与加工；
（6）扭力冲击器配套工艺。

3. 技术要求

（1）扭力冲击器入井纯钻时间达到 120h 以上；
（2）扭力冲击器应用井段平均机械钻速同比提高 30% 以上。

东北石油大学高效钻井破岩技术研究室深入研究了近钻头周向谐振冲击器、扭力冲击器、复合式扭力冲击器等扭力冲击器类提速工具，取得了可喜的进展，并实现了扭力冲击器工具在塔里木油田、华北油田、吉林油田的推广应用 [19-21,92-96]。

7.2　扭力冲击器结构设计及功能分析

扭力冲击器主要零件包括外壳短接、导流器、液动锤外壳、液动锤、启动器、内分流器、卡环、定位卡环、多功能卡环、底撑泄压盘、螺纹压盘、液动锤压盖、变流量喷嘴、传动接头等，具体如图 7-3 所示。

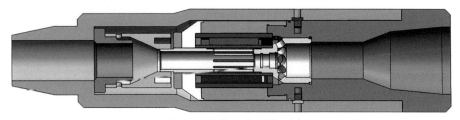

图 7-3　扭力冲击器剖面图

1. 外壳短接

外壳短接是高强度合金加工的封装扭力冲击器各零件的外部短接。在保证扭力冲击器各部活动零件稳定运动的前提下，外壳要承受上部钻铤产生的钻压、旋转扭矩、弯矩及钻井液内外压差，即压、扭、弯载荷为外壳受到的主要外载。外壳短接如图 7-4 所示。

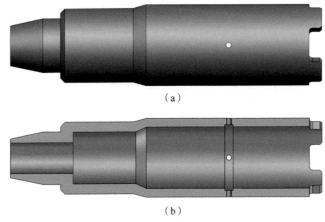

（a）

（b）

图 7-4　外壳短接

外壳短接的尺寸要设计合理，不能太大，也不能太小。尺寸太大，会造成工具与井壁的间距太小，增加钻井液的通过阻力，影响下部钻具组合正常工作。尺寸太小，会造成工具的功率不足或壁厚不够，影响工具井下工作的安全性。

2. 导流器

导流器的主要功能是过滤和分流，如图 7-5 所示。过滤功能是通过 T 形结构与导流器外壁两个结构共同作用完成的，主要特点是使钻井液形成 Z 形变换流动。T 形结构具有引导钻井液流动方向的功能。大尺寸固相颗粒具有运动惯性，难以形成 Z 形流动。分流是指从导流器中流出一部分钻井液，它不含大颗粒固相，这部分钻井液用来启动导向腔（控制室）内的液动锤。

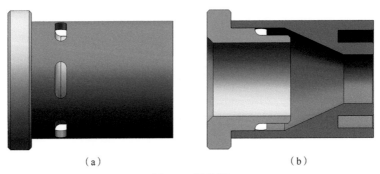

（a）　　　　　　　　　　　　　（b）

图 7-5　导流器

3. 液动锤外壳

液动锤外壳的主要功能为承受扭转冲击力，装配启动器、液动锤和内分流器等零件，同时实现传动扭矩等功能，如图 7-6 所示。扭转冲击力是由液动锤冲击面反复冲击产生的，其冲击力大小受控于液动锤的质量、钻井液流量及冲击面的大小。

液动锤外壳是启动器、液动锤和内分流器等多个零件的载体，是扭力冲击器的核心零件，其运动零件都在其中。传动扭矩是指通过下接头将扭矩传递给传动接头。

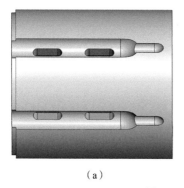

（a）　　　　　　　　　　（b）

图 7-6　液动锤外壳

4. 液动锤

液动锤是扭力冲击器工具的核心运动零件，其主要功能是产生反复运动的扭转冲击，其运动受控于启动器。液动锤主要受液压冲击力作用，如图 7-7 所示。

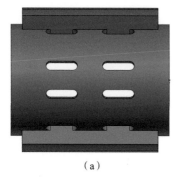
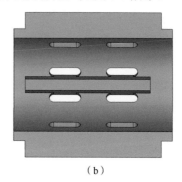

（a）　　　　　　　　　　（b）

图 7-7　液动锤

5. 启动器

启动器是液动锤运动的调节零件，也就是整个工具的换向开关，其运动受控于流体高低压的变换。启动器固定于液动锤外壳、液动锤压盖和内分流器三者之间，是扭力冲击器的核心运动零件，如图 7-8 所示。

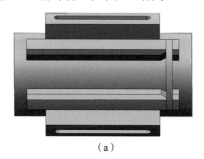
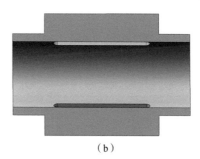

（a）　　　　　　　　　　（b）

图 7-8　启动器

6. 内分流器

内分流器是扭力冲击器的核心零件，该零件不运动，固定在液动锤外壳，起到固定液动锤压盖的作用，如图7-9所示。其功能十分复杂，主要包括以下几种：将液动锤压盖压紧在液动锤外壳上；对启动器进行运动定位；限定定位卡环；安装内过滤网；疏导高压流体；安装变流量喷嘴；安装多功能卡环；连接导流器。

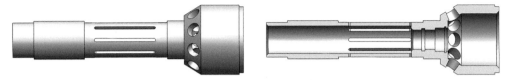

图 7-9   内分流器

内螺旋过滤网上部与导流器的下连接部接触。内螺旋过滤网与内分流器的螺旋网在一起，联合过滤大颗粒固体。另外，内螺旋过滤网还具有压缩性，即导流器的下连接部螺纹旋入越深，其压缩程度越大。

底撑泄压盘结构中包括多个垂向泄流孔和若干个横向泄流孔。其功能主要分为两个：其一是泄流，即将冲击槽中排出的流体引导到冲锤下连接部位；其二是支撑作用，支撑液动锤和启动器。

变流量喷嘴是液动锤的调节零件，其产生一定的压耗，最终尺寸的大小决定了液动锤的频率和扭力大小。

7. 液动锤压盖

液动锤压盖和液动锤在一起，起密封和限位作用，如图7-10所示。

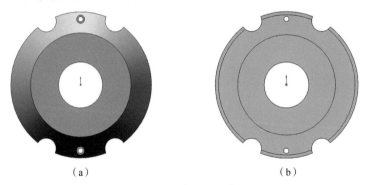

（a）   （b）

图 7-10   液动锤压盖

8. 传动接头

传动接头的功能主要是传递扭转冲击力，其次是传递钻铤的钻压和扭矩，并连接钻头，如图7-11所示。

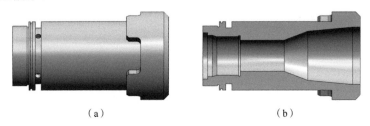

（a）   （b）

图 7-11   传动接头

226

针对 PDC 钻头破岩时产生的黏滑振动现象，分析了国外抑制黏滑振动现象的实用工具，进而设计了深井高效破岩辅助工具——扭力冲击器。

了解扭力冲击器的工具原理是合理设计工具的先决条件。优化分析是扭力冲击器工具安全、长寿命工作的重要保障。

7.3　工具结构的有限元优化分析

7.3.1　工具主要零件安全性分析

利用 3D 机械设计软件对扭力冲击器进行建模和参数化设计；利用有限元软件对建立的模型进行有限元仿真分析。仿真过程分为前处理和主分析计算两部分，即先建立三维模型，实现添加多种类型的载荷、定义材料、定义多种边界、自动生成网格，并保留关键特征，从而得到理想的仿真分析结果。应用有限元软件实现设计仿真一体化，对零件和装配体进行静力分析，包括应力分析、扭曲分析、热分析，生成应力图、位移图、应变图等。根据仿真设计结果，加强不安全区域，提出结构优化设计方案。

启动有限元软件，建立新的算例，并对装配体进行有限元网格划分。由于模型形状复杂，采取实体网格划分作为单元类型；同时为了获得良好的仿真分析精度，应该选择高品质的网格；并且网格化的自动过渡功能处于打开状态，以便在网格划分时，在容易产生较大应力的部位形成较大的网格密度，而其余部位产生相对较小的网格密度。这样不仅可以保证有效仿真分析精度，而且也可以控制计算规模，节约仿真分析时间。

根据井下实际工况，确定模拟实际工作载荷：钻压 100kN、扭矩 20kN·m、工具内液压 76MPa、工具外部压力 66MPa。其余参数：井深 5500m、地温梯度 3.2℃/100m、地表温度 20℃、钻井液密度 $1.2×10^3$kg/m³，数据单位制表如表 7-1 所示。

表 7-1　数据单位制表

单位系统	mmKs
长度/位移	mm
温度	K
压强（应力）	N/mm² （MPa）
力	N

工具主要零件的材料为 42CrMo 合金钢，化学成分如表 7-2 所示。42CrMo 合金钢属于超高强度钢，具有高强度和韧性，淬透性也较好，无明显的回火脆性，调质处理后有较高的疲劳极限和抗多次冲击能力，低温冲击韧性良好。用于制造要求较 35CrMo 钢强度更高和调质截面更大的锻件，如机车牵引用的大齿轮、增压器传动齿轮、压力容器齿轮、后轴、受载荷极大的连杆及弹簧夹，也可用于 2000m 以下石油深井钻杆接头与打捞工具，并且可以用于折弯机的模具等。

表 7-2　42CrMo 的化学成分表

化学元素	含量	化学元素	含量
碳（C）	0.38%～0.45%	硅（Si）	0.17%～0.37%
锰（Mn）	0.50%～0.80%	硫（S）	允许残余含量≤0.035%
磷（P）	允许残余含量≤0.035%	铬（Cr）	0.90%～1.20%
镍（Ni）	允许残余含量≤0.030%	铜（Cu）	允许残余含量≤0.030%
钼（Mo）	0.15%～0.25%		

42CrMo 的抗拉强度 $\sigma_b \geq 1080$MPa、屈服强度 $\sigma_s \geq 930$MPa、伸长率 $\delta_5 \geq 12\%$、断面收缩率 $\psi \geq 45\%$、冲击功 $A_{kv} \geq 63$J、冲击韧性值 $\alpha_{kv} \geq 78$J/cm^2、硬度≤217HB。42CrMo 强度大，淬透性高，韧性好，淬火时变形小，高温时有高的蠕变强度和持久强度。

一些特殊零件使用不锈钢 1Cr18Ni9Ti。1Cr18Ni9Ti 就是普通的不锈钢 SUS321，其组织类别为奥氏体型。不锈钢材料用于制作耐酸容器及设备衬里、抗磁仪表、医疗器械，具有较好的耐晶间腐蚀性。

设计扭力冲击器时不仅要其工作性能满足井下钻进施工的工艺要求，还要有十分稳定的工作寿命和安全性。未经过优化设计的工具，必然存在一些结构上的缺陷与性能上的不足。

为改善扭力冲击器内部零件的工作稳定性和提升其动态响应速度、提高整机单次冲击功和能量利用率，有必要对工具关键零件及其结构进行优化设计。改进设计既以提高关键零件的使用寿命为目标，也要做到流动参数趋于合理，零件材料选择得当，提高加工精度并降低表面粗糙度，提高装配精度并合理调整装配间隙，等等。

应用有限元软件对扭力冲击器的传动接头、外壳短接、液动锤外壳、冲锤、内分流器等主要零件进行有限元应力分析。

1. 外壳短接

在正常旋转钻井过程中，外壳短接要承受拉伸、扭转、弯曲、内外压、轴力等多种载荷，如图 7-12 所示。这些载荷常常同时存在相互耦合。外壳短接的主要失效形式为过量变形、断裂和表面损伤。前两种形式都与螺纹连接部位的弹塑性有关。因此，主要分析外壳短接在压载、扭矩、弯矩、液压载荷及温度载荷作用下的安全性。

图 7-12　外壳短接有限元分析模型

外壳短接的加载条件如表 7-3 所示。

表 7-3　加载条件表（外壳短接）

载荷名称	载荷细节
轴向载荷（钻压）/N	100000
径向弯矩/N	5000
内外压力差/MPa	8
扭矩/(kN·m)	20
井下温度/℃	150

建立静态分析算例，对外壳短接进行网格划分，采取实体网格划分作为单元类型；同时为了获得良好的仿真分析精度，应该选择高品质的网格；并且网格化的自动过渡功能处于打开状态，以便进行网格划分时，在容易产生较大应力的部位形成较大的网格密度，而在其余部位产生相对较小的网格密度，如图 7-13 所示。这样不仅可以有效提高仿真分析精度，也可以控制计算规模，节约仿真分析时间。

图 7-13　网格图

对外壳短接进行静力分析，包括应力分析、扭曲分析、热分析，生成应力图、位移图、应变图等。根据仿真设计结果，加强不安全区域，提出结构优化设计方案。算例结果如表 7-4 所示。

表 7-4　算例计算结果

名称	类型	最小	最大
应力/MPa	Mises 应力	2.01	113.05
位移/mm	合位移	0	0.042
应变	对等应变	0	0.00031

工具所选用的 42CrMo 的屈服点应力为 930MPa，当前工具中载荷最大部位应力为 113.05MPa，安全系数达到 8.23。

由图 7-14～图 7-16 可得，对等应力最集中的地方、应变最大的地方、压应力最集中的位置都在外壳短接与传动接头相邻接的部位。由图 7-15 可得，位移变化较为均匀。

图 7-14　应力分布图（外壳短接）

图 7-15　位移分布图（外壳短接）

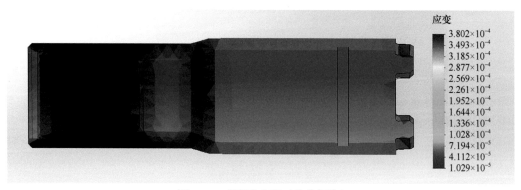

图 7-16　应变分布图（外壳短接）

　　总体而言，壳体所受最大应力为压应力。受力较大的部位，将致壳体明显变形。因此，需要将壳体与传动接头相邻接部位的厚度增大，提高其承载性能，使整体强度和刚度有一定提高，减少在使用过程中的破损率。扭力冲击器外壳短接所受的最大载荷为113.05MPa，工具最大位移为0.042mm，最大应变为0.00031。由此可知，外壳短接当前结构尺寸设计是安全的。

2. 外壳短接与传动接头的组合件

　　外壳短接与传动接头的组合部分为工具的薄弱部位，如图 7-17 所示，即工具在井下工作时，容易发生危险的部分。所以应该对此部分进行相应的应力分析。

建立静态分析算例，对组合件进行网格划分，如图 7-18 所示，采取实体网格划分作为单元类型。

图 7-17　外壳短接与传动接头组合件

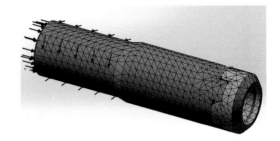

图 7-18　组合件网格划分图

对组合件进行静力分析，包括应力分析、扭曲分析、热分析，生成应力图、位移图、应变图。根据仿真设计结果，改进不安全区域，提出结构优化设计方案。

算例结果如表 7-5 所示。

表 7-5　算例计算结果（组合件）

名称	类型	最小	最大
应力/MPa	Mises 应力	0	161.68
位移/mm	合位移	0	0.04962
应变	对等应变	0	0.00018

从图 7-19～图 7-21 可以看出，应力最集中的地方和应变最大的地方都在相连接的部位，可以看到此处的最大应力为 161.68MPa，材料屈服极限为 930MPa，安全系数为5.75。

由图 7-19～图 7-21 可得，为防止生产事故发生，需要对外壳短接与传动接头的组合件进行优化设计。因此，需要将壳体与转换接头相连接部位的厚度增大，提高其承载性能，使整体强度和刚度有一定提高，减少在使用过程中的变形。连接部位所受的载荷，远小于工具所选用材料的屈服极限，因此不发生应力破坏。从位移分布图来看，最大位移为 0.04962mm，位移变形较小。刚度和承载性能良好，说明当前结构尺寸设计是安全的。

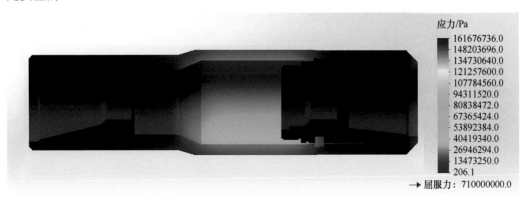

图 7-19　应力分布图（外壳短接与传动接头的组合件）

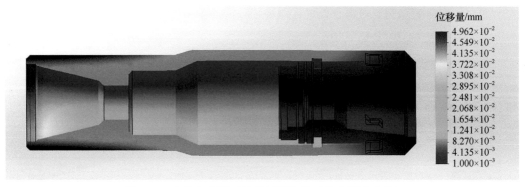

位移量/mm

4.962×10⁻²
4.549×10⁻²
4.135×10⁻²
3.722×10⁻²
3.308×10⁻²
2.895×10⁻²
2.481×10⁻²
2.068×10⁻²
1.654×10⁻²
1.241×10⁻²
8.270×10⁻³
4.135×10⁻³
1.000×10⁻³

图 7-20　位移分布图（外壳短接与传动接头的组合件）

应变

6.940×10⁻⁴
6.362×10⁻⁴
5.784×10⁻⁴
5.205×10⁻⁴
4.627×10⁻⁴
4.048×10⁻⁴
3.470×10⁻⁴
2.892×10⁻⁴
2.313×10⁻⁴
1.735×10⁻⁴
1.157×10⁻⁴
5.784×10⁻⁵
8.849×10⁻¹⁰

图 7-21　应变分布图（外壳短接与传动接头的组合件）

　　本部分运用三维机械设计软件，设计了扭力冲击器零件及装配体的三维模型。工具的外径为 180mm，适用于 9.5in 井眼使用。根据冲击器的设计原则，优化设计了冲击器的材料、结构。对轴压 100kN、内外压差 8MPa、温度 150℃工况条件下的工具静载应力进行有限元分析。从工具载荷位移、应变、应力三个方面分析工具的强度特征及变形特征，分析结果表明：工具主要零件的材料和结构设计是安全的、合理的。

7.3.2　工具内部流道结构分析

1. 内部流动结构整体分析

　　为了分析扭力冲击器工具内部流体在流道中的运动及压力状态，使用有限元软件进行数值模拟计算。如图 7-22 所示，工具为适用于 9.5in 井眼的 180mm 尺寸。工具扣型为双母型，上母为 410（NC46），下母为 430（4.5in REG）。扭力冲击器外观如图 7-22 所示。

图 7-22　扭力冲击器外观图

　　根据扭力冲击器设计的目的及原理，确定了扭力冲击器结构参数及约束条件，分析了液动锤外壳、液动锤、启动器三者之间的关系，通过对这三个零件的运动过程进行分类，进而绘制了扭力冲击器内部流道结构的三维实体图，应用软件进行有限元分析。扭力冲击器内部流道的三维图如图 7-23、图 7-24 所示。

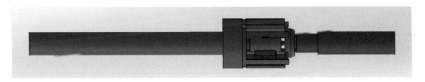

图 7-23　扭力冲击器内部流道图

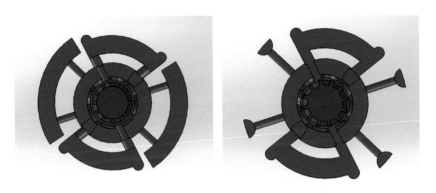

图 7-24　扭力冲击器横截剖面图

　　计算参数：钻井液密度为 $1.0g/cm^3$，泵的排量为 32L/min，入口和出口钻铤的直径为 76mm，泵的压力为 10MPa。

　　如图 7-25、图 7-26 所示，数值计算结果表明：工具入口的压力为 7MPa，出口压力为 4.7MPa，压力消耗为 2.3MPa。这个压力消耗与推导模型计算结果十分接近，也是现场井下能够接受的压力消耗。

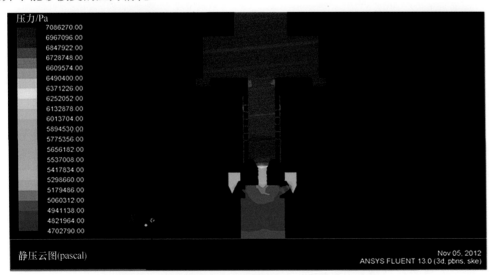

图 7-25　竖直剖面上扭力冲击器内部流道的压力消耗

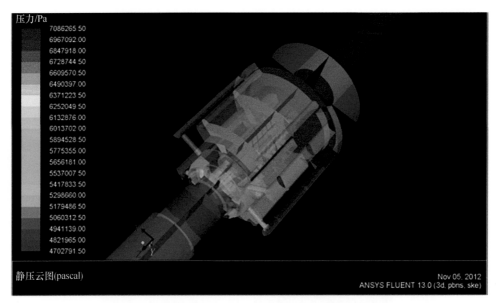

图 7-26　不同横截面上扭力冲击器内部流道的压力消耗

从图 7-27 中可以看到，工具中心内部的钻井液流速是最大的，由内向外流速逐渐减小。其中心最高流速为 44.1m/s，此处钻井液对工具的冲蚀也是最为明显的，也是设计时应该注意的。

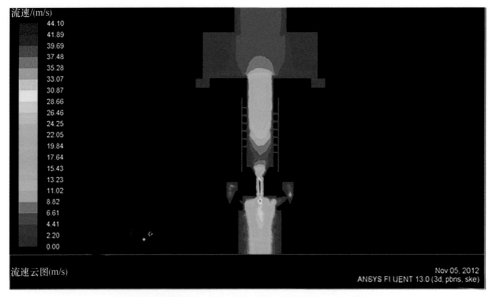

图 7-27　竖直剖面上扭力冲击器内部流道的流体流速

2. 内部流动结构关键部位分析

为了分析扭力冲击器关键部位停摆的流体流动情况，进一步绘制三维图，如图 7-28 所示。

对图 7-28 进行网格划分，如图 7-29 所示。

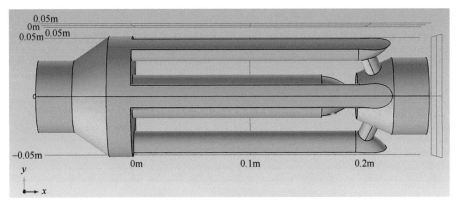

图 7-28　工具停摆时内部流道图

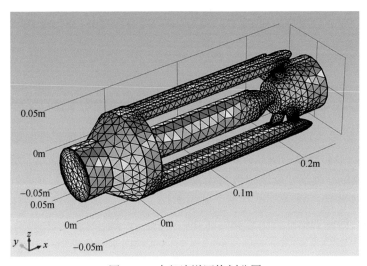

图 7-29　内部流道网格划分图

计算参数：钻井液密度为 1.0g/cm³，泵排量为 32L/min，入口和出口钻铤的直径为 76mm，泵的压力为 10MPa。内部流道纵剖面流速如图 7-30 所示。

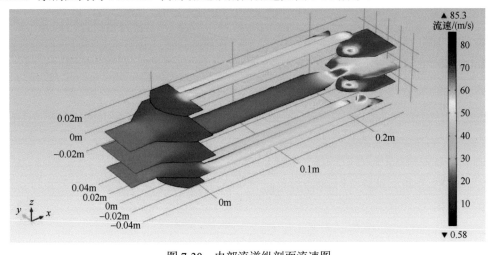

图 7-30　内部流道纵剖面流速图

由图 7-31 可知：当工具停摆时，工具中心射流喷嘴和外部四个小喷嘴的流速最高，可高达 86.3m/s；此时的流速是工具正常工作时的 1.96 倍，冲蚀速度也会呈指数增加，约为正常工作时的 3.83 倍。流线在此部分呈现汇聚状态，这里是工具冲蚀最为严重的地方。

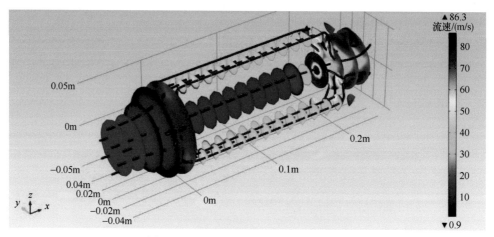

图 7-31　内部流道横剖面流速和流线图

由图 7-32 和图 7-33 可知：当工具停摆时，工具中的液动锤和转向器不工作，造成部分流道遇阻，中心射流喷嘴和外部四个小喷嘴的流速最高，工具处于憋压状态。此时压耗高达 3.95MPa，现场实际测得数据为 4MPa，二者较为接近。在此压耗情况下，工具很容易被钻井液冲蚀，也就是说，当工具停摆后，工具很快就被冲蚀破坏。为了能让工具长时间工作，必须要保证三大件稳定工作。

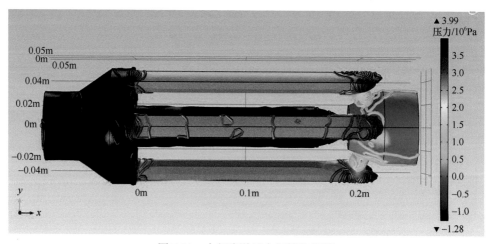

图 7-32　内部流道压力和等值线图

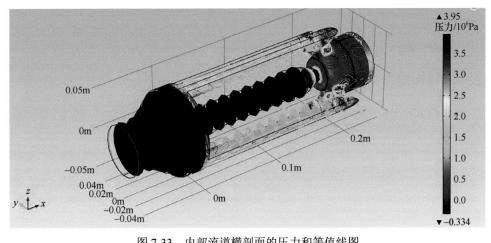

图 7-33　内部流道横剖面的压力和等值线图

7.4　扭力冲击器样机设计加工及试验分析

本节主要内容包括扭力冲击器原理模型加工、室内试验过程，以及不同阶段全尺寸样机的设计、加工、室内试验及现场试验过程。

7.4.1　扭力冲击器原理样机

为了验证扭力冲击器原理样机的工作性能，需要进行相关的室内试验。

1. 试验目的

本次试验是为了检验扭力冲击器的原理设计是否正确。扭力冲击器样机在不再考虑整机工作稳定性、安全性及结构完整性的前提下，只分析液动锤外壳、液动锤、启动器三个关键核心部分的工作机制。

2. 试验条件

室内试验设备主要有水箱、变频器、多级叶片泵、试验平台、起重机、高压管线、压力表、计时器和流量计若干等。

3. 试验流程

在组装前，首先将零件上的毛刺及杂物清理干净，根据图纸将加工好的扭力冲击器原理模型零件组装在一起。多级叶片泵和变频器连接，将扭力冲击器原理模型安装在试验平台上，连接高压管线、压力表、流量计等，根据试验目的进行试验。

试验装置图如图 7-34 所示。

4. 原理样机

根据工具实现的功能，参考国内外资料，设计了扭力冲击器的原理模型，如图 7-35 所示。

扭力冲击器液动锤、启动器和内分流器等主要零件的轴侧图如图7-36～图7-38所示。

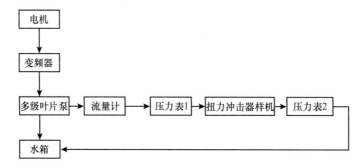

图7-34　试验装置示意图

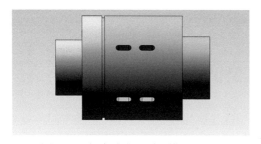

图7-35　扭力冲击器原理模型主视图

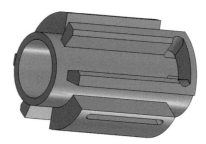

图7-36　启动器（试验阶段）

图7-37　液动锤（试验阶段）

图7-38　内分流器（试验阶段）

扭力冲击器原理模型先后加工了两个，如图7-39所示。图7-39（a）的原理模型加工材料主要是尼龙、45#钢和铝合金。图7-39（b）的原理模型加工材料主要是尼龙、45#钢。图7-39（b）的原理模型为原理确认模型。

（a）

（b）

图7-39　扭力冲击器原理模型图

需要达到的指标如下：通过室内试验对原理模型进行验证，测试扭力冲击器原理模型的技术参数，以便设计全尺寸模型。

7.4.2　扭力冲击器样机 1

扭力冲击器的 2 次原理试验证明了扭力冲击器原理是正确的。由此，进一步对扭力冲击器进行深入研发。根据扭力冲击器原理模型设计全尺寸的扭力冲击器样机。这是进行井上、井下试验的过渡型号。该型号样机的设计具有十分重要的意义。

1. 样机模型

全尺寸的扭力冲击器样机直径为 180mm，适用于 9.5in 井眼，工具长 660mm。中心最小节流面积等效直径为 40mm，如图 7-40 所示。

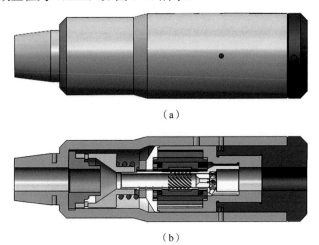

（a）

（b）

图 7-40　扭力冲击器样机 1 主视图和剖面图

这是扭力冲击器设计的第 1 套全尺寸样机，也是向井下试验迈进的重要一步。该扭力冲击器设计的目的是进行室内清水试验和泥浆试验，为确定扭力冲击器内部结构合理的尺寸奠定基础。

此套扭力冲击器的关键零件如下所述。

冲击器外壳和启动器结构设计都采用一体化设计方案，即工具结构都是一体的，如图 7-41、图 7-42 所示。这样设计的优点是，冲击器外壳完整性好、结构缺陷少、抗冲击

图 7-41　冲击器外壳（扭力冲击器样机 1）　　图 7-42　启动器（扭力冲击器样机 1）

239

性强、不易出现应力老化等问题。但这种设计也存在一定的异形结构，给传统的车、铣、刨、磨、钻等冷加工技术带来了一些困难。

内分流器和压盖的结构设计对实现其功能是不存在问题的，如图 7-43、图 7-44 所示。内分流器采用螺旋网结构，有利于钻井液平衡出流。此次设计的内分流器和压盖中，多个结构存在不合理性，降低了工具工作的稳定性和寿命，如压盖设计的壁太厚，且没有定位销等结构。

图 7-43　内分流器（扭力冲击器样机 1）　　　图 7-44　压盖（扭力冲击器样机 1）

2. 室内试验

为了检验样机模型 1 的综合性能，需要进行相关的室内试验。扭力冲击器样机试验图如图 7-45 所示。

图 7-45　直径 180mm 扭力冲击器样机的室内试验图

在扭力冲击器样机上安装了计数器，用于测定其工作时的频率。扭力冲击器样机内部结构图如图 7-46 所示。

图 7-46　直径 180mm 扭力冲击器样机内部结构图

　　在室内进行 3 组试验，其中包括清水的小排量低压室内试验、大排量低压室内试验，以及泥浆的大排量低压室内试验，如表 7-6～表 7-8 所示。经调试，扭力冲击器样机都实现了正常工作。

表 7-6　清水的小排量低压室内试验

项目	实际情况	存在问题
扭力冲击器运行状态	正常运行	扭力冲击器加工的同心度不好，试验时零件有卡死现象，经过调试可正常工作
工作时间/h	2	
工作排量/(L/s)	10～15	
频率/Hz	600 左右	

表 7-7　清水的大排量低压室内试验

项目	实际情况	存在问题
扭力冲击器运行状态	正常运行	扭力冲击器加工的同心度不好，试验时零件有卡死现象，经过调试可正常工作
工作时间/h	2	
工作排量/(L/s)	25～35	
频率/Hz	600～1000	

表 7-8　泥浆的大排量低压室内试验

项目	实际情况	存在问题
扭力冲击器运行状态	经调试后正常运行	扭力冲击器零件的间隙设计存在问题，钻井液固相颗粒进入会造成工具卡死现象频繁
泥浆密度/(g/cm³)	1.44	
工作时间/h	2	
工作排量/(L/s)	10～15	
频率/Hz	600～800	

　　试验结果表明，扭力冲击器的频率受控于泵的排量、泵压和工具内部流道的尺寸。工具的冲击力取决于工具冲锤的质量和泵的压力。

3. 工具轴载破坏性试验

　　外壳短接是整套工具中受力最为复杂及所处环境最为恶劣的零件。为了检验工具外壳短接的强度，进行轴载破坏性试验。外壳短接使用材料为 42CrMo 合金钢，壁厚合计为 20mm。

　　试验过程包括：

（1）工具样机组装，将工具外表面擦拭干净；

（2）给轴压机送电，并打开轴压相关控制系统；

（3）将工具安装在轴压机底座的中心标点部位；

（4）打开轴压机液压站，上压座缓缓向下移动；

（5）上压座接触工具上端面，并逐渐压缩工具，观察工具外表面情况；

（6）当达到设计载荷时，停机，上移上压座。

（7）卸下工具，检查工具内外结构。

具体的试验设备和试验过程如图 7-47 所示。

（a）试验设备加载过程　　　（b）试验设备卸载过程

图 7-47　试验设备和试验过程

试验设备的加载曲线如图 7-48～图 7-50 所示。

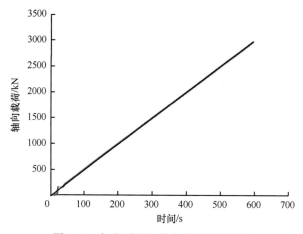

图 7-48　加载时间与轴向载荷的关系图

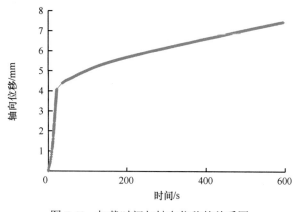

图 7-49　加载时间与轴向位移的关系图

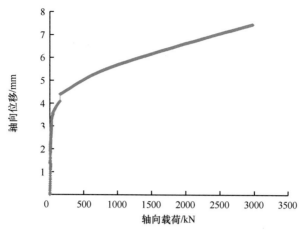

图 7-50　轴向载荷与轴向位移的关系图

试验结果表明：扭力冲击器样机外壳短接在 300kN 的轴向载荷范围内轴向位移变化比较大，达到 4.5mm，在 300～3200kN 的轴向载荷范围位移变化不大，轴向位移最大值为 7.3mm。此时外壳短接没有发生明显变形，如鼓肚、破裂、扭曲等现象。打开扭力冲击器，检查扭力冲击器内部零件，发现扭力冲击器内部其他零件没有发生挤压变形等现象。这说明扭力冲击器外壳短接设计厚度和内部零件位置设计是合理的。

7.4.3　扭力冲击器样机 2

在扭力冲击器样机 1 的基础上，对扭力冲击器零件结构进行优化设计。这是扭力冲击器设计的第 2 套全尺寸样机。设计该样机的目的是进行井上冲蚀试验，通过试验检测工具尺寸搭配是否合理，并了解 42CrMo 的冲击性和抗冲蚀性。

1. 样机模型

全尺寸的扭力冲击器样机直径为 180mm，适用于 9.5in 井眼，工具长 660mm。中心最小节流面积等效直径为 40mm，如图 7-51 所示。

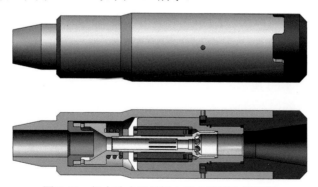

图 7-51　扭力冲击器样机 2 的主视图和剖视图

在这次设计中，依然沿用了扭力冲击器的一体化设计方案，即液动锤外壳和启动器结构设计都采用一体化设计方案，主要是考虑扭力冲击器结构的完整性，希望通过更换加工条件来解决设计上的难点。

另外，优化设计了液动锤的流道及角度大小；内分流器结构设计在实现功能的前提下，增加管壁的厚度，但其中有些结构的设计降低了扭力冲击器的工作寿命。这样的设计是否存在强度上的问题，有待进一步试验研究。

扭力冲击器样机 2 模型的加工图如图 7-52 所示。

为了在进行井上冲蚀试验之前将工具性能参数调整到最优，必须进行必要的室内试验，如图 7-53 所示。

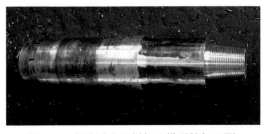 

图 7-52　扭力冲击器样机 2 模型的加工图　　　图 7-53　扭力冲击器样机 2 的室内试验图

在室内进行 1 组试验。扭力冲击器样机安装好后，未经额外调试，一次试验即通过，工具正常工作。样机工作性能及存在问题如表 7-9 所示。

表 7-9　清水的大排量低压室内试验（扭力冲击器样机 2）

项目	实际情况	存在问题
扭力冲击器运行状态	正常运行	扭力冲击器零件加工间隙小，但不影响正常工作
工作时间/h	2	
工作排量/(L/s)	25～35	
频率/Hz	600～1000	

2. 现场试验

现场实际钻井条件下的大排量高压试验是检验设备工作性能的重要指标。现场冲蚀试验条件：泵压 16MPa，排量 32L/min，钻井液密度 1.54g/cm³，冲蚀时间 5h，具体试验如图 7-54 和图 7-55 所示。

试验完成后，为了解工具内部零件的冲蚀情况，在室内打开工具。工具各零件的冲蚀情况如图 7-56～图 7-60 所示。

分析试验结果得到如下结论。

（1）扭力冲击器正常工作时，液动锤冲击力较大，扭力冲击器内部零件磨损不大。钻井液工作环境比较恶劣，扭力冲击器工作 4h 后出现了停止工作的情况，立管压力陡然增大，扭力冲击器内部零件冲蚀磨损较大，由此可知，当前扭力冲击器设计与现场工况还有很大的差距。

（2）扭力冲击器扣型加工及标准没有问题，连接后未发生粘扣、断口等现象；扭力冲击器外壳短接最大承受轴向拉力近 40t，这证明扭力冲击器外壳短接与传动接头连接卡环设计达到技术要求；扭力冲击器正常工作，证明原理没有问题。

图 7-54　上扣安装（扭力冲击器样机 2）　　图 7-55　冲蚀试验（扭力冲击器样机 2）

（a）压盖主视图　　　　　　　　　（b）压盖左视图

图 7-56　压盖冲蚀情况

（a）锤外壳主视图1　　　　　　　（b）锤外壳主视图2

图 7-57　液动锤外壳冲蚀情况

（a）液动锤主视图 （b）液动锤俯视图

图 7-58 液动锤冲蚀情况

（a）启动器主视图1 （b）启动器主视图2

图 7-59 启动器冲蚀情况

（a）内分流器主视图 （b）内分流器底座视图

图 7-60 内分流器冲蚀情况

（3）扭力冲击器零件的加工精度没有达到图纸要求标准，给试验带来了不可控因素。

（4）扭力冲击器主要的零件，如液动锤、启动器等，间隙设计得不合理。在工作过程中，如果有较大固体颗粒进入扭力冲击器活动零件间隙中，容易造成卡停，工具寿命短。

（5）为了保证实现扭力冲击器的功能，初期部分零件结构被设计成异形结构，这种异形结构不利于加工。

（6）工具的改进包括：换大型加工单位，严格执行工具的图纸要求；改进工具零件间的间隙配合；对液动锤外壳进行分体式设计；根据加工程序及特点，优化设计扭力冲击器各零件结构，完善扭力冲击器内部流道结构。

7.4.4　扭力冲击器样机 3

在扭力冲击器样机 2 的基础上，对扭力冲击器零件结构进行优化设计。设计此样机是为了进行井上冲蚀试验，如果样机达到设计标准，即进行井下扭力冲击器钻进试验。

1. 室内试验

全尺寸扭力冲击器样机直径为 200mm，适用于 12in 井眼，工具长 760mm，中心最小节流面积等效直径为 40mm，如图 7-61 所示。

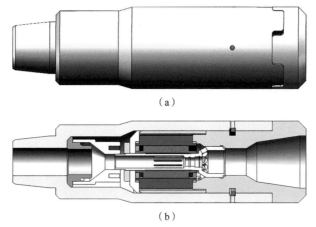

（a）

（b）

图 7-61　扭力冲击器样机 3 的主视图和剖视图

扭力冲击器样机加工零件图如图 7-62 和图 7-63 所示。

图 7-62　扭力冲击器样机 3 的零件

图 7-63 扭力冲击器样机 3 的室内试验图

在室内进行 1 组试验。扭力冲击器样机装配完，开泵测试，扭力冲击器正常工作。样机工作性能及优化方案如表 7-10 所示。

表 7-10 清水的大排量低压室内试验（扭力冲击器样机 3）

项目	实际情况	存在问题
扭力冲击器运行状态	正常运行	未出现问题
工作时间/h	2	
工作排量/(L/s)	25～35	
频率/Hz	600～1000	

2. 现场试验

现场冲蚀试验条件：泵压 12MPa，排量 32L/min，钻井液密度 1.40g/cm³，冲蚀时间 5h。现场试验如图 7-64 和图 7-65 所示。

图 7-64 上扣安装（扭力冲击器样机 3）

图 7-65 冲蚀试验（扭力冲击器样机 3）

现场试验后，打开扭力冲击器，检查扭力冲击器各零件的冲蚀情况，如图 7-66 所示。由试验结果分析得到如下结论。

（1）改进后的扭力冲击器达到设计要求，扭力冲击器正常工作。扭力冲击器外观冲蚀比较小，其井下的正常工作寿命可以期待。

（2）为了赶工期，部分扭力冲击器零件的加工精度没有达到图纸要求标准。

（a）液动锤外壳和传动短接

（b）压盖

（c）启动器

（d）液动锤

（e）内分流器

图 7-66　扭力冲击器样机 3 各零件的冲蚀情况

（3）分流器下端的泄压孔冲蚀比较严重，这是工具的薄弱部位；液动锤外壳分体设计后，连接部位的流道耐冲蚀性比较差，需要进一步进行结构优化；部分零件的部分结构设计不合理，需要进行优化设计。

（4）具体改进包括：流道薄弱部位应进行流线型设计，并加装硬质合金件，以增加工具的耐冲蚀性；优化设计工具零件间的间隙；进一步完善液动锤外壳的分体式结构设计；根据加工程序及特点，优化设计工具各零件结构。

7.4.5　扭力冲击器样机 4

在扭力冲击器样机 3 的基础上，对扭力冲击器零件结构进行优化设计。设计此样机是为了实现井下钻进试验，检验扭力冲击器在井下钻进条件下的工作情况。

1. 室内试验

全尺寸扭力冲击器样机直径为 180mm，适用于 9.5in 井眼，扭力冲击器长 660mm。中心最小节流面积等效直径为 40mm，如图 7-67 所示。

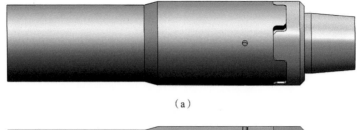

（a）

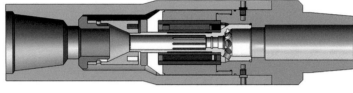

（b）

图 7-67   扭力冲击器样机 4 的主视图和剖视图

扭力冲击器样机的加工图如图 7-68 所示。

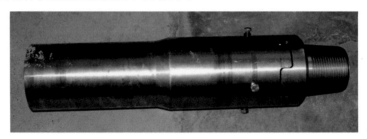

图 7-68   扭力冲击器样机 4 的加工图

在室内进行 1 组试验。工具组装好，开泵一次试验即正常工作，如图 7-69 所示。

图 7-69   扭力冲击器样机 4 的室内试验

样机工作性能及优化方案如表 7-11 所示。

表 7-11　清水的大排量低压室内试验（扭力冲击器样机 4）

项目	实际情况	存在问题
工具运行状态	正常运行	未发现明显问题
工作时间/h	2	
工作排量/(L/s)	25～35	
频率/Hz	600～1000	

2. 室内试验

现场井下钻进试验是检验扭力冲击器工作性能的唯一指标。扭力冲击器井下试验的工艺要求如下。

（1）在测试工具时，一定要把泥浆泵的排量开到正常钻进时的排量，并记录好立管压力，每次开泵必须使用钻杆滤子，保证工具内部无杂物进入。

（2）造型参数：转速为 65r/min、钻压为 2～4t、造型长度 1m。

（3）造型完之后正常钻井参数转速为 60～70r/min，钻压 8t；在钻进过程中，钻压根据实际情况在 8～14t 调整。

（4）如果机速持续变慢，转盘扭矩变大，说明钻头有较大程度的磨损，应立即起钻。

（5）如果出现井底压耗过大现象，应为工具停止工作或钻头堵水眼等情况，应该立即起钻。

由于扭力冲击器在起钻后，再继续使用，其工作效果不如第一次下井效果好。这主要是扭力冲击器内部组件间隙小，泥浆在内干涸，从而导致扭力冲击器工作效率降低。现场遇到这种情况时，在起钻后可以把扭力冲击器放入油中浸泡，防止泥浆干涸而导致扭力冲击器无法工作。

现场钻井试验条件：泵压 16MPa，排量 32L/min，钻井液密度 1.44g/cm³，扭力冲击器正常工作近 12h。钻进后扭力冲击器各零件情况如图 7-70 所示。

（a）扭力冲击器锤外壳和传动短接

（b）锤外壳外观

（c）锤外壳主视图

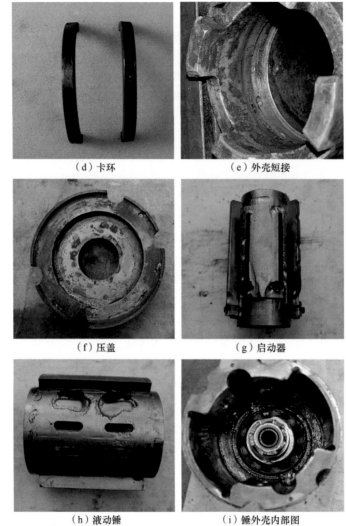

（d）卡环　　　　　　　　　　　　（e）外壳短接

（f）压盖　　　　　　　　　　　　（g）启动器

（h）液动锤　　　　　　　　　　　（i）锤外壳内部图

图 7-70　钻进后扭力冲击器各零件情况（扭力冲击器样机 4）

通过井下钻进试验发现如下问题：

（1）扭力冲击器压盖设计过重。在扭力冲击器工作过程中，压盖的惯性剪切力比较大。

（2）压盖上的限位螺丝设计直径小，抗剪切力不足。

（3）为了方便加工，将一些流道设计成便于加工结构，造成扭力冲击器产生一些不必要的损坏。

（4）扭力冲击器不工作时，扭力冲击器内部过流通道太小，冲蚀速度太快，造成扭力冲击器一些零件过度冲蚀。

对扭力冲击器进行如下改进：

（1）将压盖的质量减小，在扭力冲击器工作时，弱化压盖的惯性剪切力。

（2）将压盖上的 2 根 M4 螺丝改成 4 根 M8 高强度螺丝，以防止螺丝剪断。

（3）将液动锤外壳的过流孔由直角弯改成 135° 缓弯，防止外壳短接冲蚀；在液动锤外壳的过流孔中加装硬质合金喷嘴。

（4）在内分流器上加装硬质合金喷嘴；将内分流器中心喷嘴的开口直径放大。

综上所述，扭力冲击器原理设计正确。对工具进行深入研发，设计了扭力冲击器的全尺寸样机，并对工具样机进行了清水、泥浆的室内试验，优化设计了扭力冲击器的内部机构。这里设计了 3 套全尺寸扭力冲击器样机，逐一进行室内试验、现场试验，根据试验结果优化设计了扭力冲击器样机的工作性能。

7.5　工具的扭矩试验

扭力冲击器外壳短接是整套工具中受力最为复杂及恶劣的零件。为了检验外壳短接和传动接头的强度，需要进行扭矩试验，试验设备及加载情况如图 7-71 所示。

图 7-71　扭矩试验图

试验结果表明：样机外壳结构在扭矩 80kN·m、拉力 260t 载荷下没有发生明显变形，如鼓肚、破裂、扭曲等现象。打开扭力冲击器，检查内部零件，发现扭力冲击器内部其他零件没有发生挤压变形等现象。这说明扭力冲击器外壳短接和传动接头设计厚度与内部零件的位置是合理的。

7.6　现场试验及结果分析

扭力冲击器装箱图如图 7-72 所示。对扭力冲击器进行装箱和封存，并检查相关文件是否完整，具体包括：扭力冲击器、扭力冲击器现场操作工艺、扭力冲击器参数介绍、包装箱、泡沫减振保护材料。

图 7-72　扭力冲击器装箱图

7.6.1　JY7-1 井

1. 钻井液性能

扭力冲击器应用井深为 5721～6387m，共 666m，使用的钻井液参数如表 7-12 所示。

表 7-12　JY7-1 井钻井液性能参数

参数	参数值	参数	参数值	参数	参数值
密度/(g/cm³)	1.25	泥饼厚度/mm	0.5	pH	9
黏度/s	45	浮力系数 K_F	0.05	钙含量/(mg/L)	40
表观黏度/(mPa·s)	25	固相含量/%	14	屈服值/Pa	8
塑性/(mPa·s)	18	油水比例	3∶82	初/终切应力/Pa	1/5
API 滤失量/mL	5	膨润土含量/(g/L)	42		

2. 井口测试

在下钻前，扭力冲击器需要进行井口测试试验，如图 7-73 所示。连接方式为方钻杆+短接+扭力冲击器。试验参数排量为 30L/s，泵压为 1.1MPa，测试时间为 15min。扭力冲击器产生周期性扭转冲击力，使钻柱产生周期性的振动，这些现象表明扭力冲击器正常工作。

钻头为 9.5in 百施特金刚石钻头有限公司（简称百施特）T1355B 型钻头，刀翼类型为五刀翼，PDC 复合齿直径为 13mm，有 5 个直径为 15.8mm 的喷嘴，如图 7-74 所示。

图 7-73　井口测试

图 7-74　PDC 钻头

3. 下钻过程

扭力冲击器井上测试完成后，即进行下钻作业。下钻深度达到5721m，下钻累计时间为33h。下钻过程中，由于地层微漏，在4134.5m停止下钻，进行循环，时间为3h。在5762mm停止下钻，进行循环，时间为3h。划眼6个单根，累计循环时间为1h。在整个下钻过程中，累计循环时间为7h，即工具累计工作7h。

4. 造型钻进

在井深5721m开始进行造型钻井，造型参数转速为60r/min，钻压为2～4t，造型长度为2m，整米钻时8min/m，机械钻速在7.5m/h左右。

5. 正常钻进

钻深从5721m到6387m，累计钻进666m，纯钻时间为128h，平均日进尺为110m，平均机械钻速为5.94m/h。

工具钻进从井深5721m起，地层为泥盆系的东河砂岩，岩性分布包括浅灰色细砂岩，底部为灰色细砂岩与褐色泥岩互层；志留系的塔塔埃尔塔格组，厚约445m，以深灰、褐灰色含沥青、沥青质细砂岩及浅灰、灰色细砂岩为主间夹薄层灰绿及灰紫色泥岩。

在钻进过程中，为了寻找扭力冲击器的最优工作参数，根据实际情况适当地调整钻压。工具的钻压为8～14t，转速为50～80r/min，排量为28～32L/min，扭矩＜40kN·m。

在钻进作业中，扭力冲击器纯钻时间为128h，循环时间为10h，工具总工作时间为138h。

6. 起钻作业

扭力冲击器停止钻进，井下钻井液循环5h。扭力冲击器+T1355B型钻头起钻到井口。扭力冲击器外边磨损不大，没有明显划痕和缺陷，如图7-75所示。

（a）扭力冲击器与钻头　　　　　（b）扭力冲击器下段

（c）除泥包前的钻头　　　　　　（d）除泥包后的钻头

图 7-75　扭力冲击器和钻头起钻图片

从扭力冲击器下端面可以看到，扭力冲击器的过流孔没有严重的冲蚀情况，证明该结构的设计比较合理。经过三次使用，扭力冲击器并没有发生落鱼等情况，说明工具锁死结构设计是合理的。

除泥后的 T1355B 型钻头，出井新度在 90% 以上，在钻头的两个刀翼上发现两切削齿发生掉块，一个在中心，一个在钻头冠部外边缘。钻头部分切削齿的 PDC 复合片有一定的磨损，但不影响钻头正常工作。这说明钻头的加工质量比较好。

在下钻、钻进和起钻过程中，工具纯钻时间为 128h，工作总时间为 150h，在井下总时间为 201h。

7. 同井对比

同井对比的地层为东河砂岩。扭力冲击器+T1355B 型钻头和扭力冲击器+U613M 型钻头钻进相同岩性的东河砂岩段。泥盆系的东河砂岩分布在 5580～5785m 的 205m 地层中。

5580～5721m 为扭力冲击器+U613M 型钻头钻进井段，共计 141m。平均整米钻时为 9.59min/m，平均机械钻速为 6.26m/h。

5721～5785m 为扭力冲击器+T1355B 型钻头钻进井段，共计 64m。平均整米钻时为 7.67min/m，平均机械钻速为 7.82m/h。

在东河砂岩段，扭力冲击器+T1355B 型钻头和扭力冲击器+U613M 型钻头平均机械钻速对比为 124.92%。

8. 邻井对比

1）JY7-1 井和 JY7 井

JY7-1 井的扭力冲击器+T1355B 型钻头和 JY7 井的螺杆+ FX55SX3 型钻头共同钻进的井段为 5721～6387m，共 666m，具体对比数据如表 7-13 所示。

表 7-13　JY7-1 井和 JY7 井钻速对比数据表

层位	井段/m	JY7-1 井平均机械钻速/(m/h)	JY7 井平均机械钻速/(m/h)	钻速比值/%
东河砂岩	64	7.8	4.3	181

层位	井段/m	JY7-1 井平均机械钻速/(m/h)	JY7 井平均机械钻速/(m/h)	钻速比值/%
塔塔埃尔塔格组	445	6.62	5.88	112.6
柯坪塔格组	157	4.27	2.67	160
整体	666	5.94	4.46	133.2

2）JY7-1 井和 JY3-1 井

对 JY7-1 井的扭力冲击器+T1355B 型钻头和 JY3-1 井的扭力冲击器+U513M 型钻头钻进的井段进行钻速对比，具体的钻速对比数据如表 7-14 所示。

表 7-14　JY7-1 井和 JY3-1 井钻速对比数据表

层位	井段/m	JY7-1 井平均机械钻速/(m/h)	JY3-1 井平均机械钻速/(m/h)	钻速比值/%
东河砂岩	64	7.82	4.98	157
塔塔埃尔塔格组	445	6.62	5.97	110.9
柯坪塔格组	157	4.27	3.8	112.4
整体	666	5.94	5.17	114.9

3）JY7-1 井和 JY104 井

对 JY7-1 井的扭力冲击器+T1355B 型钻头和 JY104 井的扭力冲击器+U513M 型钻头钻进的井段进行钻速对比。两口井的地层分层对应情况如表 7-15 所示。

表 7-15　地层厚度数据

地质分层		JY7-1 井		JY401 井	
系	组	设计底界深度/m	设计厚度/m	设计底界深度/m	设计厚度/m
泥盆系	东河砂岩	5785	205	5773	195
志留系	塔塔埃尔塔格组	6230	445	6306	533
	柯坪塔格组	6490	260	6637	331

具体的钻速对比数据如表 7-16 所示。

表 7-16　JY7-1 井和 JY401 井不同地层钻速对比

层位	井段/m	JY7-1 井平均机械钻速/(m/h)	JY401 井平均机械钻速/(m/h)	钻速比值/%
东河砂岩	64	7.82	8.6	90.9
塔塔埃尔塔格组	445	6.62	7.82	84.7
柯坪塔格组	157	4.27	6.98	61.2
整体	666	5.94	7.82	75.96

9. 试验总结

通过 JY7-1 井钻深从 5721m 到 6387m 的扭力冲击器+T1355B 型钻头钻进试验，得出具体试验数据，如表 7-17 所示。

表 7-17　JY7-1 井工具实际工作数据

下井总时间/h	累计工作时间/h	纯钻进时间/h	累计总进尺/m	平均机械钻速/(m/h)
201	150	128	666	5.94

具体的钻速对比数据如表 7-18 所示。

表 7-18　JY 区块不同钻具组合钻速对比数据表

同层对比	扭力冲击器+T1355B 型钻头/(m/h)	扭力冲击器+U513M 型钻头/(m/h)	螺杆+FX55SX3 型钻头/(m/h)	平均钻速比/%
JY7-1 井和 JY7-1 井	7.82	6.26		124.92
JY7-1 井和 JY7 井	5.94		4.46	133.18
JY7-1 井和 JY3-1 井	5.94	5.17		114.9
JY7-1 井和 JY401 井	5.94	7.82		75.96

10. 试验结果

（1）扭力冲击器+T1355B 型钻头的钻具组合能够实现 JY 地区泥盆系东河砂岩和志留系塔塔埃尔塔格组等的钻井提速指标，平均机速表明扭力冲击器+T1365B 型钻头优于螺杆+FX55SX3 型钻头的钻具组合，与扭力冲击器+U513M 型钻头钻具组合破岩效果相当。

（2）扭力冲击器+T1355B 型钻头钻具组合的井下纯钻时间达到 128h，工具井下累计工作时间为 150h，寿命大幅度提高。

（3）进一步完善工具各零件的结构，对工具个别零件选用硬质合金材料，力求使工具的纯钻时间达到 150h 以上。

7.6.2　QG5 井

1. 钻井液性能

工具在 QG5 井中应用在井深 5182～5713m，共 531m，使用的钻井液参数如表 7-19 所示。

表 7-19　QG5 井钻井液性能参数

参数	参数值	参数	参数值	参数	参数值
密度/(g/cm³)	1.27	泥饼厚度/mm	0.4	pH	9.5
黏度/s	50	浮力系数 K_F	0.09	钙含量/(mg/L)	120
表观黏度/(mPa·s)	25	固相含量/%	13	屈服值/Pa	6
塑性/(mPa·s)	19	油水比例	3:82	初/终切应力/Pa	2
API 滤失量/mL	5	膨润土含量/(g/L)	32		

2. 井口测试

采用扭力冲击器进行了井口测试试验，如图 7-76 所示。连接方式为方钻杆+短接+扭力冲击器。试验参数排量为 30L/s，泵压 1.1MPa，测试时间为 15min。扭力冲击器产生周期性扭转冲击力，使钻柱产生周期性的振动，这些现象证明工具工作正常。

钻头为 9.5in 百施特 T1355B 型钻头，刀翼类型为五刀翼，PDC 复合齿直径为 13mm，有 5 个直径为 15.8mm 的喷嘴，如图 7-74 所示。

3. 下钻过程

扭力冲击器井上测试完成后，即进行下钻作业。下钻深度达 5182m。

4. 造型钻进

图 7-76　QG5 井井口测试

在井深 5182m 开始进行造型，造型参数转速为 60r/min、钻压为 2～4t、造型长度 1m。

5. 正常钻进

钻深从 5182m 到 6713m，累计钻进 1531m，纯钻时间为 68h，平均日进尺为 187.6m，平均机械钻速为 7.81m/h。

工具钻进从井深 5182m 起，地层为白垩系的巴什基奇克组、卡普沙良群，侏罗系和三叠系。巴什基奇克组为浅棕、棕褐色或浅灰色细砂岩、泥质粉砂岩与浅棕、棕褐色泥岩等厚互层，底部为大套棕、浅棕及浅棕红色细砂岩、粉砂岩夹同色泥质粉砂岩及薄层棕、棕红色泥岩。卡普沙良群为浅棕褐、棕褐色泥岩与浅棕、棕及浅绿灰色粉砂岩与泥质粉砂岩等厚互层，底部为大套浅棕色粉砂岩夹暗棕、棕褐色泥岩。

侏罗系以灰白色砂质小砾岩为主，夹同色含砾粉砂岩、浅灰色粉砂岩、泥质粉砂岩及棕色泥岩、灰黑色碳质泥岩。

三叠系为灰、灰黑色泥岩夹薄层灰色泥质粉砂岩，浅灰、灰白色细砂岩、含砾细砂岩及砂质砾岩，底部为厚层状灰色泥岩。

在钻进过程中，为了寻找工具的最优工作参数，根据实际情况将适当地调整钻压。工具的钻压为 8～14t，转速为 50～80r/min，排量为 28～32L/min，扭矩为 <40kN·m。

6. 起钻作业

在停止钻进后，井下钻井液循环 5h，扭力冲击器+T1355B 型钻头起钻到井口，工具外边稍有磨损，没有明显划痕和缺陷，如图 7-77 所示。

由于井下特殊工况，扭力冲击器在井下工作时间为 77h。从下端可以看到扭力冲击器过流孔的冲蚀情况，工具核心件冲蚀并不严重，证明扭力冲击器结构设计得合理。在除泥后的 T1355B 型钻头中发现中心部分磨蚀严重。磨蚀区直径 120mm，深度 50mm，钻头已经无法正常破岩。

分析后发现 PDC 钻头磨蚀的原因：扭力冲击器由于井下特殊工况停止工作，PDC钻头仍然按照扭力冲击器正常工作的参数钻进；在大钻压下，PDC 钻头很快发生失效，

（a）扭力冲击器与钻头　　　　　　（b）扭力冲击器下段

（c）除泥包　　　　　　（d）除泥后的钻头

图 7-77　钻头出井后的形貌

严重磨损，钻头喷嘴脱落。脱落的钻头喷嘴造成钻头冠部严重磨损，机械钻速下降。

在下钻、钻进过程和起钻过程中，扭力冲击器纯钻时间为 68h，工作总时间为 77h，在井下总时间为 133h。

7. 本井对比

QG5 井的白垩系巴什基奇克组使用了扭力冲击器+T1355B 型钻头以及螺杆+MS1952SS 型钻头两种组合进行钻进。巴什基奇克组的细砂岩位于 4930～5300m 的370m 中。

白垩系的巴什基奇克组中，扭力冲击器+T1355B 型钻头和北石螺杆+FX55SX3 型钻头的平均机械钻速比值为 132.9%，如表 7-20 所示。

表 7-20　QG5 井钻速对比数据表

层位	井段/m	扭力冲击器平均机械钻速/（m/h）	螺杆平均机械钻速/（m/h）	钻速比值/%
巴什基奇克组	4963～5182		7.3	
	5182～5300	9.7		
整体	337	9.7	7.3	132.9

260

8. 邻井对比

1）QG5 井和 QG1 井

QG5 井扭力冲击器+T1355B 型钻头和 QG1 井螺杆+MS1952SS 型钻头钻进的井段从 5182m 到 5713m，共 531m。QG5 井分层具体数据如表 7-21 所示。

表 7-21　QG5 井层序地层厚度与钻速数据表

地层	层位起点/m	层位终点/m	工具钻进起点/m	工具钻进终点/m	进尺/m	钻时/h	钻速/(m/h)
白垩系	4920	5300	5182	5347	165	17	9.71
侏罗系	5300	5425	5347	5590	243	22	11.05
三叠系	5425	5805	5590	5713	123	29	4.24

QG1 井分层具体数据如表 7-22 所示。

表 7-22　QG1 井层序地层厚度与钻速数据表

地层	层位起点/m	层位终点/m	工具钻进起点/m	工具钻进终点/m	进尺/m	钻时/h	钻速/(m/h)
白垩系	4920	5300	4920	5312	392	126	3.11
侏罗系	5300	5425	5312	5424	112	23	4.87
三叠系	5425	5805	5424	5813	389	78.5	4.96

QG5 井和 QG1 井分层对比数据如表 7-23 所示。

表 7-23　QG5 井和 QG1 井钻速数据对比表

层位	井段/m	QG5 井平均机械钻速/(m/h)	QG1 井平均机械钻速/(m/h)	钻速比值/%
白垩系	380	9.71	3.11	312.22
侏罗系	125	11.05	4.87	226.90
三叠系	380	4.24	4.96	85.48
整体	885	8.33	4.31	193.20

2）QG5 井和 QG2 井

QG5 井扭力冲击器+T1355B 型钻头和 QG2 井北石螺杆+MS1952SS 型钻头钻进的井段从 5182m 到 5713m，共 531m。

QG2 井分层具体数据如表 7-24 所示。

表 7-24　QG2 井层序地层厚度与钻速数据表

地层	层位起点/m	层位终点/m	工具钻进起点/m	工具钻进终点/m	进尺/m	钻时/h	钻速/(m/h)
白垩系	4920	5300	5188	5306	118	41.5	2.84
侏罗系	5300	5425	5306	5415	109	22	4.95
三叠系	5425	5805	5415	5713	298	69	4.32

QG5 井和 QG2 井分层对比数据如表 7-25 所示。

表 7-25 QG5 井和 QG2 井层序地层厚度与钻速数据对比表

层位	井段/m	QG5 井平均机械钻速/(m/h)	QG2 井平均机械钻速/(m/h)	钻速比值/%
白垩系	380	9.71	2.84	341.90
侏罗系	125	11.05	4.95	223.23
三叠系	380	4.24	4.32	98.15
整体	885	8.33	4.04	206.19

3）QG5 井和 QG4 井

QG5 井扭力冲击器+T1355B 型钻头和 QG4 井螺杆+MS1952SS 型钻头钻进的井段从 5182m 到 5713m，共 531m。

QG4 井分层具体数据如表 7-26 所示。

表 7-26 QG4 井层序地层厚度与钻速数据表

地层	层位起点/m	层位终点/m	工具钻进起点/m	工具钻进终点/m	进尺/m	钻时/h	钻速/(m/h)
白垩系	4920	5300	5144	5320	176	80	2.20
侏罗系	5300	5425	5320	5436	116	22.5	5.16
三叠系	5425	5805	5436	5753	317	92.5	3.43

QG5 井和 QG4 井分层对比数据如表 7-27 所示。

表 7-27 QG5 井和 QG4 井层序地层厚度与钻速数据对比表

层位	井段/m	QG5 井平均机械钻速/(m/h)	QG4 井平均机械钻速/(m/h)	钻速比值/%
白垩系	380	9.71	2.20	441.36
侏罗系	125	11.05	5.16	214.15
三叠系	380	4.24	3.43	123.62
整体	885	8.33	3.59	232.03

9.试验总结

通过 QG5 井深度 5182～5713m 的扭力冲击器+T1355B 型钻头钻进试验，得出具体试验数据，如表 7-28 所示。

表 7-28 QG5 井工具工作数据表

下井总时间/h	累计工作时间/h	纯钻进时间/h	累计总进尺/m	平均机械钻速/(m/h)
133	77	68	531	7.81

具体的钻速对比数据如表 7-29 所示。

表 7-29 QG 区块不同钻具组合钻速数据对比表

同层对比	扭力冲击器+T1355B 型钻头/(m/h)	螺杆+FX55SX3 型钻头/(m/h)	平均钻速比/%
QG5 井	9.7	7.3	132.9
QG5 井和 QG1 井	8.33	4.31	193.27

同层对比	扭力冲击器+T1355B 型钻头/(m/h)	螺杆+FX55SX3 型钻头/(m/h)	平均钻速比/%
QG5 井和 QG2 井	8.33	4.04	206.19
QG5 井和 QG4 井	8.33	3.59	232.03

扭力冲击器+T1355B 型钻头钻具组合能够实现 QG 区块白垩系的巴什基奇克组、卡普沙良群，侏罗系和三叠系的提速指标。计算结果表明：扭力冲击器+T1365B 型钻头相对于螺杆+FX55SX3 型钻头钻具组合提速效果为 132.9%～232.03%。

7.6.3　WA101 井

1. 工具及技术参数

将装配好的工具，在室内进行工具性能稳定性测试。如果工具正常工作且稳定，将工具拆开，清理干净，再油浸，重新装配，装箱并附上工具技术参数和现场操作工艺，具体如图 7-78 所示。

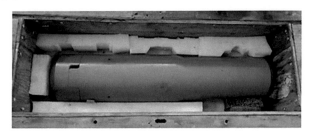

图 7-78　工具装箱（WA101 井）

具体参数如表 7-30 所示。

表 7-30　WA101 井工具性能参数表

性能参数	具体数据	性能参数	具体数据
适用井眼尺寸/in	9.5	工具长度/mm	710
上端直径/mm	182	下端直径/mm	166
打捞颈长度/mm	280	最大工作温度/℃	200
最大抗压载荷/t	＞300	最大抗拉载荷/t	＞100
材料屈服极限/MPa	930	压降/MPa	0.6～0.8
上端扣型	410	上端上扣扭矩/(kN·m)	20
下端扣型	430	下端上扣扭矩/(kN·m)	18
钻压范围/kN	8～16	转速/(r/min)	50～70
流量/(L/s)	26～32	钻井液密度/(g/cm³)	≤1.40

2. 钻井液性能

工具应用井段为 3890～4457m，使用的钻井液参数如表 7-31 所示。

表 7-31　WA101 井钻井液性能参数

参数	参数值	参数	参数值	参数	参数值
密度/(g/cm³)	1.37～1.42	泥饼厚度/mm	<0.5	pH	9
黏度/s	45～65	浮力系数 K_F	0.5～0.8	摩阻系数/(mg/L)	≤0.10
表观黏度/(mPa·s)	24	固相含量/%	≤28	屈服值/Pa	8～14
塑性/(mPa·s)	16～28	油水比例	3:82	初/终切应力/Pa	4/9
API 滤失量/mL	<5	膨润土含量/(g/L)	42		

3. 井口测试

井口连接扭力冲击器，进行信号测试。仪器类型为 BHII-MWD 650 系统，该系统通过泥浆压力脉冲来传递井下 MWD 工具采集到的井斜、方位、工具面等数据。钻具结构为 PDC 钻头+提速工具+411/4A10 接头+回压凡尔+165 螺旋钻铤×2+210mm 扶正器+165mm 无磁钻铤+悬挂短节，MWD 距离钻头 31m。

井口测试正常，仪器信号幅值在 30～50psi，提速工具对仪器信号并无干扰，能够满足 MWD 工具正常的信号传输。

4. 下钻过程

钻具结构为：ϕ215.9mm PDC 钻头×0.35mm+ϕ182mm 周向冲击器×0.71mm+411/4A10 接头×0.48mm+ϕ165mm 浮阀×0.35mm+ϕ165mm 钻铤×18.47mm+ϕ210mm 扶正器×0.75mm+ϕ165mm 无磁钻铤×9.05mm+定向短节×1.96mm+411/4A10 接头×0.38mm+ϕ165mm 无磁钻铤×9.27mm+4A11/410 接头×0.36mm+ϕ127mm 加重钻杆×148.35mm+随钻震击器×5.5mm+ϕ127mm 加重钻杆×46.46mm+钻杆。

钻井参数如下：钻压 80kN，转速 50r/min，排量 29～30L/s，泵压 16～18.5MPa，泥浆密度 1.37～1.42g/cm³。

工具井上测试完成后，即进行下钻作业。工具入井，紧接着安装钻头，在井深 3890m 开始钻进，钻进时排量为 30L/s 左右，泵压为 16.5MPa，施加 70～80kN 钻压，转速为 50r/min。工具钻进至 4110m，转速度提高至 80r/min，钻进至 4132m 时开始吊打，钻压降至 50～60kN，泵压为 17MPa，排量为 30L/s，中午钻进至 4152m 时恢复钻压 80kN、转速 50r/min，钻压正常参数钻进。工具钻进至 4152m，转盘故障，起钻更换转盘。更换转盘后工具在相同钻具、同一钻具组合下二次入井，考虑到工具二次入井的安全稳定性，首先在井口对工具进行了井口工作稳定性测试，显示工具正常。下钻到底并开始正常钻进，参数为钻压 80kN，排量 30L/s 左右，泵压 17～18MPa。最终完成两次入井任务，完成井段 3890～4457m，累计进尺 567m，工具累计入井 210h，工作 154h，纯钻 133h。井斜降低到 16.24°，累计降斜 11°，钻头轻微磨损，如图 7-79 和图 7-80 所示新度在 95% 以上。

5. 邻井对比

工具首次使用寿命达到 154h，累计纯钻 133h。在深部井段寿命方面可与 PDC 寿命相匹配。工具试验层位为沙四段至孔店组，另外数据统计时，扣除工具吊打钻进段。

（a）工具入井前　　　　　（b）工具出井后

图 7-79　工具下钻前后

（a）钻头入井　　　　　　（b）钻头出井

图 7-80　钻头下钻前后

由表 7-32 可知，使用工具段为 3890～4457m，钻井参数钻压为 80kN（其中 4132～4156m 为吊打井段），转速为 50r/min，排量为 29～30L/s，格瑞鼎新能源科技发展有限公司 PDC 钻头，地层为沙四段、孔店组，机械钻速为 4.29m/h。邻井 WA1 井在沙四段采用常规钻具组合，机械钻速为 1.75m/h，邻井 WG3 井在沙四段机械钻速为 2.12m/h。对比分析显示，WA101x 井使用本工具，机械钻速得到大幅度提高。

表 7-32　现场实钻数据对比

井段/m			PDC 钻头			钻头尺寸/mm		
WA101x 井	WA1 井	WG3 井	WA101x 井	WA1 井	WG3 井	WA101x 井	WA1 井	WG3 井
3890～4397	3683～4003	3984～4290	DXS1654（A）	G435B	TH1364LA	215.9	149.2	215.9

机械钻速/(m/h)			提速比例/%	
WA101x 井	WA1 井	WG3 井	WA101x 井：WA1 井	WA101x 井：WG3 井
4.29	1.75	2.12	145	102

6.钻井参数影响分析

根据不同的钻压、转速将井段 4020～4185m 分成 4 段，求得各段钻时平均值并绘图，如图 7-81 所示。由图 7-81 可以看出，开始阶段钻压 80kN，转速 50r/min，其钻时平均值约 11min/m；钻进至 4110m，钻井参数钻压 80kN，转速提高到 80r/min，平均钻时 15min/m；钻进至 4132m 时，转速 80r/min，钻压降低至 50kN，钻时继续提高，平均约 17min/m；继续钻进至井深 4156m，钻压提高至 80kN，转速降低到 50r/min，钻时显著降低。

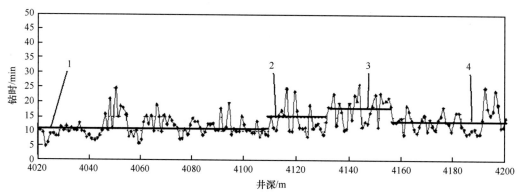

图 7-81　钻时与井深关系

1、2、3、4 分别表示各井段钻时平均值。各段钻井参数：第 1 段钻压 80kN，转速 50r/min；

第 2 段钻压 80kN，转速 80r/min；第 3 段钻压 50kN，转速 80r/min；第 4 段钻压 80kN，转速 50r/min

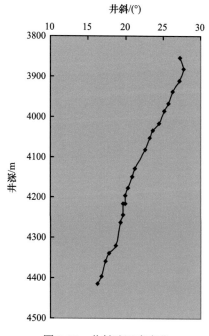

图 7-82　井斜随深度变化

7.井斜控制

工具配合小钟摆钻具，在 80kN 钻压下钻进，降斜效果明显，进尺 567m，累计降斜 11°（从 27.24° 降低至 16.24°）（图 7-82），出色地完成了该井的降斜任务。

8.试验总结

通过 WA101x 井深度 3890～4397m 的提速工具井下钻进试验，得出具体试验数据，如表 7-33 所示。

所得结论如下：

（1）工具累计入井 210h，纯钻进 133h，累计总进尺 567m，使用结果表明工具结构简单、工作安全可靠、安装使用方便，不影响现有的钻具结构，不会对钻井施工造成负面影响，是深部地层钻井提速的有效手段。

（2）在提速效果方面，相对于邻井 WA1 井在沙四段常规钻具组合机械钻速提高 145%，相对邻井 WG3 井在沙四段机械钻速提高 102%。

表 7-33　工具试验数据表

下井总时间/h	纯钻进时间/h	累计总进尺/m	平均机械钻速/(m/h)	降井斜角 / (″)
210	133	567	4.29	11

（3）工具对定向仪器信号无任何干扰，具备在定向井中推广应用的条件。另外工具降斜效果明显，配合小钟摆钻具，在 80kN 钻压下钻进，降斜效果明显，进尺 567m，累计降斜 11°。

7.6.4　DS102 井

1. 工具及技术参数

扭力冲击器如图 7-83 所示。

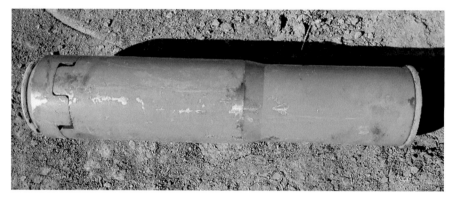

图 7-83　DS102 井扭力冲击器

具体参数如表 7-34 所示。

表 7-34　DS102 井工具参数数据表

性能参数	具体数据	性能参数	具体数据
转速	适合于旋转钻进和 PDM	下端上扣扭矩/MPa	4.5～5
排量/(L/s)	26～32	外壳长度/mm	650
工具压降/MPa	1.0～2.0	最大外径/mm	182
最大工作温度/℃	200	打捞颈长度/mm	650
钻压/t	8～16	打捞颈外径/mm	182
上端上扣扭矩/MPa	5.5		

2. 钻井液性能

在井深 2595～3045m，扭力冲击器使用的钻井液参数如表 7-35 所示。

表 7-35　DS102 井钻井液性能参数

参数	参数值	参数	参数值	参数	参数值
密度/(g/cm³)	1.1	泥饼厚度/mm	0.5	pH	9
黏度/s	60	浮力系数 K_F	0.05	屈服值/Pa	8
表观黏度/(mPa·s)	22	固相含量/%	12	初/终切应力/Pa	5/11
塑性/(mPa·s)	20	膨润土含量/(g/L)	40	API 滤失量/mL	3

3. 井口测试

连接方式为方钻杆+短接+扭力冲击器，如图 7-84 所示。试验参数排量为 32L/s，泵压为 0.5MPa，测试时间为 10min。扭力冲击器产生周期性扭转冲击力，使钻柱产生周期性的振动，证明扭力冲击器正常工作。

4. 井下钻进

扭力冲击器井上测试完成后，即进行下钻作业。钻头为 SD6641AUZ 型钻头，刀翼类型为六刀翼，如图 7-85 所示。

图 7-84　扭力冲击器在 DS102 井上测试　　　　图 7-85　SD6641AUZ 型钻头

下钻深度达 2595m，累计下钻时间 10h。下钻过程中无特殊情况，累计循环时间为 87h，即工具累计工作 87h。

在井深 2595m 开始进行造型，造型参数转速为 78r/min、钻压为 2t、造型长度 0.5m。正常钻进从 2595m 到 3045m，累计钻进 450m，累计纯钻时间为 56.6h，平均机械钻速为 8m/h，累计循环时间为 87h。

扭力冲击器钻进从井深 2595m 起，地层为营城组，岩性为灰色细砂岩、灰色泥质粉砂岩、灰黑色泥岩。

在钻进过程中，为了寻找扭力冲击器的最优工作参数，根据实际情况将适当地调整钻压。扭力冲击器的钻压为 2～15t，转速为 50～90r/min，排量为 30～32L/min，扭矩

为 < 24.6kN。

扭力冲击器在井下总时间为 115h，循环时间为 87h，纯钻时为 56.6h。

井下试验完成后，扭力冲击器和 SD6641AUZ 型钻头起钻到井口，钻头主切削齿磨损较轻，扭力冲击器还可以继续使用，如图 7-86 所示。

图 7-86　SD6641AUZ 型钻头磨损情况

5. 试验结果分析

由现场钻时数据得到钻时分布曲线，如图 7-87 所示。

由图 7-87 中的曲线分析可知：

（1）图 7-87 中黄框为试验井段的钻时–井深曲线。从钻时分布曲线中可以看出下入扭力冲击器后，钻时明显减小。

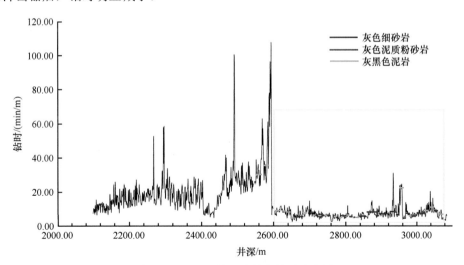

图 7-87　DS102 第一次钻井钻时分布图

（2）试验井段后期的曲线略有上升，这是因为钻进深度增大，岩石硬度增加。

（3）试验井段夹层较多，岩性变化复杂，试验期间扭矩波动较大，需不断调整钻压和转速等参数。比较曲线和各井段钻井参数可知，钻进灰色细砂岩的合理钻压为 7～8t，钻进灰色泥质粉砂岩的合理钻压为 8～9t，钻进灰黑色泥岩的合理钻压为 9～10t。

6. 试验总结

通过 DS102 井深度 2595～3045m 的扭力冲击器井下钻进试验，得出具体试验数据，如表 7-36 所示。与营城组同层机械钻速对比情况如表 7-37 所示。

表 7-36　试验数据

下井总时间/h	循环时间/h	纯钻进时间/h	累计总进尺/m	平均机械钻速/(m/h)
115	87	56.6	450	8

表 7-37　营城组同层机械钻速对比

对比对象	进尺/m	进尺比值/%	平均机械钻速/(m/h)	机械钻速比值/%
营城组平均情况	324	138.89	5	160
试验井段实际情况	450		8	

所得结论如下：

（1）在工作时间方面，纯钻时间 56.6h。

（2）使用扭力冲击器后，进尺为 450m，较前期 324m 提高 38.89%；机械钻速为 8m/h，较前期 5m/h 提高 60%。

7.7　工具现场操作工艺

扭力冲击器+PDC 钻头适用于岩性相对均质的地层或软硬交错地层，胶结较弱的砾石层除外。对于研磨性较强的纯硬火山岩地层，扭力冲击器的适用性取决于 PDC 钻头的性能。

1. 扭力冲击器适用的地层

根据钻头选型的需要，参照我国石油钻井标准，采用微钻头岩石可钻性测定方法，根据微型牙轮测试钻头和微型 PDC 测试钻头钻达规定深度需要时间的长短，可将岩石可钻性分成十级，见表 2-10。

扭力冲击器在中到硬地层均有良好的提速效果，考虑到工具寿命和成本，在中硬到坚硬的五～九级地层中应用，性价比最高。

2. 扭力冲击器使用的钻头

扭力冲击器配合使用的钻头为 PDC 钻头。根据地层条件优选扭力冲击器配套的 PDC 钻头，如果没有配套钻头，可用现场现有的 PDC 钻头，如图 7-88 所示。具体要求：五刀翼或者六刀翼 13mm 切削齿，攻击力弱一点，钻头冠部平缓，钻头质量小于 60kg。不建议使用四刀翼的 PDC 钻头。

图 7-88　六刀翼 PDC 钻头

3. 上井场前准备

扭力冲击器上井前需要进行的准备工作如下：

（1）室内原理测试，检查扭力冲击器活动件是否正常运转；

（2）如果室内测试无法正常运转，需要认真分析各零部件的加工情况，重新装配，重复进行室内原理测试。

井场的注意事项包括：

（1）搬运扭力冲击器过程中，不允许直接从高处扔下或者摔倒。

（2）扭力冲击器应用井场，泥浆固控设备需要 2 级以上，即振动筛、除砂器、除泥器、离心机等，仅有振动筛时，在固相控制不稳定的情况下，原则上不应用提速工具。

4. 入井前准备

（1）扭力冲击器入井之前，要认真了解该井段上部使用钻头情况、机械钻速、是否有复杂情况、泥浆参数、泥浆清洁等情况。

（2）准备两个完好的钻杆滤子。

（3）充分循环泥浆，尽可能降低泥浆含沙量（小于 0.3%）和固相含量（小于 15%），做好泥浆清洁工作，泥浆密度 $\leqslant 1.40\text{g/cm}^3$；泥浆密度在 $1.5 \sim 2.0\text{g/cm}^3$ 时，会影响扭力冲击器使用寿命，需要根据高泥浆密度设计专用工具。

（4）根据扭力冲击器的尺寸，准备相应的打捞工具。

5. 井上测试操作

（1）工具连接方式：方钻杆+钻杆+变扣+扭力冲击器。

（2）上扣时，必须在扭力冲击器上端小径端，禁止在其他位置使用大钳，扭力冲击器紧扣扭矩：410（NC46）扭矩 5.5MPa；430（4-1/2REG）扭矩 $4.5 \sim 5\text{MPa}$。

（3）钻杆中必须使用滤子，保证扭力冲击器内部无杂物进入。

（4）泵的排量为 28～35L/s，记录扭力冲击器压耗情况，井上循环 10min。

（5）如果扭力冲击器工作状况良好，则进行井下试验。

判断扭力冲击器工作的条件：

（1）看立管压力表，如果压耗在 0.5～1.5MPa 范围内，说明扭力冲击器正常工作；如果压耗在 2.5～4.0MPa 范围内，说明扭力冲击器没有正常工作。

（2）正常工作的扭力冲击器，会有明显的周期性的冲击声，距离扭力冲击器 5～10m 的钻杆范围内可以清晰听见。

6. 井下造型操作

（1）下钻过程避免大井段划眼，如有大井段划眼必须与试验人员联系。

（2）距离井底 10～20m 开泵，避免钻头直接接触井底或井底沉沙，防止堵塞水眼。

（3）检查泵压、排量是否正常，如果正常则继续下钻，禁止低排量情况下接触井底。

（4）造型参数：泵的排量 28～32L/s，转速 50～60r/min、钻压 2～4t、造型长度 1m；完成造型即可进行正常钻进。

7. 井下钻进

（1）造型之后，恢复正常钻井参数。五刀翼或者六刀翼 13mm 切削齿：钻压 8～12t，转速 50～70r/min，排量 28～32L/s。四刀翼或者 16mm 切线齿在正常钻压基础上提高 1～2t，其他正常。

（2）在钻进过程中，根据地层情况适当调整钻井参数，确定扭力冲击器的最优工作参数。

（3）根据地层数据、钻井参数，判断扭力冲击器和钻头的工作情况。

（4）定时观察返出岩屑，是否有大量掉块、脱落、铁屑、石英等复杂情况，并注意观察钻井参数。

（5）精心平稳操作，防止顿、溜钻，均匀送钻。

（6）接单根前，需要进行划眼作业。如下钻遇阻，应及时划眼。

8. 井下复杂及处理

（1）钻头磨损。表现特征是机械钻速持续变慢，转盘扭矩变大。处理方式是立即起钻换钻头。

（2）憋压。表现特征是泵的压耗增大（增加范围 2～4MPa 以内），机械钻速变慢后压耗稳定。处理方式是立即起钻换工具。

（3）钻具井下刺穿。转盘扭矩不变，机械钻速持续变慢到稳定为某一值，压耗变小。处理方式是立即起钻换刺穿工具。

（4）断钻具。转盘扭矩变小且不稳定，机械钻速持续变小直到为 0，压耗变小。处理方式是立即起钻打捞落鱼。

（5）如中途遇阻，需要进行划眼作业。参数：钻压 0～1t，转速 40～50r/min，排量 22～25L/min。

扭力冲击器起钻后，如有二次使用价值。应把扭力冲击器放入油中浸泡，防止泥浆干涸而导致工具效率降低的问题出现。扭力冲击器二次下井，应该根据扭力冲击器寿命和上次下井工作时间，合理安排扭力冲击器作业时间。

第 **8** 章

粒子冲击钻井工具研发

8.1 工具简介及技术要求

8.1.1 工具简介

研究表明[97,98]，掺入磨料的水射流可以有效提高钻井破岩效率。在正常钻进时，钻井液中按照一定比例掺混金属粒子，利用水力能量来驱动金属粒子，依靠金属粒子的冲击作用来破碎地层岩石，从而大幅度提高钻头机械钻速。这种技术称为粒子冲击钻井技术。

在常规钻头加水射流联合破岩的基础上，粒子冲击钻井技术进一步增加了金属粒子冲击破岩。研究粒子冲击破岩提速机理主要是研究粒子冲击动载作用、应力波损伤软化作用和射流–机械联合破岩作用三个方面[99]。

1. 粒子冲击动载作用

粒子射流冲击到岩石表面，在冲击载荷作用下形成许多岩石破碎坑。这个过程多采用非线性动力有限元方法进行模拟研究。从能量转换和受力的角度探讨冲击动载作用下岩石的破碎机制。若粒子和岩石组成一个能量系统，粒子的动能即碰撞前的总能量。碰撞后，系统的总能量转化为岩石的内能、粒子回弹的动能、岩屑的动能及少量的能量损耗。其中，岩屑的动能及少量的能量损耗均可忽略，而岩石的内能用于岩石裂纹生成、扩展和汇聚。

研究发现，能量吸收率并不随粒子冲击速度增大而无限升高，而是存在一个能量吸收率较高的速度区间。这是因为岩石无法大量吸收粒子冲击过程中所耗散的塑性变形功，导致粒子回弹速度较快，具有较高的回弹动能。另外，冲击形成的接触应力使岩石瞬间形成压缩破碎和初始裂纹，强大的冲击波所引发的环向拉应力及应力波反射拉应力使裂纹扩展并形成二次裂纹，裂纹交汇贯穿形成破碎块度，使岩石成块或成片运动，形成冲蚀漏斗。

2. 应力波损伤软化作用

粒子撞击岩石的瞬间，粒子的部分动能以应力波的形式在岩石中传播，冲击应力波透射入岩石内部，当远离粒子撞击点后，冲击应力波衰减迅速，由于能量密度的降低，在岩石内部产生的微裂隙虽不至于引起岩石完全破裂，但增加了岩石的损伤程度，导致岩石的强度、孔隙度等物理力学性质发生变化，改善了岩石可钻性。对粒子冲击应力波损伤软化作用的研究仍处于定性描述的阶段。当应力波远离粒子撞击点后，会使岩石产生部分损伤，但关于岩石的损伤程度如何、应力波如何影响微裂隙的产生等问题，尚未进行深入研究。

3. 射流-机械联合破岩作用

射流-机械联合破岩的过程是充分利用粒子射流和钻头切削齿各自的优势，在多作用耦合下实现共同破岩的过程。粒子射流的冲击在井底形成连续破碎坑或岩石环，使井底岩石裸露，裸露自由面越多，破碎岩石所需单位体积破碎功越小，且岩脊与周围岩石连接力变小，加之粒子冲击应力波的损伤软化作用，便于钻头切削齿的机械破岩。粒子的冲击和切削齿的机械力作用，使岩石中形成微裂纹，高压水挤入这些微裂纹，产生水楔作用，从而降低岩石破碎强度。由于高压水射流技术在采矿、石油等行业中的应用广泛，射流-机械联合破岩的研究多指高压水射流辅助钻头破岩，侧重于井底水力能量分配，以达到最优的井底净化效果，提高机械钻速，而对粒子射流-切削齿联合破岩的研究相对较少。

在粒子冲击钻井技术中，粒子注入装置是粒子冲击钻井的核心组成部分，是整个钻井技术的关键所在。粒子注入装置位于泥浆泵和钻柱之间的地面管汇上，粒子从开始注入到分离出来都不经过泥浆泵，因此不会损坏泥浆泵。将一定量的粒子，按体积比为1%～3%注入高压钻井液中，粒子在水力作用下获得高能量，沿立管、钻杆、钻铤到达钻头，通过专用的钻头喷嘴使粒子进一步加速，以达到冲击破碎岩石、提高钻进速度的目的。破碎的岩石碎屑、不可重复利用的破损粒子和可回收利用的粒子被钻井液带入环空，返回地面。

地面固控设备从钻井液中将岩石碎屑和破损粒子（简称岩屑粒子）分离出来，再将可以继续使用的粒子回收，输送到粒子处理设备中，进行清洗、干燥，然后置于粒子储罐中，以便下次注入，其工艺流程如图 8-1 所示。

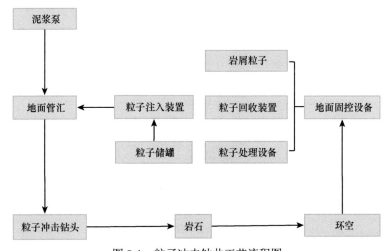

图 8-1　粒子冲击钻井工艺流程图

粒子冲击钻井技术需要在现有钻井系统上添加粒子注入装置、粒子回收装置、粒子冲击钻头等多个设备。这些设备不仅在井场安装调试麻烦，而且增加钻井成本。针对石油钻井过程中深部地层钻速低、粒子冲击钻井技术应用具有局限性的问题，设计井下粒子循环冲击工具，实现将环空中的岩屑粒子吸入工具内部，再随钻井液从钻头水眼喷出，对岩石产生冲击破碎，节省外部输送粒子的设备，进而提高了粒子冲击钻井技术的实用性。

8.1.2 工具技术要求

1. 研究目标

为了顺利应用井底岩屑作为冲击粒子，完成对井底工作面岩石的冲击破碎，需要研发一套工具。该工具上部与钻铤相连，下部连接钻头，工具原理示意图如图8-2所示。钻井液通过钻铤流入工具内部，经过喉管产生高速水射流，水射流附近会产生低压区，从而吸入环空中混有岩屑的钻井液并流经钻头，混有岩屑的水射流会提高辅助破岩的效果。该工具主要是在文丘里效应原理的基础上进行设计，通过文丘里效应实现吸入环空岩屑粒子，形成高压岩屑粒子射流，达到辅助破岩的效果。

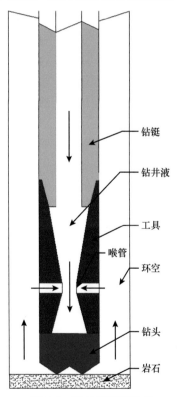

图8-2　工具原理示意图

2. 具体研究内容

具体研究内容主要包括粒子冲击钻井工具的工作原理、原理样机设计、室内试验及分析、结构流体性能分析、全尺寸样机设计、样机室内试验、现场操作工艺等，最终形成相应的图纸、样机、专利、文章、报告等系列成果。

1）粒子冲击钻井工具设计

结合现有文丘里管的原理研究与应用，将文丘里效应与粒子冲击钻井技术的优势结合起来，实现岩屑粒子在工具内部自循环，设计基于文丘里效应的粒子冲击钻井工具。

2）工具的可行性验证及结构优化

建立工具物理模型、几何模型，并将工具在井下自循环系统进行简化，构建数值模拟有限元模型，模拟井下工况。通过数值模拟方法对工具的内部流场特性进行研究。通过改变工具上下喷嘴直径、喉管尺寸、扩散管发散角度，得到不同的流场特性。通过流场特性确定工具的可行性条件，进而完成工具结构优化。

3）工具原理样机的室内试验研究

组装粒子冲击钻井试验装置，设计工具原理样机试验方案，研究不同的上下喷嘴组合、泵的排量对工具引射能力的影响，以及不同上下喷嘴组合、泵的排量、粒子直径、粒子质量分数对工具破岩能力的影响。

3. 技术要求

工具研发首先要确定工具研发内容和技术要求，其次按照进度计划一步一步地开展相应的研究工作。在研发过程中，会遇到一系列的技术难题，这些难题有些是设计上的，有些是工艺上的，有些是比较容易解决的，有些是很难解决，要区别对待。

为了明确工具设计的技术范畴，需要确定工具总体技术要求，具体如下。

（1）工作温度：0～200℃；

（2）适用排量：15～40L/s；

（3）井眼尺寸：215.9～244.4mm；

（4）钻井液密度：1.0～1.8g/cm^3；

（5）压降：1.5～2.5MPa；

（6）寿命大于150h；

（7）适用 PDC 钻头和牙轮钻头；

（8）提速效果大于 20%；

（9）工具整体抗拉、抗扭等性能参数不低于配套钻具的技术参数。

东北石油大学高效钻井破岩技术研究室深入研究了粒子冲击钻井工具的工作原理，并进行了一系列的室内试验，取得了一定的进展[100-104]。

8.2　工具结构设计及优化

8.2.1　工具结构及相关计算

1. 工具结构设计

基于文丘里效应的自循环原理，设计适用于井下的粒子冲击工具。工具结构如

图 8-3 所示，其中上接头与钻铤连接，下接头与钻头连接，具体尺寸根据上接钻铤尺寸与下接钻头尺寸设计。四个进液口均匀分布于工具外壳，为防止粒子的冲蚀作用，进液口安装硬质合金喷嘴，损坏后可更换。喷嘴作为工具的核心部件，可根据要求更换不同尺寸的喷嘴。

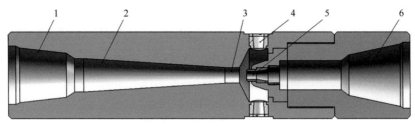

图 8-3　工具结构示意图

1-下接头；2-扩散管；3-喉管；4-进液口；5-上喷嘴；6-上接头

2. 工具结构尺寸计算

根据井下钻进要求，设计工具内部核心部件文丘里管的结构[105]，设计一个实际最大压差为 h 水柱的文丘里结构。

令 A_i 和 A_t 为进口截面和喉管截面，根据连续方程和伯努利方程得到进口管流速 V_i：

$$V_i = C\sqrt{\frac{2gh}{r^2-1}} \tag{8-1}$$

式中，C 为米氏常数；$r = \dfrac{A_i}{A_t}$。

由式（8-1）变换可得

$$r^2 = \frac{C^2}{V_i^2} \cdot 2gh + 1 \tag{8-2}$$

设主流体的排量为 Q，于是进口管直径 d_i 的计算公式为

$$d_i = \sqrt{\frac{4Q}{\pi V_i}} \tag{8-3}$$

由此可解得 r，可求喉管直径 D_h：

$$A_t = \frac{A_i}{\sqrt{\dfrac{C^2}{V_i^2} \cdot 2gh + 1}} = \frac{\pi}{4} \cdot D_h \tag{8-4}$$

$$D_h = \sqrt{\frac{4A_i}{\pi\sqrt{\dfrac{C^2}{V_i^2} \cdot 2gh + 1}}} \tag{8-5}$$

考虑到主流体与旁流体是同向混合，因此令两股流体在混合前的动量等于混合后联合流的动量，于是

$$W_p V_p + W_s V_s = \left(W_p + W_s\right)V_t \tag{8-6}$$

278

式中，W_p、W_s 为主流及次流在单位时间内的质量流速；V_p、V_s、V_t 为主流、次流及联合流的流速。

而通过喉管的速度必须保持恒定，以符合文丘里原理。所以令 $V_p=V_t$，可得 $V_p=V_t=V_s$，而 $A_t = \dfrac{W_p + W_s}{V_t} = (\pi/4)D_h^2$，于是

$$D_h = \sqrt{\frac{4(W_p + W_s)}{\pi \cdot V_t}} \tag{8-7}$$

系统内动能的变化则为

$$\frac{W_p V_p^2}{2g} + \frac{W_s V_s^2}{2g} \tag{8-8}$$

两流体最终的动能：

$$\frac{(W_p + W_s)V_t^2}{2g} = \frac{W_p + W_s}{2g} \cdot \frac{(W_p V_p + W_s V_s)^2}{(W_p + W_s)^2} \tag{8-9}$$

文丘里混合器的效率 θ 表示为

$$\begin{aligned} \theta &= \frac{\text{最终动能}}{\text{初始动能}} \\ &= \frac{(W_p V_p + W_s V_s)^2}{(W_p + W_s)(W_p V_p^2 + W_s V_s^2)} \end{aligned} \tag{8-10}$$

令流量比为 $A = \dfrac{W_p}{W_s}$，流速比为 $B = \dfrac{V_s}{V_p}$。

将式（8-10）化简得

$$\theta = \frac{(A+B)^2}{(A+1)A(1+B^2)} \tag{8-11}$$

喷嘴与喉管的距离取决于喉管直径。当喷嘴直径和喉管直径分别为 a 和 b 时，则最佳距离应为 $\Delta h = \dfrac{b-a}{2}$。入口锥度等于锥体长度，近似等于 2.5 倍主管直径。为使流体中动能变为压力能，出口锥度以 5°6′ 为最佳。

图 8-4 中 L_1、L_2、L_3 三部分几何尺寸的比例符合一定要求。收缩管的中心角 β=25°，扩散管的扩散角 α=7°。这种几何形状的选择，使液体通过文丘里管时的压力降损失可以得到有效回收，达到通过喉管部分压头损失的 85%。L_1 和 L_3 的长度是根据前后连续管的管径 D 而定的。喉管越长，效率越高，但阻力越大。为提高效率，尤其当喉管内径很小时，管长 L_2 往往比管径 D 大，一般取 $L_2=D$。这种设计经实践证明效率很高，阻力也不大。

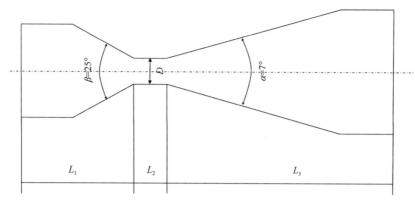

图 8-4　文丘里管的结构尺寸

8.2.2　工具的流体压耗分析

1. 工具内部结构的压耗模型

由于现场施工过程中泵压不能过大，压耗的合理分配尤为重要，需要研究工具内部压耗损失。工具压耗损失主要由三部分构成：一是管壁压耗损失，主要由工具管壁的粗糙度与钻井液的雷诺数决定，而喷嘴的压耗损失与喷嘴的直径和形态有关；二是将吸入环空中带有岩屑的钻井液加速到一定速度所需的压耗，这一项主要与吸入钻井液的量和岩屑粒子量有关，当吸入的混合物与上喷嘴喷出的钻井液速度相同时，压耗损失消失，这是内部颗粒的大小与液滴大小不同导致惯性不同，从而导致其加速与减速的快慢不同，在工具内的速度是一直变化的，所以夹带粒子造成的能量损耗是一直存在的；三是固–液界面之间摩擦产生的压降，这部分能量损耗较小。

1）喷嘴压耗损失与管壁压耗损失

A. 喷嘴压耗损失

根据相关文献[106]，选择锥形喷嘴，最佳锥形喷嘴入口角度是 13°，接一段长为喷嘴直径 3 倍的直管，由此计算出流体流过上喷嘴的压耗损失。

$$p = \frac{0.082\rho Q^2}{\xi^2 d_c^4} \tag{8-12}$$

式中，p 为压耗，Pa；Q 为泵的排量，L/s；d_c 为喷嘴当量直径，mm；ρ 为钻井液密度，kg/m³；ξ 为喷嘴流量系数。

B. 管壁压耗损失

假设所使用的钻井液是水基钻井液，满足牛顿流体特性，可计算雷诺数：

$$Re = \frac{vD_i\rho}{\mu} \tag{8-13}$$

式中，v 为动力黏度，N·s/m²。

混合液体在工具内部流动时的摩擦系数可由式（8-14）计算：

$$f = \frac{p}{Re^q} \tag{8-14}$$

对于紊流（$Re > 2000$），p、q 的值由流态指数（n、m）确定，即

$$p = \frac{\lg n + 3.93}{50} \tag{8-15}$$

$$q = \frac{0.75 - \lg m}{7} \tag{8-16}$$

根据范宁方程，流体在工具内部的压耗由式（8-17）求出：

$$\mathrm{d}(\Delta p_i) = \frac{2 d_c f \rho \mathrm{d}L \mathrm{d}(v_0 + \mathrm{d}v)^2}{D_i} \tag{8-17}$$

式中，$\mathrm{d}(\Delta p_i)$ 为工具内部某一段的能量损失，Pa；$\mathrm{d}L$ 为工具内一段长度，m；v_0 为流体从喷嘴喷出时的速度，m/s；v 为流体流速；D_i 为工具在某一位置的直径，m。

2）加速岩屑的压耗损失

（1）假设在进液口吸入的固液混合物速度为 0，由动量守恒可知：

$$m_0 v_0 = (m_0 + \mathrm{d}m_a)(v_0 + \mathrm{d}v) \tag{8-18}$$

压耗损失为

$$\Delta P_r = \frac{1}{2} \rho v_0^2 - \frac{1}{2}(\rho + \mathrm{d}\rho)(v_0 + \mathrm{d}v)^2 \tag{8-19}$$

式中，ΔP_r 为加速岩屑产生的压耗，Pa；m_0 为从喷嘴喷出的钻井液质量，kg；m_a 为从环空吸入固液混合物质量，kg。其中 m_0 与 m_a 的关系可以由体积抽射系数表示。

体积抽射系数[45] 表示吸入环空钻井液的能力，用 β 表示：

$$\beta = \frac{Q_a}{Q_1} \tag{8-20}$$

式中，Q_a 为吸入带有粒子的钻井液体积流量，m³/s；Q_1 为从上部喷嘴喷出的钻井液的体积流量，m³/s。

$$\beta = \frac{m_a / \rho_a}{m_0 / \rho_0} \tag{8-21}$$

式中，ρ_a 为吸入固液混合物密度，kg/m³；ρ_0 为工作钻井液密度，kg/m³。

β 值可以用式（8-22）计算：

$$\beta = k \sqrt{\frac{\Delta p_2}{\Delta p_3}} - 1 \tag{8-22}$$

式中，$\Delta p_2 = p_2 - p_3$，为混合前产生的压力差，Pa；$\Delta p_3 = p_3 - p_a$，为混合后产生的压力差，Pa；p_2、p_a、p_3 分别为喷嘴喷出钻井液压力、被吸入钻井液压力和混合之后的压力；k 取 0.9。

（2）夹带岩屑的压耗损失。

流体在夹带岩屑时，产生的压耗损失为

$$\Delta P_a = f / (A + \mathrm{d}A) \tag{8-23}$$

得到的阻力模型[46] 表示为

$$f = \frac{3}{4} E_f \frac{a_s a_1 \rho |\boldsymbol{v}_s - \boldsymbol{v}_1|}{d_s} a_1^{-2.65} (\boldsymbol{v}_s - \boldsymbol{v}_1) \tag{8-24}$$

其中：

$$E_f = \frac{24}{a_1 Re_p} \left[1 + 0.15 (a_1 Re)^{0.687} \right] \tag{8-25}$$

式中，E_f 为阻力系数；a_1 为液相体积分数；a_s 为固相体积分数；ρ 为液相密度，kg/m^3；$\boldsymbol{v}_s$ 为固相速度矢量，m/s；$\boldsymbol{v}_1$ 为液相速度矢量，m/s；d_s 为岩屑直径，m；Re_p 为颗粒雷诺数。

2. 工具的压耗损失分析

为了解不同压耗损失情况，设计工具的结构参数与施工的工程参数，并通过上面建立的模型计算得到不同压耗所占总压耗的比例。

1）相关参数

相关参数如表 8-1 所示。

表 8-1　相关参数

名称	符号	数值	单位
喷嘴当量直径	d_c	16	mm
环空压力	P	30	MPa
岩屑质量分数	w	8	%
岩屑粒径	d_s	0.5	mm^2
液相密度	ρ	1.35	g/cm^3

2）压耗损失所占比例

图 8-5 为不同压耗损失所占比例。管壁与流体摩擦压耗所占比例最大，在 78.3% 左右；加速岩屑的压耗损失所占比例大约为 19.1%；固液之间摩擦压耗占总压耗比例在 2.6%，可以忽略不计。

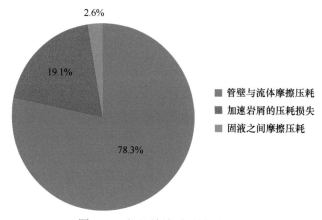

图 8-5　不同压耗损失所占的比例

8.2.3　粒子射流冲击强度的影响因素分析

当下喷嘴直径一定时，喷出的射流压力越大，产生的冲击强度越大。在泵压一定时，射流产生的压力主要与工具内部压耗损失有关，因此混合液体从上喷嘴进入流经工具内部，从下喷嘴喷出的压力可表示为

$$P_d = P_0 - \Delta P \tag{8-26}$$

式中，P_d 为粒子射流在钻头喷嘴处的压力，Pa；P_0 为流体从上喷嘴进入时的压力，Pa；ΔP 为压耗损失，Pa。

设定某一因素变化，在其他因素不变的情况下，对所建模型进行求解分析。

1. 上喷嘴直径对压力的影响

由图 8-6 中曲线可知，随着上喷嘴直径变大，压力先增大后减小，存在最优上喷嘴直径，为 10mm。

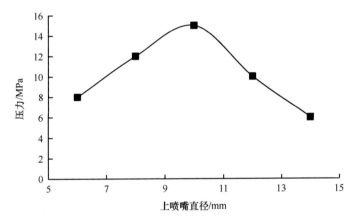

图 8-6　不同上喷嘴直径与下喷嘴射流压力的关系曲线

2. 喉管直径对压力的影响

由图 8-7 中曲线可知，随着喉管直径变小，开始阶段下喷嘴射流压力增长缓慢，喉管直径减小到某一值之后，下喷嘴射流压力增长迅速。

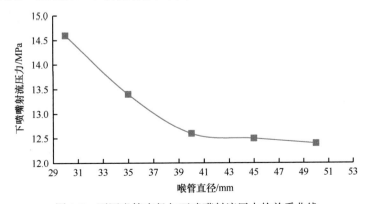

图 8-7　不同喉管直径与下喷嘴射流压力的关系曲线

3. 喉管长度对压力的影响

由图 8-8 中曲线可知,喉管长度对下喷嘴射流压力没有影响。

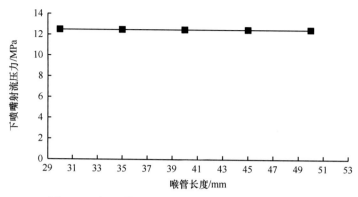

图 8-8　不同喉管长度与下喷嘴射流压力的关系曲线

4. 岩屑粒子质量分数对压力的影响

由图 8-9 中曲线可知,随着岩屑粒子质量分数变大,下喷嘴射流压力先变大后变小,存在最优岩屑粒子质量分数,为 12%。

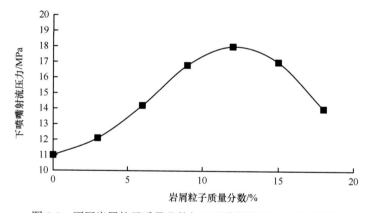

图 8-9　不同岩屑粒子质量分数与下喷嘴射流压力的关系曲线

5. 粒子直径对压力的影响

由图 8-10 中曲线可知,较小直径的粒子对下喷嘴射流压力没有太大影响,随着粒子直径的增大,下喷嘴射流压力先变大后变小。

综上所述:

(1)设计了基于文丘里效应的井下自循环粒子冲击钻井工具,并通过理论计算得到核心部件文丘里管的结构尺寸。

(2)建立了粒子冲击钻井工具内部流体流动的压力模型。由模型因素分析可知,能量损耗是影响工具射流压力的主要因素。工具主要的能量损耗由管壁粗糙度与流体雷诺数决定。这两者越小,工具的射流压力越大,加速粒子的能耗与粒子浓度有关,固液之间摩擦压耗较小。

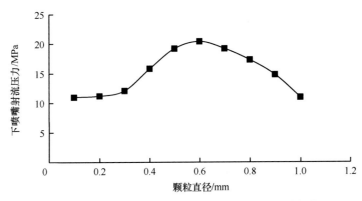

图 8-10 不同颗粒直径与下喷嘴射流压力的关系曲线

（3）随着上喷嘴直径、岩屑粒子质量分数与颗粒直径变大，下喷嘴射流压力先变大后变小，存在最优值；随着喉管直径的变大，下喷嘴射流压力变小；喉管长度对下喷嘴射流压力没有影响。

8.3 工具数值模拟及结构优化

8.3.1 工具原理的数值模拟

基于文丘里效应的粒子冲击钻井工具的可行性分析，主要包括工具能否吸入环空粒子；能否在下部钻头喷嘴产生有效射流，从而实现工具内部与环空的循环。这两个因素主要受工具结构尺寸影响。因此，数值模拟能够分析工具正常工作情况下的结构参数，并对工具的结构参数进行优化。

根据研究需要，将工具简化为上喷嘴、喉管、扩散管和下喷嘴。为模拟流体在工具内部与环空的循环流动，将工具与环空简化成一个物理模型。将固液两相简化为单相流体的流动，在实际钻进过程中钻柱内部钻井液的流动状态为湍流流动，建立单相流在工具内的湍流模型。

1.物理模型及网格划分

物理模型见图 8-11，网格模型见图 8-12。根据理论公式初步计算，确定工具主要结构尺寸：上喷嘴直径为 D_s，喉管长度为 L，喉管直径为 D_h，扩散管的扩散角为 α，扩散管长度为 H，模型中将钻头喷嘴直径换算成当量直径，称为下喷嘴直径，为 D_0。长度单位为 mm，角度单位为（°）。由于模拟过程中下喷嘴直径不变，下喷嘴喷速越大，射流的冲击能力越强。

数值模拟模型应用雷诺平均纳维-斯托克斯（Navier-Stokes，N-S）方程，根据标准 k-ξ 湍流模型进行计算，得到液体在工具内的速度场和压力场，入口边界为速度入口，出口边界为环空围压，设置流体流动状态为湍流。

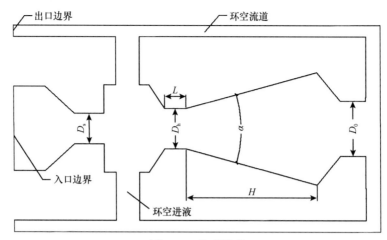

图 8-11　物理模型

2. 模拟条件

井深为 3000m，井底温度为 100℃，环空围压为 35.3MPa，钻井液密度为 $1.2g/cm^3$，泵的排量为 30L/s，入口速度为 15m/s，动力黏度为 1.0mPa·s。

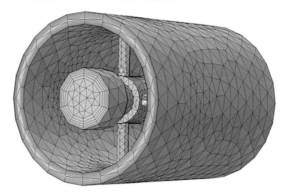

图 8-12　网格模型

8.3.2　工具自循环射流原理可行性分析

1. 工具的自循环射流原理

模拟得到流体在工具内部流动的压力场，如图 8-13 所示。压力场分为 4 个区，1 区为射流边界，2 区为局部低压区，3 区为环空区，4 区为碰撞高压。1 区是由高速射流的卷吸作用产生的低压区，该低压区保证了环空流体的引入；2 区是射流边界的过渡区，该区域压力由低变高；3 区是工具与井壁形成的环空空间，压力相对比较低；4 区是由于流通孔道的骤然缩小与流体对管壁的冲击产生的高压区。

工具内部流体流动的速度场见图 8-14。1 区是射流的主体区域，该区域流速最高，随着周围液体不断流入，射流边界不断扩张，由于射流流体与被吸入流体动能的转换，射流主体速度逐渐降低；当流体到达 3 区时，流道缩小，压力上升，一部分流体向低压的 2 区回流；由于上部流体对回流流体产生阻力，形成涡旋，3 区压力的大小决定了回流高度与回流液体的量；液体经过 3 区流到直径较小的下喷嘴，从下喷嘴高速喷出，喷出的液体通过环空 4 区流向低压 1 区，实现流体在工具内部与环空的循环。

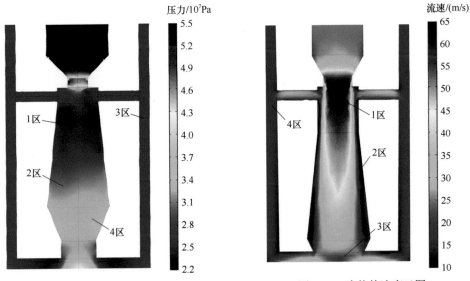

图 8-13　流体的压力云图　　　　　　　图 8-14　流体的速度云图

2. 自循环射流的可行性分析

选取的上喷嘴直径分别为 26mm、28mm、30mm、32mm、34mm，分别进行有限元数值模拟，得到下喷嘴喷速随上喷嘴直径变化曲线，并得到引射系数随上喷嘴直径变化曲线，具体如图 8-15 所示。其中，引射系数为进液口进入液体体积与上喷嘴喷出液体体积的比值。

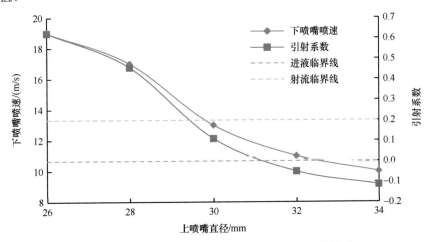

图 8-15　下喷嘴喷速、引射系数与上喷嘴直径的关系

由图 8-15 可知：随着上喷嘴直径变大，下喷嘴喷速与引射系数变小。一方面由于射流速度变大，进液腔内压力变小，加速对环空中钻井液的吸入；另一方面射流速度增大，导致射流边界扩大，钻井液回流现象明显降低。图 8-15 中的射流临界线表示下喷嘴能够

实现射流的临界速度，通过计算喷速为 13.4m/s 时下喷嘴能够产生射流，对应的上喷嘴直径为 30mm，即上喷嘴直径小于 30mm 时，下喷嘴能够产生射流。图 8-15 中的进液临界线表示是否有液体吸入工具内部，即是否产生文丘里效应，进液临界线对应上喷嘴直径为 32.5mm，即上喷嘴直径小于 32.5mm 时，产生文丘里效应。所以，当上喷嘴直径小于 30mm 时，工具能够实现文丘里效应，并在下部喷嘴形成射流，说明工具原理可行。

工具基于文丘里效应吸入环空液体，并在下部喷嘴处产生射流，流体流入环空，完成工具内部与环空的循环。这说明基于文丘里效应的自循环粒子冲击钻井技术在原理上是可行性的。

8.3.3 工具的结构优化

1. 喉管长度对下喷嘴喷速的影响

选取喉管长度为 15mm、20mm、25mm、35mm、45mm，分别进行有限元模拟，得到下喷嘴喷速随喉管长度变化曲线，如图 8-16 所示。

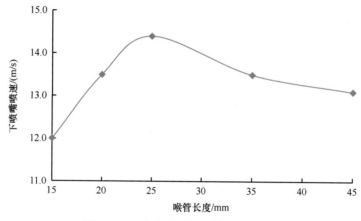

图 8-16　下喷嘴喷速与喉管长度的关系

由图 8-16 可知：喉管长度对下喷嘴喷速的影响是先增大后减小的，存在最优喉管长度。两部分流体混合主要发生在喉管内，适当的喉管长度可以使流体充分混合，喉管长度过小，会导致射出的液体成束效果不好，回流现象明显。由图 8-16 可知，最优喉管长度为 25mm。

2. 扩散角对下喷嘴喷速的影响

选取扩散角为 4°、6°、8°、10°、12° 共 5 种组合，分别进行有限元模拟，得到下喷嘴喷速随扩散管扩散角的变化曲线，如图 8-17 所示。

由图 8-17 可知，扩散角对下喷嘴喷速影响不大，扩散角的变化主要影响压能转换为动能的程度与能量损失，由此得出当扩散角为 6° 时，能够将钻井液通过喉管时的压耗降至 80%，消耗能量最少。

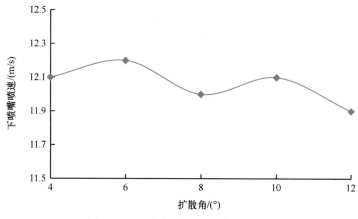

图 8-17 下喷嘴喷速与扩散角的关系

3. 喉管直径对下喷嘴喷速的影响

选取喉管直径为 30mm、35mm、40mm、45mm、50mm 共 5 种尺寸，分别进行有限元模拟，得到下喷嘴喷速随喉管直径变化曲线，如图 8-18 所示。

由图 8-18 可知：当喉管直径大于 40mm 时，下喷嘴喷速变化很小。当喉管直径小于 40mm 时，喷出的液体成束效果好，相当于增大上喷嘴的射流长度，从而增加液体的吸入量，下喷嘴喷速增大，但会产生过大的压耗损失。由图 8-18 可知，工具喉管直径的最优尺寸为 40mm。

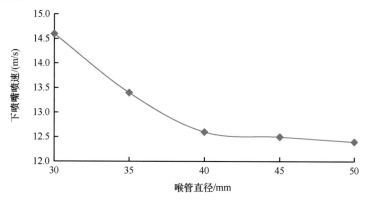

图 8-18 下喷嘴喷速与喉管直径的关系

综上所述：

（1）数值模拟研究表明，工具能够吸入环空液体，并在下部喷嘴形成射流，完成钻井液在其内部与环空的循环，验证了基于文丘里效应的井下自循环粒子射流钻井方法的原理是可行的。

（2）通过下喷嘴喷速优化工具结构，下喷嘴喷速受喉管直径、喉管长度与扩散管扩散角等因素影响。当喉管直径大于 40mm 时，下喷嘴喷速变化很小。当下喷嘴直径小于40mm 时，随着直径变小下喷嘴喷速明显增大。喉管长度对下部喷嘴喷速的影响是先增大后减小的。扩散管的扩散角对下喷嘴喷速没有较大影响。

8.4　粒子冲击钻井工具的室内试验及结果分析

根据理论计算与数值模拟分析结果，以室内试验为依据，设计了基于文丘里效应的粒子冲击钻井小尺寸原理样机与全尺寸样机。为了研究工具能否吸入液体，以及工具结构尺寸、施工参数对小尺寸工具的吸入液体能力的影响，需要进行小尺寸工具原理试验。为了探索基于文丘里效应的粒子冲击钻井工具的破岩能力及引射能力，为下一步现场施工奠定基础，需要进行全尺寸工具样机试验。

8.4.1　原理样机可行性试验

工具的文丘里管结构，直接影响工具能否够将环空液体吸入内部。根据试验需要，将文丘里管的喉管设计成可以更换尺寸的喷嘴，喷嘴与喉管的作用相同，都是使流过的液体形成射流，从而起到吸入环空液体的作用。

工具设计外径为 100mm，如图 8-19 所示，上喷嘴直径分别为 6mm、8mm、10mm，下喷嘴直径分别为 14mm、20mm、26mm。工具上部与高压泵相连，高压泵的最大排量为 20L/min，下端与排液管相连。工具外壁上的小口通过塑料管与量筒相连，用于确定工具的吸液能力。

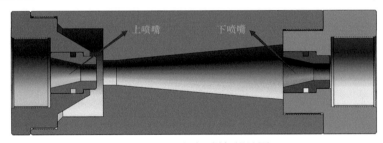

图 8-19　工具原理样机设计图

该试验的目的：明确能够使工具吸入液体的喷嘴组合；探究不同喷嘴组合的最低吸液排量；工具吸液速度与高压泵的排量的关系，如图 8-20 所示。

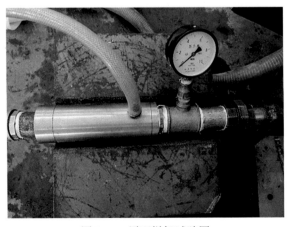

图 8-20　原理样机试验图

高压泵通过变频器来启动，变频器的频率越大，高压泵的排量越大。工具的吸液能力用吸液速度来评价。

通过试验得到表 8-2 的试验结果。当上喷嘴直径为 6mm 时，随着下喷嘴直径变大，工具的吸液速度增大；当上下喷嘴组合为 6-14mm 时，泵的变频器频率大于 25Hz 时，工具不再吸液。当上喷嘴直径为 8mm 时，随着下喷嘴直径变大，工具的吸液速度增大，但吸液速度比上喷嘴直径为 6mm 时小很多，比上喷嘴直径为 10mm 时大很多。当上喷嘴直径为 10mm 时，三种喷嘴组合的吸液能力都比较差。当上喷嘴直径为 6mm、8mm、10mm 时，随着下喷嘴直径变大，工具开始吸液时泵的最小频率增大。

表 8-2　工具原理试验结果

喷嘴组合/mm	泵最小频率/Hz	最小频率吸液速度/(mm/s)	泵 15Hz 吸液速度/(mm/s)	泵 20Hz 吸液速度/(mm/s)	泵 25Hz 吸液速度/(mm/s)	泵 30Hz 吸液速度/(mm/s)	泵 35Hz 吸液速度/(mm/s)
6-14	10	1.0	1.2	3.4			
6-20	9	1.5	2.4	8.6	12.7	12.8	
6-26	8	2.0	3	9.5	12.5	12.6	11.3
8-14	30	0.5				液面平衡	吸液较慢
8-20	25	1.2			1.2	3.6	4.8
8-26	16	4.5		5.8	7.6	7.4	6.5
10-14							
10-20	28	1.8				2.9	4.6
10-26	24	2.5				4.8	5.2

通过分析可知：上喷嘴越小，工具越容易吸入液体；下喷嘴越大，越容易吸入液体；在一定的比率范围内，上下喷嘴相差越多，越容易吸入液体。随着泵排量升高，工具的吸液能力并不是一直升高，当泵排量达到一定程度时，会产生过大的压耗，使得工具的吸液能力不升反降。

8.4.2　全尺寸样机试验

为研究工具的引射能力与破岩能力，需要进行全尺寸样机试验系统研究。试验系统主要由岩石、高压泵、水箱、固液混相水箱和搅拌器等组成，如图 8-21 所示。选取清水为循环液体，使用不同直径的石英砂模拟岩屑。水箱中装有清水，通过高压泵将清水压入工具内部，高压管线上安装压力表，测量清水泵入工具内部时的压力大小。固液混相水箱中混有颗粒的纯净水，通过搅拌器搅拌，使其混合均匀，与工具相通的管道上装有可更换筛网，根据试验所设计颗粒粒径大小选择合适的筛网尺寸，管道上装有流量计，记录工具吸入固液混合物的体积。试验台上放有岩石，将岩石固定在圆形卡盘上，工具被垂直固定在试验台上。

1. 试验目的

该工具将用于井下环境。通过吸收环空中的岩屑作为冲击粒子，工具的引射系数决定了射流中粒子的浓度。引射系数与破岩能力是评价工具性能的标准，其中引射系数由喷嘴直径与泵排量决定，破岩能力由粒子质量分数与颗粒大小决定。本试验主要研究工具的引射能力与破岩能力的影响因素。

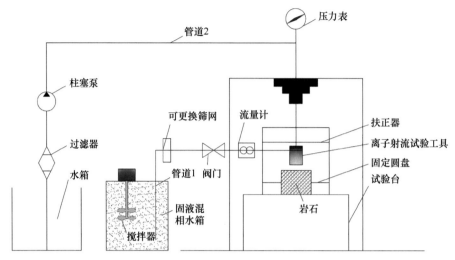

图 8-21　基于文丘里效应的粒子射流试验系统

2. 试验方案

（1）向固液混相水箱中加入清水，打开柱塞泵，泵排量设置为 20L/min，在下喷嘴不变的情况下，改变上喷嘴直径，记录流量计示数，并测量破岩深度；在上喷嘴不变的情况下，改变下喷嘴直径，记录流量计示数，并测量破岩深度。该试验主要为研究工具上下喷嘴直径大小对工具引射系数与破岩能力的影响。

（2）向固液混相水箱中加入清水，打开柱塞泵，记录流量计示数，改变泵排量，重复上述试验。该试验主要为研究泵排量对工具引射系数的影响。

（3）向固液混相水箱中加入不同质量的石英砂，其中石英砂直径相同，打开柱塞泵，泵排量设置为 20L/min。在冲击一段时间后，测量岩石破碎深度。该试验主要为研究粒子质量分数对工具破岩能力的影响。

（4）向固液混相水箱中加入粒径不同的石英砂，每次控制石英砂的质量分数一致，打开柱塞泵，泵排量设置为 20L/min，对岩石冲击一段时间，测量岩石破碎深度。该试验为研究粒子大小对工具破岩能力的影响。

3. 试验结果

1）工具喷嘴直径对引射能力和破岩能力的影响

由试验方案 1 可得图 8-22、图 8-23。当下喷嘴直径一定时，上喷嘴直径越小，喷嘴产生的射流速度越大，卷吸能力越强，引射系数越大。当上喷嘴直径过小时，由于流体流过喷嘴产生的压耗过大，引射系数增长不明显。当上喷嘴直径变大时，喷嘴产生的射流不能较好成束，卷吸能力降低，引射能力变弱；当上喷嘴直径不变时，由于下喷嘴直径过小，产生憋压回流的现象，工具的引射系数小于零，随着下喷嘴直径变大，回流现象减弱，引射能力变强。下喷嘴直径增大到一定值时，液体不产生回流，工具的引射能力不发生改变。由图 8-22 和图 8-23 可得工具能够吸液的最大上喷嘴直径为 10mm，最小的下喷嘴直径为 11mm。

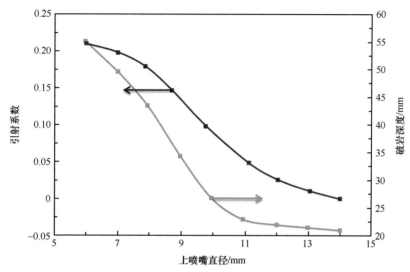

图 8-22   上喷嘴直径对引射系数与破岩深度的影响

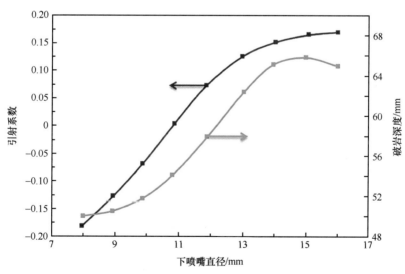

图 8-23   下喷嘴直径对引射系数与破岩深度的影响

图 8-22 中的破岩深度曲线与引射系数曲线大体趋势一致，随着上喷嘴直径增大，破岩深度变小。当上喷嘴直径较大时，工具引射能力较小，吸入粒子较少，主要依靠水射流破岩，所以破岩深度变化不明显。当上喷嘴直径较小时，压耗损失较大，射流能量衰减，粒子射流破岩能力增长缓慢。

如图 8-23 所示，开始阶段，随着下喷嘴直径变大破岩深度增长平缓，这是由于下喷嘴直径较小时，内部流体憋压和回流现象严重。随着下喷嘴直径变大，憋压现象减弱，破岩能力增强。随着下喷嘴直径的进一步增大，工具吸入液体的能力不再变化，粒子射流的直径变大，动能减弱，破岩能力降低。

2）泵排量对引射能力的影响

由试验方案 2 得到泵排量与引射系数的关系曲线，如图 8-24 所示。由图 8-24 中的曲线可知，随着泵排量升高引射系数逐渐变大，当泵排量较小时，工具并没有吸液能力，当泵排量达到 20L/min 时，工具开始吸液。

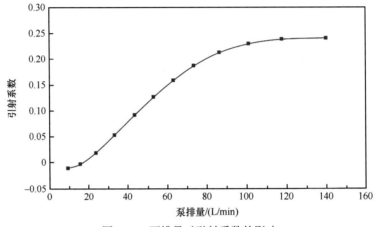

图 8-24　泵排量对引射系数的影响

这主要是因为随着泵排量升高，射流速度增大，卷吸能力变强，更多的液体被吸入工具内部。当泵排量过大时，上喷嘴会产生过大的压耗，下喷嘴也会由于憋压产生回流现象，引射系数增加缓慢。

3）粒子质量分数对破岩能力的影响

由试验方案 3 得到粒子质量分数与破岩体积的关系曲线。由图 8-25 可知，加入粒子后射流的破岩效果优于纯水射流的破岩效果，这是由于加入的粒子密度比水大，经过射

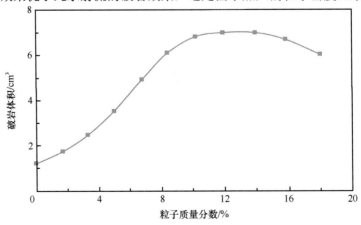

图 8-25　粒子质量分数对破岩体积的影响

流加速能够获得较大的动能,增强破碎岩石的能力。当粒子质量分数较小时,随着粒子质量分数增大,破岩体积迅速增大,这是由于在较低的粒子质量分数条件下,工具将带有粒子的液体吸入工具内部能耗较少,液体与粒子能够充分混合。随着粒子质量分数的增大,工具吸入粒子的能耗变大,粒子之间相互碰撞导致粒子与水射流混合不均匀,所以随着粒子质量分数的增大,粒子射流的破岩能力反而逐渐减弱,最优粒子质量分数为9%。

4)粒子颗粒大小对破岩能力的影响

根据试验方案 4,分别选取直径为 0.1mm、0.2mm、0.3mm、0.4mm、0.5mm、0.6mm、0.7mm、0.8mm、0.9mm 和 1.0mm 的颗粒进行对比试验,其质量分数都为 8%,得到图 8-26 中的曲线,工具的破岩能力随着粒子的直径增大而增大,但粒子直径过大会导致粒子与射流混合不均匀,岩屑粒子直径存在一个临界值,该直径的粒子具有最大的冲击能力,该值在 0.5mm 左右。

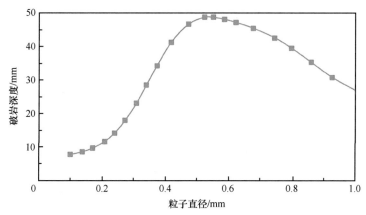

图 8-26 粒子颗粒大小对破岩深度的影响

综上所述,基于文丘里效应的粒子冲击钻井方法,是一种综合利用粒子冲击与文丘里效应的新型钻井技术。该技术直接在井底利用破碎岩石生成的岩屑为介质,通过工具形成粒子射流作用于井底,利用岩屑颗粒的冲击磨削、水射流的冲击,提高钻进效率。

本章通过试验研究与理论研究相互结合的方法,得出的主要结论如下。

(1)对粒子冲击钻井技术进行了整体了解,以文丘里效应的理论研究为基础,提出了基于文丘里效应的粒子冲击钻井工具设计原理,并完成了粒子冲击钻井工具的原理样机设计,通过理论计算得出了流体在自循环状态下的压力状况与速度状况。

(2)明确了工具的设计目的及思路,通过理论计算得到了工具的核心结构尺寸。建立了工具内部流体流动的压耗模型,分析了工具结构、粒子参数对压耗损失的影响。分析结果表明:主要的能量损耗由管壁粗糙度与流体雷诺数决定,这两者越小,工具的射流压力越大;随着上喷嘴直径、粒子质量分数与粒子直径变大,射流压力先变大后变小,存在最优值;随着喉管直径变大,射流压力变小;喉管长度对射流压力没有影响。

(3)应用数值模拟方法,验证了工具能够吸入环空液体并在下部喷嘴形成射流,完成钻井液在其内部与环空的循环,证明粒子冲击钻井工具在理论上可行。可以通过下喷嘴的喷速来优化工具结构;下喷嘴喷速受喉管直径、喉管长度与扩散管的扩散角等因素影响，喉管直径大于 40mm 时，下喷嘴喷速变化很小；下喷嘴直径小于 40mm 时，随着直径变小下喷嘴喷速明显增大。

（4）由小尺寸工具的室内验证试验可知工具能够吸入岩屑并在下喷嘴形成粒子射流，验证了利用环空岩屑作为冲击粒子钻井方法的可行性。由全尺寸工具的室内试验得到：当下喷嘴直径不变时，随着上喷嘴直径变大，引射能力与破岩能力提高；当上喷嘴直径不变时，随着下喷嘴直径变大，引射能力提高，破岩能力先变大后变小，存在最优下喷嘴直径，工具能够吸液的最大的上喷嘴直径为 10mm，最小下喷嘴直径为 11mm；泵排量与引射能力呈正相关，工具能够吸液的最小排量为 20L/min；随着粒子直径、粒子质量分数变大，粒子射流的破岩能力先变大后变小，最优粒子直径为 0.5mm，最优粒子质量分数为 9%。

第 **9** 章

随钻扩眼器研发

9.1 工具简介及技术要求

9.1.1 工具简介

随着我国油气勘探开发向深部转移，深井、超深井、大位移水平井等高难度井作业大量增加，井眼缩径越来越多。井眼缩径，环空间隙变小，岩屑沉积与泥包发生的可能性增大，引发钻具下入困难、固井质量差、生产套管寿命缩短等一系列问题。

我国江汉、胜利、塔里木、中原等油田都有大段盐膏层，岩石蠕变对该地区钻完井与采油作业存在着长期威胁。库车山前盐膏层易蠕变，且因地层承压能力低，难以通过提高钻井液密度的方法对其进行抑制。常规技术途径是通过反复划眼消除盐膏层蠕变缩径，但耗时长，严重影响钻井周期，且易出现井漏、卡钻、溢流、缩径等复杂事故，如图 9-1 所示。

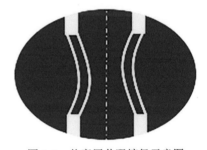

图 9-1　盐膏层井眼缩径示意图

井眼缩径需要应用扩眼技术进行扩径。扩眼技术的核心是在不改变套管尺寸的情况下，扩大复杂地层裸眼段井眼尺寸，在降低钻井作业成本、提高油气井建井质量、优化井身结构、提高固井质量等方面具有重要意义。

扩眼作业形式可分为钻后扩眼和随钻扩眼。钻后扩眼技术是在钻完整个井眼后再下入扩眼工具，扩大已有井眼的直径。随钻扩眼技术是将扩眼工具连接到常规井下钻具组合中的方式，实现扩眼和钻进同步，能够有效解决深井井眼缩径问题。相比钻后扩眼技术，随钻扩眼技术可一次性完成钻井眼和扩眼两种作业，减少了起下钻和接单根环节，大大节约了时间成本。

扩眼工具经过了固定切削刀翼式、机械展开扩张式、悬臂液压展开扩张式和滑移液压展开扩张式等数代发展阶段[107-109]。以工具结构为标准，扩眼工具可划分为钻头型扩眼器和独立结构型扩眼器两大类，如图 9-2 所示。其中钻头型扩眼器可分为双心钻头、近钻头扩眼器和可变径钻头，独立结构型扩眼器可分为偏心扩眼器和同心扩眼器。

双心钻头是扩眼工具的最早雏形，可追溯至 20 世纪 90 年代初期。双心钻头具有两个旋转中心的 PDC 钻头，由领眼钻头和扩眼刀翼组成，如图 9-3 所示。当双心钻头通过套管时，领眼钻头心轴与套管心轴不重合，即采用钻头偏心的方式顺利通过套管。当通过套管后，旋转钻头，领眼钻头首先在井底钻出一个领眼孔径，随着钻进的继续，扩眼刀翼以领眼钻头轴线为旋转轴线开始切削地层，在领眼孔径的基础上扩出一个更大的孔径，此时该扩眼孔径为领眼钻头的刀翼最大外轮廓值。

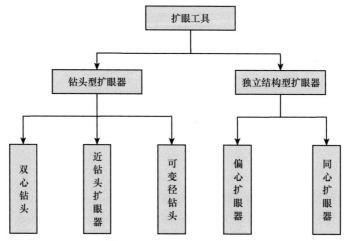

图 9-2　扩眼工具分类情况

偏心扩眼器采用了与双心钻头相同的扩径原理与结构[110]，如图 9-4 所示。扩眼部件一般采用单扩刀和多扩刀结构，工具下部设计有导向扶正功能的稳定块，其作用是保证偏心扩眼器能顺利下入领眼钻头已钻井眼中，并且平衡岩石对扩眼刀翼的作用，稳定扩眼器，减缓偏斜与振动。该工具安装在下部钻具组合中，为获得更好的扩径效果，可配合稳定器使用。该类型扩眼器既可随钻扩眼，也可单独工作。使用时，其由于结构和安装位置结构特点，为井下钻具组合的匹配提供了较大的选择性，无活动部件，可靠性高，扩径效果明显。

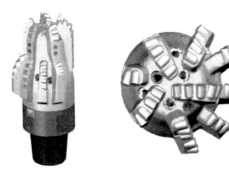

图 9-3　双心钻头和工作原理示意图

图 9-4　偏心扩眼器

以上两种类型的扩眼器，在使用上存在着一个致命的缺陷，即对可通过的井眼尺寸有一定的要求，且扩径率受尺寸的限制。很多时候，是在通过上层套管之后便开始实施扩眼，这样便会导致施工工艺复杂，时间周期长，扩眼段不具有针对性。例如，因某深度地层存在盐膏层，其蠕变会造成卡钻等事故，需对该段盐膏层实施扩眼工艺，但该盐膏层厚度不大。使用双心钻头或是偏心扩眼器，需要一直钻至该段地层完成后才能扩径，大大增加了作业量和成本。

298

为了对定向地层扩眼，需要设计一种可伸缩式扩眼器。投球式机械扩眼器是早期的可伸缩式扩眼器。该扩眼器在未启动时，扩眼刀翼在壳体内部，减小了工具最大外径，可顺利通过领眼钻头钻出的井眼，下到目标地层，提高了扩眼器的通过性与各种工况的适用性。启动扩眼器时，投入一定直径的钢球，用钻井液缓慢送入扩眼器内部，实施憋压，扩眼刀翼被逐渐推出壳体，与井壁接触实施扩径。扩径完成后，下部弹簧上推心轴，收回刀翼。

该扩眼器结构简单，使用方便，但也存在一些问题。该工具通过投球憋压推动扩眼刀翼向外伸出，会导致水力能量消耗过大，在实施随钻扩眼时，影响领眼钻头的水力清洗、冷却和携岩能力，如图 9-5 所示。另外，扩眼刀翼与本体的连接机构强度不够会造成扩眼器在大载荷下失效。

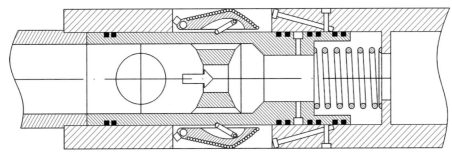

图 9-5　投球式机械扩眼器

液压式扩眼器为第三代扩眼器，已成为现阶段的主流扩眼器。该扩眼器通过控制钻井参数，采用水力活塞式结构，利用压降推动活塞外张扩眼刀翼。国外 Smith、Halliburton、BakerHughes、NOV 等公司，以及国内胜利石油管理局有限公司钻井工艺研究院等科研单位都推出了相关产品[109,111,112]。其中斯伦贝谢 Rhino 扩眼器最具有代表性。

1）斯伦贝谢 Rhino 扩眼器

Rhino 系列具体分为 XS、XC、RHE 等类型，尺寸从 4.5in 到 28in 不等。Rhino XS 为投球激活、液压扩张模式，仅可进行单次起下钻扩孔作业。投球激活后，扩眼器刀翼向上运动的同时完成径向扩张，可进行扩眼作业；关闭钻井泵后，刀翼将缩回原位。Rhino XS 型扩眼器在定向井、大位移井、松散固结地层中的后扩孔、高研磨地层中具有优势。

2）Halliburton XR 型扩眼器

该扩眼器扩径倍数行业领先，能达到领眼直径的 1.5 倍，为投球激活模式，允许起钻时全流量循环。XR 型扩眼器的自动锁紧技术可以确保扩眼刀翼始终处于扩张状态，该结构具有自稳定性，能够减少井下振动，提高井眼质量，延长钻柱使用寿命。

XR Prime 型扩眼器具有改进的切削结构和稳定装置，适用于小井眼和极端工况。与 XR 型扩眼器相同，该工具仍以投球方法来激活和去激活，并能够有效降低井底钻具组合振动、过渡地层的大狗腿度和将"涡动"趋势降至最低。

3）BakerHughes GaugePro Echo 型扩眼器

该扩眼器以电子控制方法激活，并能实时监控工具性能和工作状态，具体包括刀具位置、压力、温度和振动等信息。电控系统使得刀具的控制独立于钻井参数而运作，从而便于工具激活和去激活。由 MWD 提供电流，MWD 的电流则由电机或有限管道提供。当与 BakerHughes 钻头一同运行时，GaugePro Echo 型扩眼器可以实现更平滑、更高效的钻孔，从而减小振动、保护工具并加快钻孔速度。

4）NOV DL 型扩眼器

该扩眼器不提供可伸缩刀翼结构，刀翼直接布置在工具外侧，以实现微小尺寸的扩眼功能。该工具的设计旨在最大限度地减少工具的压力损失，同时允许打捞大多数可回收的 MWD 组件。独立刀具设计在起钻过程中可保护切削齿，提高刀翼在大角度定向井中搅动井筒低侧钻屑的效率。

5）威德福 RipTide 型扩眼器

该扩眼器既可采用射频识别激活，也可采用投球激活。采用射频识别激活时，该扩眼器可以无限次激活，泵送一个小型的射频发生器到扩眼器，将激活扩眼功能的命令传递到嵌入工具内的电子接收器，通过电磁激活刀翼扩张，关闭扩眼器时，再向井口投放一个射频发生器，当其到达扩眼器的位置时，刀翼将缩回。

附表 9-1 给出了三家随钻扩眼器的性能参数对比。对比各家随钻扩眼器的工具结构、工作原理、应用情况等可知，各家随钻扩眼器的工作原理类似，工具结构和功能特征能够满足油田技术需求。

6）存在风险及预防措施

随钻扩眼器在井下存在的风险主要是刀翼未张开，刀翼无法收回，振动幅度大、黏滑现象严重等，针对相应的井下风险情况，需要制定具体的预防措施，如附表 9-2 所示。

9.1.2 工具技术要求

1. 具体内容

研究内容包括随钻扩眼器工作原理研究及原理样机设计、流场模拟分析及结构优化、安全性能模拟分析及结构优化、样机加工及室内试验、现场试验及操作工艺制定、应用效果分析等，最终形成相应的图纸、样机、专利、文章、报告等成果。

1）随钻扩眼器工作原理研究及原理样机设计

通过国内外随钻扩眼工具调研，了解工具的工作原理，结合设计目标，开展随钻扩眼器工具原理研究，并进行原理样机三维模型设计。

2）随钻扩眼器流场模拟分析及结构优化

研究随钻扩眼器激活和去激活时内部流场的压力和流速分布，计算剪销断裂压力，判断工具刀翼展开的流量和压力区间，并对工具结构进行优化，从而保障工具的工作性能。

3）随钻扩眼器安全性能模拟分析及结构优化

在完成工具结构设计、选材的基础上，开展随钻扩眼器外壳短接和刀翼结构的安全性能模拟分析，判断工具在井底工况下的抗拉、抗扭和抗压安全系数并进行结构优化，保障工具外壳不会发生扭转和拉压破坏、刀翼发生断裂等严重损伤。

4）随钻扩眼器样机加工及室内试验

加工随钻扩眼器样机，开展随钻扩眼器室内原理验证试验，验证工具剪销断裂压力及刀翼展开需要的泵压，保障刀翼稳定展开和收回。开展随钻扩眼器破坏性试验，测试工具在轴扭压力下的位移和变形，保障工具在井下工况下不发生鼓肚、破裂、扭曲等破坏现象。

5）随钻扩眼器现场试验及操作工艺制定

加工随钻扩眼工具，联系施工企业进行地面、井下现场试验研究，并根据试验结果进行优化设计，最终完成产品定型，形成相关配套操作工艺，完成试验报告及研究报告编写。

2. 技术要求

工具总体技术要求如下所述。

（1）工作温度：0～200℃；

（2）适用排量：15～40L/s；

（3）压降：<2MPa；

（4）寿命：≥150h；

（5）适用 PDC 钻头和牙轮钻头；

（6）工具结构扩眼尺寸能达到 1～1.5in；

（7）工具整体抗拉、抗扭等性能参数不低于配套钻具技术参数。

3. 技术路线

研发工具，首先要确定工具的研发内容和技术要求，再确定工具研发的技术路线，按照进度计划一步一步地开展研究工作。在研发过程中，会遇到一系列技术难题，这些难题有些是设计上的，有些是工艺上的，有些是比较容易解决的，有些是很难解决的，对待这些问题，要区别对待。工具研发的具体技术路线如图 9-6 所示。

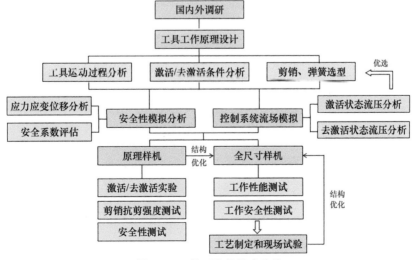

图 9-6　工具研发的技术路线

东北石油大学高效钻井破岩技术研究室深入研究了随钻扩眼器的工作原理，设计了工具样机，并进行了一系列的室内试验，取得了一定的进展[113]。

9.2 工具样机设计及相关计算

9.2.1 工具样机工作原理

目前，随钻扩眼器主要采用液压活塞结构或铰链结构展开刀翼，扩眼作业完成后，通过停泵回流或投球的方式实现刀翼收回。国外相关技术成熟度较高，应用较为广泛。国内虽然个别公司对该技术的掌握程度较好，但整体上技术普及度不高，相关产品和应用较少。

综合对比几种主流随钻扩眼器的工作原理和技术指标，最终确定采用投球激活、投球去激活的工作模式。随钻扩眼器的工作原理设计如图 9-7 所示。

图 9-7　随钻扩眼器全尺寸样机结构图

如图 9-7 所示，随钻扩眼器主要包括外壳短接、上端套、弹簧、刀翼、上下驱动环、内中心轴、下驱动活塞、限位块、下芯轴端帽、下端帽、下外球座、下内球座等零部件。

随钻扩眼器结构主要分为三个部分：控制机构、传动机构和切削机构。其中控制机构包括下芯轴端帽、下端帽、下外球座、下内球座等；传动机构包括上下驱动环、弹簧、下驱动活塞、限位块等；切削机构包括刀翼和喷嘴等。

如图 9-8～图 9-10 所示，随钻扩眼器的工作模式包括未激活状态、投球激活状态、投球去激活状态。

未激活状态主要为了适应工具下钻、正常钻进等工艺。在未激活状态下，工具处于初始安装状态，钻井液从工具中心管、下外球座、下内球座直接流出，到达下部钻头。该状态下工具不工作，如图 9-8 所示。

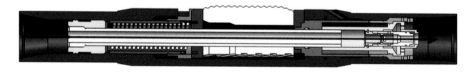

图 9-8　未激活状态

投球激活状态主要是为了启动工具，开始进行扩眼钻进作业。此时，需要投入一个金属球，金属球堵塞下内球座的中心流道，憋压剪断销钉，使下内球座向下运动，打开通往驱动活塞及钻头的流道，驱动活塞在液压作用下推动刀翼向上展开，使弹簧推力与液压力平衡，从而稳定刀翼。驱动环上有刀翼位移限制台肩，如图 9-9 所示。

图 9-9　投球激活状态

　　投球去激活状态主要是为了关闭工具，停止进行扩眼钻进作业，开始正常钻进或起钻作业。此时，需要再投入一个金属球，金属球堵塞下外球座的中心流道，憋压剪断销钉，使下外球座向下运动，关闭通往驱动活塞及钻头的流道，驱动活塞在上部弹簧推力作用下沿导轨收回刀翼，如图 9-10 所示。

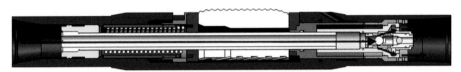

图 9-10　投球去激活状态

9.2.2　刀翼设计

　　刀翼是随钻扩眼器的关键机构之一，主要用于完成扩眼切削破岩工作。刀翼设计如图 9-11 所示。刀翼整体外形为长方体，侧面车有圆弧形导轨，用于配合工具外壳导轨槽展开刀翼，下部为圆弧形凹槽，用于配合中心管减小刀翼横向振动。刀翼两端为限位台肩，与驱动块配合，限制刀翼展开高度。

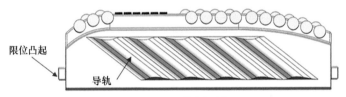

图 9-11　刀翼主视图

　　刀翼冠部为圆弧—直线—圆弧形，整体为两排布齿，采用最大密度布齿，切削齿尺寸为 13.44mm，后倾角为 20°。刀翼下部首先接触岩石，其冠部较为平缓，以布置更多的切削齿，上部在常规钻进下接触岩石较少，为应对提拉钻具划眼等操作，布置有较少切削齿。

　　冠部直线区布置有切削齿和保径齿，以保障刀翼的扩眼尺寸和钻进稳定性。刀体下端面从矩形平面修改为圆柱面，有利于配合中心管，减小刀体振动和推进阻力，如图 9-12 所示。

　　刀翼中心设计有排屑槽，破碎的岩屑主要通过排屑槽排出。每个刀翼对应设计一个水射流喷嘴，水射流可以有效清除岩屑泥包并冷却刀翼。另外，刀翼展开后，相同径向平面上的切削齿出露高度总是一致的，这能够保障随钻扩眼器扩眼尺寸稳定，如图 9-13 所示。

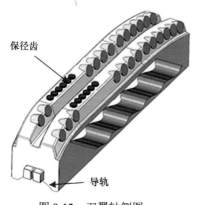

图 9-12　刀翼轴侧图

图 9-13　刀翼扩展图

9.2.3　剪销强度计算

工具能否激活的关键在于剪销能否顺利剪断，以及工具密封性是否良好。仅当两个条件同时达到，工具才能够安全激活。为了设计合适的剪销结构，需要计算工具能够剪断不同材质的剪销个数。

设定流场憋压为 ΔP=3MPa，下内球座截面积为 S_1=2082.88mm^2，下外球座面积为 S_2=753.98mm^2，则下阀球憋压产生的剪切力为

$$F_1=\Delta P \times S_1=6248.64\text{N} \tag{9-1}$$

上阀球憋压产生的剪切力为

$$F_2=\Delta P \times S_2=2261.94\text{N} \tag{9-2}$$

各型号钢材屈服极限和抗剪强度如表 9-1 所示。

表 9-1　各型号钢材屈服极限和抗剪强度　　　　　　　　　　（单位：MPa）

钢号	屈服极限	抗剪强度
10	210	84
Q215	220	88
Q233	233	93.2
Q235	235	94

阀球憋压时，能够剪断的销钉的个数如表 9-2 和表 9-3 所示。

表 9-2　下阀球憋压剪断销钉个数

直径/mm	10	Q215	Q233	Q235	25
1	161.71	154.36	145.75	144.51	113.20
2	35.93	34.30	32.38	32.11	25.15
3	14.78	14.11	13.32	13.21	10.35
4	8.47	8.08	7.63	7.57	5.93
5	5.23	5.00	4.72	4.68	3.66
6	3.70	3.53	3.33	3.30	2.59
8	2.03	1.94	1.83	1.81	1.42

表 9-3 上阀球憋压剪断销钉个数

直径/mm	10	Q215	Q233	Q235	25
1	58.53	55.87	52.76	52.31	40.97
2	13.00	12.41	11.72	11.62	9.10
3	5.35	5.11	4.82	4.78	3.74
4	3.06	2.92	2.76	2.74	2.14
5	1.89	1.81	1.70	1.69	1.32
6	1.33	1.27	1.20	1.19	0.936
8	0.73	0.70	0.66	0.65	0.51

根据数量和钢材的材质来选择销钉，具体情况具体分析。如表 9-2 和表 9-3 所示，当设定销钉个数为 4 时，销钉应选择强度小于 Q235 钢或同级别的钢材。

9.2.4 弹簧推力计算

弹簧推力大小直接影响工具在激活时刀翼能否打开，以及去激活时刀翼能否收回。过大的弹簧推力，将导致工具在一定压耗下不能顺利展开刀翼，而过小的弹簧推力，将使得刀翼收回时液压大于弹簧推力引发刀翼无法收回。弹簧的选型，应满足既能完全展开刀翼，又能产生足够的推力使刀翼收回。计算的核心为根据压耗公式计算出加水眼后的工具压耗，进而计算活塞产生的推力，该推力由弹簧平衡，计算出弹簧的弹簧系数 K，通过 K 和工件的尺寸范围计算出弹簧的总圈数，进而对弹簧结构参数进行选型以达到推力需求。

压耗计算公式为

$$P_b = 0.05 \frac{\rho Q^2}{C^2 A_0^2} \tag{9-3}$$

弹簧推力计算公式为

$$F = P_b S$$
$$K = F/L$$
$$n_c = \frac{Gd^4}{8D^3 K} \tag{9-4}$$
$$n = n_c + 2$$

式中，L 为弹簧压缩距离，mm；F 为弹簧所受推力，N；S 为下驱动活塞截面积，mm^2；ρ 为液体密度，g/cm^3；Q 为通过钻头喷嘴的钻井液流量，L/s；C 为流量系数（0.95～0.985），一般取 0.953；A_0 为喷嘴出口截面积，cm^2；G 为切变模量，N/mm^2；d 为弹簧丝直径，mm；D 为弹簧中径，mm；n_c 为弹簧有效圈数；n 为弹簧总圈数。

弹簧材质选用 60Si2Mn，切变模量为 8000N/mm^2，原始长度为 180mm，压缩后长度为 140mm，钻头喷嘴为 4～7 个，刀翼喷嘴为 1～3 个。根据具体条件要求，逐一计算各型号弹簧的推力，如附表 9-3 所示。

根据计算结果，对弹簧进行选型，最终选择圈数为 7、弹簧系数为 8.6N/mm 的弹簧，该弹簧推力为 723.5kg。对于全尺寸样机，由于工具外壳短接导轨的设计，液压产生的推力一部分用于刀翼的展开，一部分用于抵消弹簧产生的推力，液压实际传递到弹簧上的力要小于理论计算值，最终选择圈数为 7、弹簧系数为 9N/mm 的弹簧，推力达 757.6kg。

综上所述：

（1）当工具不工作时，钻井液从工具中心直接流出；当工具需要激活时，投球憋压剪断销钉，驱动活塞流道打开，驱动环压缩弹簧，弹簧压缩力与液压平衡并保持稳定，刀翼稳定展开；当需要关闭工具时，再次投入阀球，憋压剪断上球座销钉，球座下移关闭驱动活塞流道，刀翼在弹簧作用力下收回。

（2）对工具的销钉强度进行了计算，在压耗为 3MPa 时，随钻扩眼器能够顺利剪断 4 根材质为 Q235 或强度更低钢材的销钉。

（3）对不同结构参数的弹簧进行了推力计算，并对原理样机和全尺寸样机使用的弹簧进行了选型。对原理样机使用的弹簧圈数为 7、弹簧系数为 8.6N/mm 的弹簧进行室内试验，该弹簧推力为 723.5kg。对全尺寸样机使用弹簧圈数为 7、弹簧系数为 9N/mm 的弹簧进行室内试验，该弹簧推力达 757.6kg。

9.3 工具样机内部结构流场模拟分析

为了确定工具内部钻井液的流动情况，开展了全尺寸随钻扩眼器控制系统流场模拟分析。分别考虑未激活、投球激活和投球去激活三种状态下随钻扩眼器的内部流场，开展工具内部钻井液的流动特性分析及工具结构优化。三种状态的三维模型如图 9-14～图 9-16 所示。

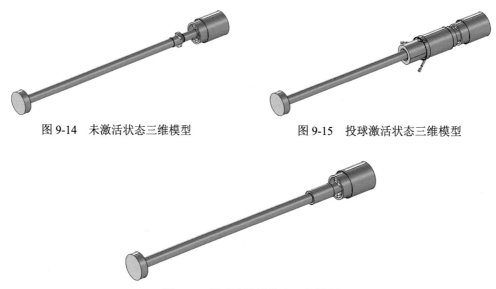

图 9-14　未激活状态三维模型　　　　图 9-15　投球激活状态三维模型

图 9-16　投球去激活状态三维模型

9.3.1　未激活状态

在工具未激活状态下施加的条件为：钻井液密度为 2.0g/cm³，入口压力为 10MPa，排量为 32L/s。首先，对未激活状态时随钻扩眼器的三维模型进行网格划分，如图 9-17 所示，再根据条件进行数值模拟，得到随钻扩眼器整体的压力和流速分布图，如图 9-18、图 9-19 所示。

图 9-17　未激活状态时工具的三维网格模型　　　图 9-18　未激活状态随钻扩眼器整体压力分布

图 9-19　未激活状态随钻扩眼器整体流速分布

由图 9-18 和图 9-19 可知，随钻扩眼器左侧端结构简单，主要是一根单一尺寸的中心管，而右侧结构相对复杂。由于随钻扩眼器左侧结构压力和流速分布特征简单，同时为观察局部压力场和流速分布，截取工具右侧的控制机构进行局部分析，如图 9-20～图 9-23 所示。

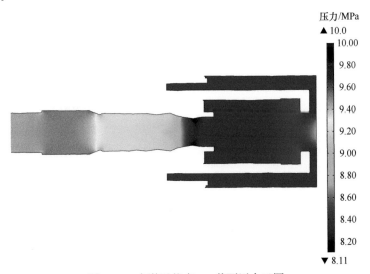

图 9-20　未激活状态 *x-y* 截面压力云图

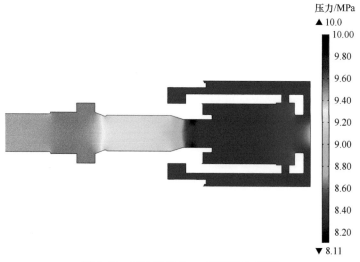

图 9-21　未激活状态 *x-z* 截面压力云图

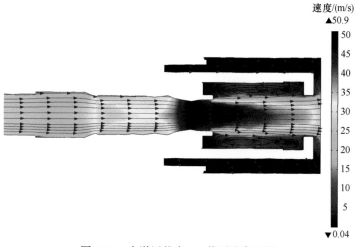

图 9-22　未激活状态 *x-y* 截面速度云图

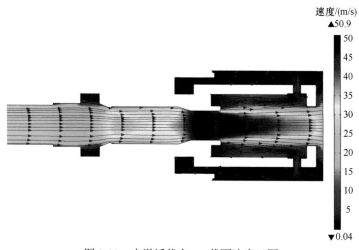

图 9-23　未激活状态 *x-z* 截面速度云图

　　钻井液直接从随钻扩眼器中心流向钻头，压力和流速变化最大的地方在下内球座的喷嘴处。随钻扩眼器出口端压力为 8.11MPa，总压耗为 1.89MPa。下内球座出口部分流速最高，最高流速为 50.9m/s。此时，在未激活状态下，工具的压耗和最高流速是可以接受的。

9.3.2　投球激活状态

　　对随钻扩眼器流体域施加相同的边界条件，模型替换为投 1 球时的流体模型，得到的压力、流速云图如图 9-24～图 9-26 所示。

图 9-24　投球激活状态时随钻扩眼器的三维网格模型　　　图 9-25　投球激活状态压力分布

图 9-26　投球激活状态流速分布

　　由于随钻扩眼器左侧结构压力和流速分布特征简单，同时为观察局部压力场和流速分布。截取工具右侧的控制机构进行局部分析，如图 9-27～图 9-31 所示。

　　从图 9-27～图 9-31 中可以看出，当随钻扩眼器投球激活时，阀球堵塞下内球座流道，工具憋压剪断销钉后下内球座向下运动至下芯轴端帽底部，打开通往驱动活塞和下芯轴端帽通向钻头的流道，钻井液分别从下芯轴端帽的两处过流孔流出，在下外球座过流孔部分流速最高，最高流速达 44.1m/s。同时，通往驱动活塞的钻井液从工具外壳的喷

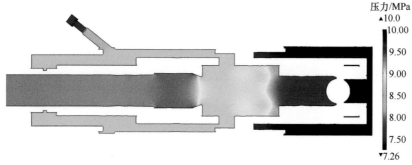

图 9-27　投球激活状态 x-y 截面压力云图

嘴喷出，起到清洗和冷却刀翼的作用。喷嘴处流速为32.77m/s，工具出口端平均压力为7.26MPa，压耗为2.74MPa，喷嘴处平均压力约为7.5MPa。

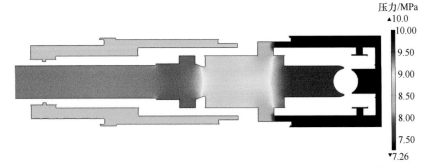

图9-28　投球激活状态 x-z 截面压力云图

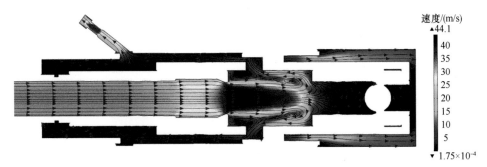

图9-29　投球激活状态 x-y 截面速度云图

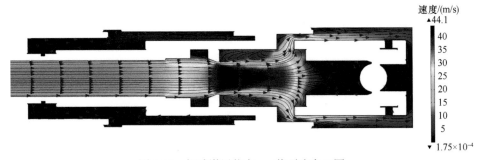

图9-30　投球激活状态 x-z 截面速度云图

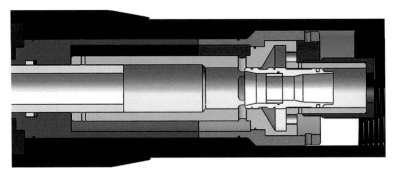

图9-31　控制系统结构示意图

9.3.3　投球去激活状态

　　同理，得到投两球去激活状态的三维网络模型及压力、流速云图如图 9-32～图 9-39 所示。

　　如图 9-32～图 9-39 所示，投两球去激活时，阀球堵塞下内球座流道，憋压剪断下内球座销钉，下内球座向下运动至下外球座处，下芯轴端帽通往钻头的流道打开，通往驱动活塞的流道关闭。钻井液通过下外球座及下芯轴端帽的槽口，从下芯轴端帽外侧流出，在下球座出口至下芯轴端帽的出口段钻井液流速较高，最高流速达 46.3m/s。上阀球处及下外球座槽口的压力较高，工具出口端平均压力为 6.81MPa，工具整体压耗为 3.19MPa。

图 9-32　投球去激活状态时三维网格模型　　　　图 9-33　投球去激活状态压力分布

图 9-34　投球去激活状态流速分布

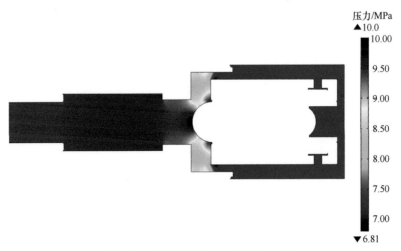

图 9-35　去激活状态 *x-y* 截面压力云图

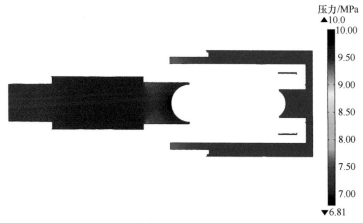

图 9-36　去激活状态 *x-z* 截面压力云图

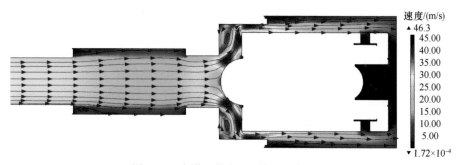

图 9-37　去激活状态 *x-y* 截面速度云图

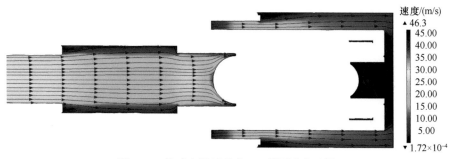

图 9-38　投球去激活状态 *x-z* 截面速度云图

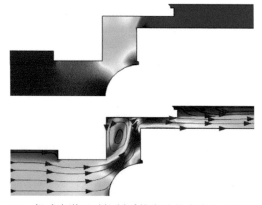

图 9-39　投球去激活时控制系统中钻井液流动方向示意图

9.3.4　内部结构冲蚀分析

由于工具结构较为复杂，且存在较窄的流道结构，为了更清晰地认识工具的安全性能，对工具进行了冲蚀分析。分析结果表明，工具总体冲蚀程度不大，仅工具接头处及内外球座和下芯轴端帽的过流孔处有一定程度的冲蚀，如图 9-40、图 9-41 所示。

图 9-40　接头处冲蚀　　　　　　　　　图 9-41　过流孔处的冲蚀

根据数值模拟分析结果，在下外球座、下内球座及下芯轴端帽各过流孔处，为避免流体冲击，降低冲蚀磨损风险，需要对这些位置进行合金环加固，以减小冲蚀磨损，如图 9-42 所示。

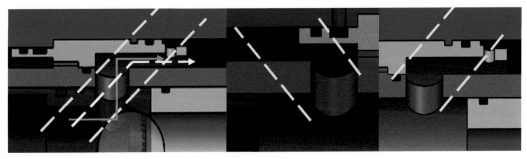

图 9-42　合金环加固位置示意图

综上所述，对随钻扩眼器的模型结构进行了阐述，并对全尺寸样机的不同工作状态进行了流场模拟分析，研究结果表明：

（1）随钻扩眼器在未激活状态下，钻井液直接从工具中心流过，总压耗为 1.89MPa。

（2）随钻扩眼器在投球激活状态下，驱动活塞流道打开，钻井液分别从喷嘴及工具出口流出，在下外球座过流孔处流速最高为 44.1m/s，喷嘴出口处流速为 32.77m/s，工具整体压耗为 2.74MPa。

（3）随钻扩眼器投球去激活状态下，驱动活塞流道关闭，钻井液通过下外球座及下芯轴端帽的过流孔，从下芯轴端帽外侧流出，最高流速为 46.3m/s，工具整体压耗为 3.19MPa。

（4）冲蚀模拟结果表明，随钻扩眼器冲蚀磨损较小，冲蚀风险仅发生在下外球座、下内球座及下芯轴过流孔处，对这些部分添加合金环，以降低冲蚀风险。

9.4　工具安全性能模拟与结构优化

为了确定工具的安全性能，分别考虑随钻扩眼器在未激活和投球激活两种钻进条件下的极限受力状态，开展了全尺寸随钻扩眼器外壳有限元应力应变模拟分析，以判断工具的安全性能。

9.4.1　未激活状态

1）综合工况下的安全性模拟

综合工况（即常规钻进情况）下，施加轴载压力（钻压）为200000N，扭矩为20000N·m，围压为50MPa，得到的应力应变结果如图9-43～图9-45所示，材料屈服极限为710MPa，安全系数为14.2。

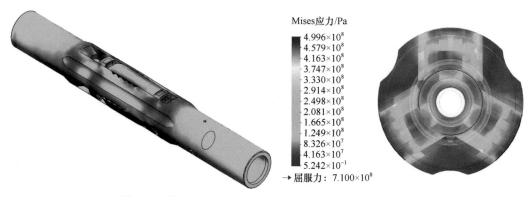

图 9-43　综合工况下应力云图（最大应力 σ_{max}=49.96MPa）

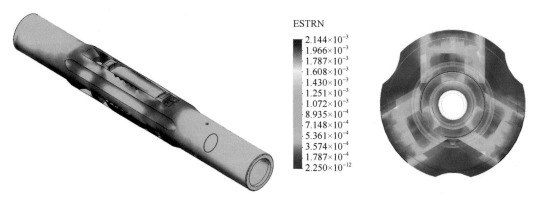

图 9-44　综合工况下应变云图（ε=0.0021）

ESTRN-等效塑性应变

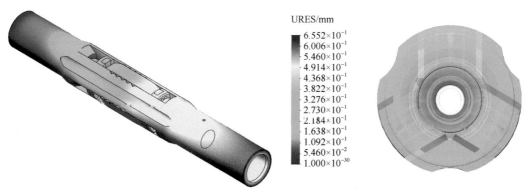

图 9-45 综合工况下位移云图（最大位移 S_{max}=0.6552mm）

URES-位移

2）极限钻压下的安全性模拟

极限钻压下，施加的轴载压力（钻压）为 250000N，其他条件相同，安全系数为 18.4，结果如图 9-46～图 9-48 所示。

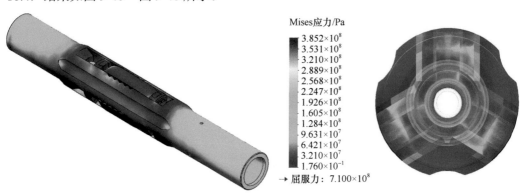

图 9-46 极限钻压下应力云图（σ_{max}=38.52MPa）

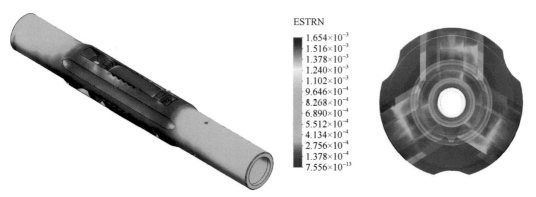

图 9-47 极限钻压下应变云图（ε=0.0017）

3）极限扭矩下的安全性模拟

极限扭矩下，施加轴载压力（钻压）100000N，扭矩 30000N·m，围压为 50MPa，地层深度 5000m，安全系数为 10.0，结果如图 9-49～图 9-51 所示。

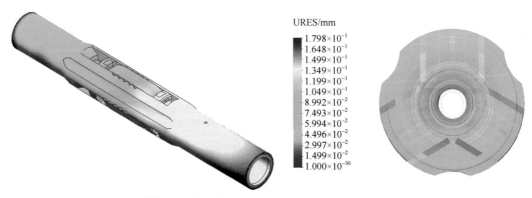

图 9-48　极限钻压下位移云图（S_{max}=0.0180mm）

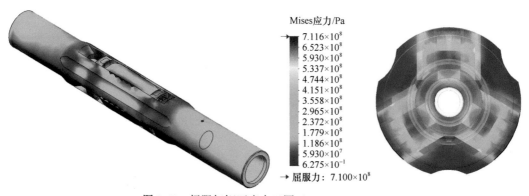

图 9-49　极限扭矩下应力云图（σ_{max}=71.16MPa）

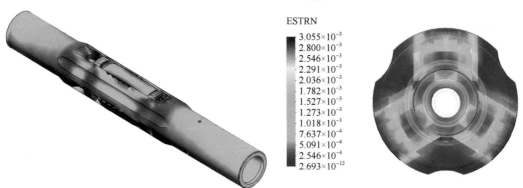

图 9-50　极限扭矩下应变云图（ε=0.0031）

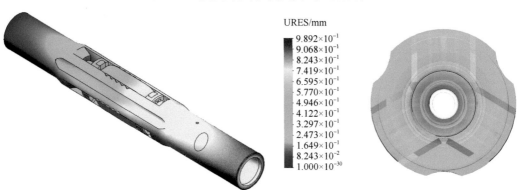

图 9-51　极限扭矩下位移云图（S_{max}=0.9892mm）

4）卡钻拉起时的安全性模拟分析

卡钻拉起时施加的轴向拉力为 1000000N，其他条件相同，安全系数为 13.1，结果如图 9-52～图 9-54 所示。

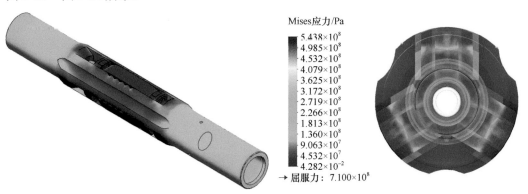

Mises应力/Pa

5.438×10⁸
4.985×10⁸
4.532×10⁸
4.079×10⁸
3.625×10⁸
3.172×10⁸
2.719×10⁸
2.266×10⁸
1.813×10⁸
1.360×10⁸
9.063×10⁷
4.532×10⁷
4.282×10⁻²

→ 屈服力：7.100×10⁸

图 9-52　卡钻拉起时应力云图（σ_{max}=54.38MPa）

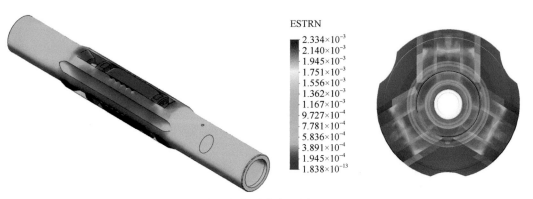

ESTRN

2.334×10⁻³
2.140×10⁻³
1.945×10⁻³
1.751×10⁻³
1.556×10⁻³
1.362×10⁻³
1.167×10⁻³
9.727×10⁻⁴
7.781×10⁻⁴
5.836×10⁻⁴
3.891×10⁻⁴
1.945×10⁻⁴
1.838×10⁻¹³

图 9-53　卡钻拉起时应变云图（ε=0.0023）

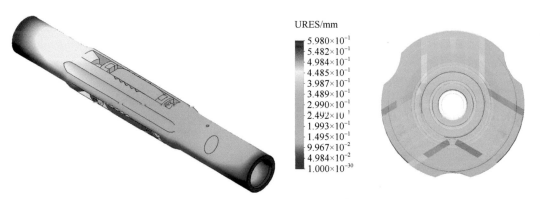

URES/mm

5.980×10⁻¹
5.482×10⁻¹
4.984×10⁻¹
4.485×10⁻¹
3.987×10⁻¹
3.489×10⁻¹
2.990×10⁻¹
2.492×10⁻¹
1.993×10⁻¹
1.495×10⁻¹
9.967×10⁻²
4.984×10⁻²
1.000×10⁻³⁰

图 9-54　卡钻拉起时位移云图（S_{max}=0.5980mm）

9.4.2 投球激活状态

投球激活状态极限扭矩下，施加轴载压力（钻压）为 50000N，扭矩为 30000N·m，围压为 50MPa，得到工具外壳安全系数为 17.3，刀翼安全系数为 18.7，结果如图 9-55～图 9-63 所示。

总体来看，扩眼器在各种极限工况下的安全系数都在 10 以上，说明工具安全性能良好。

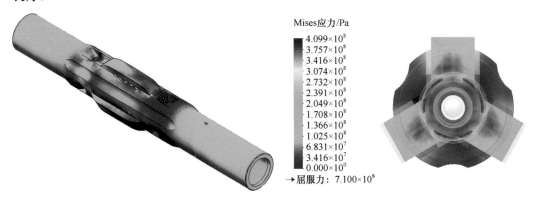

图 9-55　投球激活状态应力云图（σ_{max}=40.99MPa）

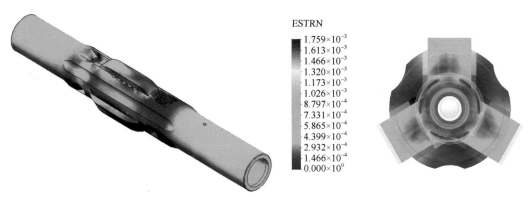

图 9-56　投球激活状态应变云图（ε=0.0018）

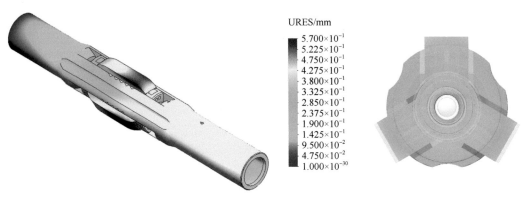

图 9-57　投球激活状态位移云图（S_{max}=0.5700mm）

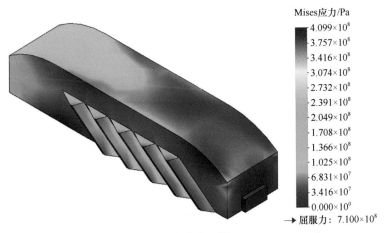

图 9-58　投球激活状态应力云图（σ_{max}=37.89MPa）

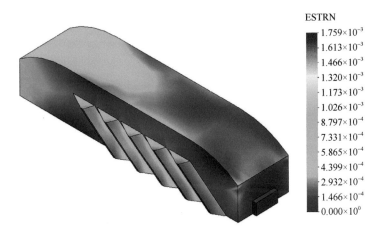

图 9-59　投球激活状态应变云图（ε=0.0016）

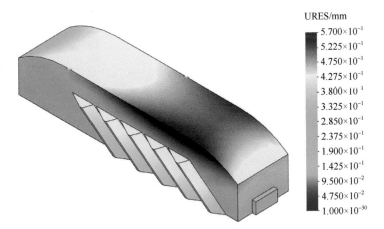

图 9-60　投球激活状态位移云图（S_{max}=0.5677mm）

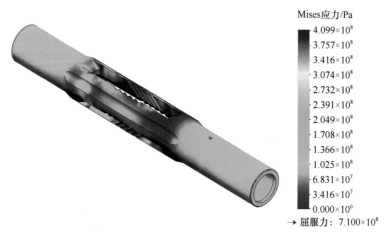

图 9-61　投球激活状态对应刀槽应力云图

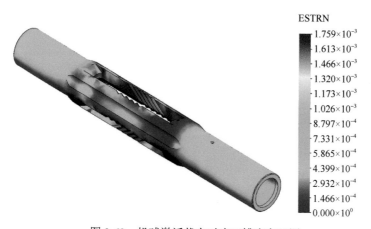

图 9-62　投球激活状态对应刀槽应变云图

图 9-63　投球激活状态对应刀槽位移云图

9.4.3　疲劳周期模拟

材料、零件和构件在循环加载下，在某点或某些局部区域产生永久性损伤，并在一定循环次数后形成裂纹或使裂纹进一步扩展直到完全断裂的现象称为疲劳。疲劳寿命是指工具关键结构直至破坏所作用循环载荷的次数或时间。

目前疲劳分析的方法主要有三种：名义应力法、局部应力应变法和损伤容限法。名义应力法主要用于对弹性变形居主导地位的高周疲劳进行分析；局部应力应变法主要用于对塑性变形居主导地位的低周疲劳进行分析。

为了观测工具外壳结构的疲劳强度，应用 Simulation 软件开展了工具外壳的疲劳模拟分析。Simulation 软件对于单个零件疲劳的分析是基于名义应力法，其分析过程首先根据载荷谱确定零件危险部位的应力谱；其次采用材料的 $S\text{-}N$ 曲线（$S\text{-}N$ 曲线的横坐标为疲劳寿命的对数值 $\lg N$，纵坐标为材料标准试件疲劳强度），经过计算结构危险部位的应力集中系数，结合材料的疲劳极限图，通过插值将材料的 $S\text{-}N$ 曲线转化为零件的 $S\text{-}N$ 曲线；最后再根据由载荷谱确定的应力谱及 Miner 线性损伤累积规则计算零件的寿命。

在 Simulation 中建立疲劳算例后，将有限元分析的算例作为恒定振幅疲劳事件添加，负载类型为每周期 1000 个冲击循环。对有限元模型添加材料属性中带 $S\text{-}N$ 的 42CrMo 材料进行分析，即基于双对数的疲劳曲线被载入，最后勾选对等应力 Mises 和 Soderberg 方法选项后，分别对随钻扩眼器未激活和投球激活状态运行疲劳算例，得到随钻扩眼器的生命周期。

如图 9-64～图 9-67 所示，疲劳模拟结果表明，扩眼器外壳在未激活状态下最小生命周期为 55005 次，激活状态下最小生命周期在 573910 次以上，每周期 1000 个冲击循环，由于扩眼器工作频率约为 4Hz，可以计算出扩眼器外壳在未激活状态下最小工作寿命为 159 天，激活状态下最小工作寿命为 166 天，由此可知扩眼器外壳在激活状态下更安全。扩眼器外壳的疲劳寿命能够满足现场使用需求。

综上所述，外壳短接、刀翼在极端钻进条件下的安全性模拟分析结果表明：

（1）即使在极端钻进条件下，外壳短接和刀翼的安全系数也能够达到 10 以上，工具安全性能能够满足钻进和其他施工作业要求。

（2）扩眼器截面积为 5in 钻杆的 3.19 倍，为 5.5in 钻杆的 2.63 倍，完全能够满足安全要求。

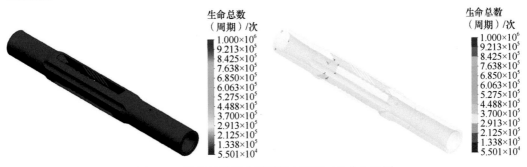

图 9-64　随钻扩眼器未激活状态疲劳（生命）云图

最小生命周期 55005 次

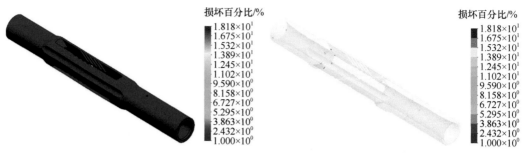

图 9-65　随钻扩眼器未激活状态疲劳（损坏）云图

最大损坏百分比 18.18%；最小载荷因子 1.399（周期数为 10000）

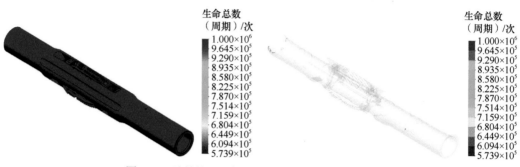

图 9-66　随钻扩眼器投球激活状态疲劳（生命）云图

最小生命周期 573910 次

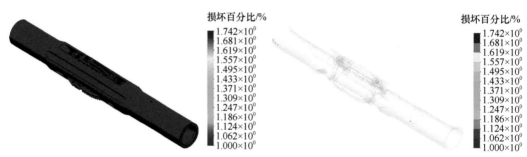

图 9-67　随钻扩眼器投球激活状态疲劳（损坏）云图

最大损坏百分比 17.42%；最小载荷因子 2.10（周期数为 10000）

（3）疲劳分析结果表明，扩眼器外壳在未激活状态下最小工作寿命为 159 天，其寿命能够满足现场使用需求。

9.5　工具样机室内试验及优化设计

试验目的：测试工具样机工作原理是否正确；测试工具密封性能是否良好；测试工具投球激活和去激活稳定性；测试工具憋压能剪断的销钉尺寸和个数。

试验内容：工具工作原理测试试验；工具密封性能测试试验；工具剪销强度测试试验。

9.5.1　原理样机设计、加工及测试试验

对随钻扩眼器原理样机进行加工，并开展相关室内试验，验证工具工作原理的正确性、可行性，分析随钻扩眼器工具设计上的不足，以便开展随钻扩眼器结构的优化。

1）原理样机结构

如图 9-68 所示，随钻扩眼器设计外径为 178mm，全长 1000mm，主要由控制机构和传动机构组成。控制机构主要包括下芯轴端帽、下内球座、下外球座、无磁阀球等部件；传动机构主要包括弹簧、上下驱动环、驱动块、驱动活塞等部件。工具原理样机模型建立的目的在于，开展工具原理样机室内试验，验证工具工作原理的可行性。因此，对随钻扩眼器的结构进行了简化，但原理样机仍能实现工具的全部功能。随钻扩眼器上部与高压泵相连，高压泵的最大排量为 35L/min，下端与排液管相连。

图 9-68　随钻扩眼器原理样机主视图

2）外壳短接

外壳短接是封装随钻扩眼器各零部件的高强度合金短接。在保证随钻扩眼器各部活动零件稳定运动的前提下，外壳短接要承受上部钻铤产生的钻压、旋转扭矩、弯矩及钻井液内外压差。压、扭、弯载荷为外壳短接受到的主要外载。

另外，外壳短接的尺寸要设计合理，不能太大，也不能太小。尺寸太大，会造成工具与井壁的间距太小，增加钻井液的通过阻力，影响下部钻具组合的正常工作。尺寸太小，会造成工具内部空间不足，影响工具其他零部件井下工作的安全性，如图 9-69 所示。

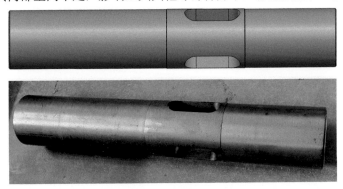

图 9-69　外壳短接

3）下芯轴端帽

下芯轴端帽是随钻扩眼器的关键部件，安装在下芯轴端帽上，主要功能是安装下内球座、下外球座，以及分流钻井液，如图 9-70 所示。它要承受正常流动和分流情况下钻井液的冲蚀。

图 9-70　下芯轴端帽

4）驱动活塞

驱动活塞是随钻扩眼器的关键部件，与驱动环螺纹连接，一起安装在外壳短接和内中心轴之间，如图 9-71 所示。它既要承受未激活状态下工具外部的流体压力，也要承受激活状态下工具内部的流体压力，所以驱动活塞的密封一定要做好。

图 9-71　驱动活塞

5）驱动环

驱动环与驱动活塞螺纹连接，一起安装在外壳短接和内中心轴之间，如图 9-72 所示，主要功能是对驱动活塞进行限位。

图 9-72　驱动环

6）下端帽

下端帽是随钻扩眼器的关键部件，与外壳短接、下芯轴端帽螺纹连接，一起安装在外壳短接和下芯轴端帽之间，功能主要是将工具其他零部件定位在外壳短接上，同时承受一定的流体冲蚀，如图 9-73 所示。

图 9-73　下端帽

7）内中心轴

内中心轴是随钻扩眼器的关键部件，上端与上端帽螺纹连接，功能主要是将工具内部流体输送到工具下端，同时固定驱动活塞、驱动环等零部件，如图 9-74 所示。

图 9-74　内中心轴

8）下外球座

下外球座是随钻扩眼器的关键部件，上端与下芯轴端帽销钉连接，功能主要是投球激活工具，同时分流钻井液，如图 9-75 所示。

图 9-75　下外球座

9）原理样机装配

如图 9-76、图 9-77 所示，随钻扩眼器外壳和下端帽、下芯轴端帽螺纹配合，使下芯轴端帽固定在工具外壳内部。上下球座通过销钉固定在下芯轴端帽上，在激活工具时投球憋压剪断相应的销钉，使内外球座在下芯轴端帽中滑动，从而打开和关闭相应的流道。

图 9-76　原理样机装配图

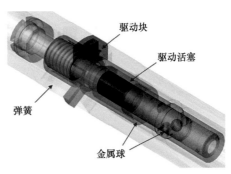

图 9-77　原理样机透视图

如图 9-78 所示，当投球激活时，下内球座与下芯轴端帽之间的销钉被剪断，下内球座向下运动到下芯轴端帽底部，打开下芯轴端帽通往驱动活塞和下部钻头的流道，驱动活塞在液压作用下向上运动，推动驱动环压缩弹簧。投球去激活随钻扩眼器时，憋压剪断下外球座销钉，下外球座向下运动到下止点，关闭驱动活塞流道，只打开通往钻头的流道，弹簧释放压力，推动驱动环和驱动活塞向下运动，如图 9-79 所示。

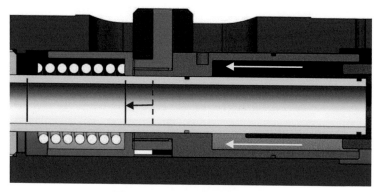

图 9-78　投一球控制系统状态

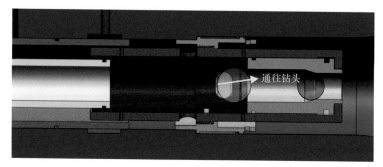

图 9-79　投二球控制系统状态

9.5.2　原理样机测试试验

1）原理测试试验

加工工具原理样机的主要目的是验证工具工作原理是否可行。试验内容包括：未投球，未激活工具试验；投一球，激活工具试验；投二球，去激活工具试验。具体试验方案如附表 9-4 和图 9-80、图 9-81 所示。

图 9-80　原理样机室内试验图

（a）驱动环初始位置为100mm　　　　　（b）投球激活后驱动环推动50mm

图 9-81　驱动环初始位置

在工具原理样机试验中，分不堵塞水眼和堵塞水眼两种情况开展试验，观察刀翼展开情况、流量和压耗情况，分析工具的工作原理和密封性能。

由试验结果可知：在投一球，压耗为 1.4MPa 时，驱动环压缩约 700kg 弹簧把刀翼完全展开，水眼形成高压射流，试验达到了预期效果。当投二球时刀翼能正常收回，说明随钻扩眼器工作原理正确。原理样机压耗在 1.4MPa 左右，且在较低排量下即能展开刀翼。但在未投球和投二球试验中发现，水眼有小幅度喷水或渗水情况，说明下外球座、下内球座与下芯轴端帽之间密封不好，需改进密封性能。

2）工具密封性能测试试验

工具密封性测试试验的目的是检验工具的密封效果。试验内容包括：未投球，未激活工具试验；投一球，激活工具试验；投二球，去激活工具试验，如附表 9-5 所示。改进密封后，工具各处均不漏水，投一球驱动环在 1.42MPa 下能完全打开，投二球驱动环不移动，工具不漏水，说明工具各处密封良好，试验成功。

3）工具剪销强度测试试验

开展工具剪销强度试验的目的是确定工具投球憋压时能够剪断销钉的尺寸和个数。试验内容为 M5 镀锌销钉剪断试验，如表 9-4 所示。

表 9-4　工具剪销强度试验项目

试验内容	排量/(L/s)	压耗/MPa	数量/个	钢级	剪断情况
投一球	10	0.8	1	普通	剪断
	10	0.8	2	4.8 级	剪断
	10	0.8	4	4.8 级	剪断
投二球	10	0.8	4	4.8 级	剪断

试验结果表明，4 个 4.8 级 M5 销钉在压耗 0.8MPa、排量 10L/s 条件下就能顺利剪断，销钉强度能够满足工具需求。

9.5.3　全尺寸样机室内试验

该工具相比原理样机优化了密封性能、耐冲蚀性能和配合精度要求，能够满足 8.5in 井眼扩眼至 9.5in 井眼的施工需求。

1. 工作性能测试

试验目的是测试全尺寸样机的工作性能。试验内容包括：投一球激活工具，记录压耗和流量数据，观察刀翼展开状态；投二球去激活工具，记录压耗和流量数据，观察刀翼收回状态。全尺寸样机试验如图 9-82 和附表 9-6 所示。

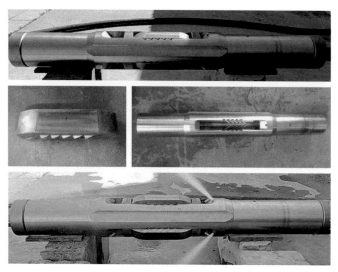

图 9-82　全尺寸样机试验图

全尺寸样机试验结果（附表 9-6）表明：

（1）全尺寸样机原理设计上没有问题，工作良好，但局部结构仍需优化。

（2）当弹簧刚度较大时，刀翼不能完全展开。这和刀翼与外壳短接的导轨相互作用有关，由于导轨存在一定角度，刀翼展开受到一定阻力。在较小刚度弹簧（238～476kg）、排量为 20L/s、压耗为 2MPa 情况下刀翼能完全展开。

（3）部分试验中 M5 销钉没有剪断，可能是不同批次的铲平质量不均造成的。

总体来说，采用合适刚度的弹簧，在保障加工精度的情况下，全尺寸样机能够保障正常工作。

2. 破坏性试验

1）工具扭矩试验

工具扭矩试验如图 9-83 所示。

图 9-83　工具扭矩试验图

试验结果表明，工具两端施加扭矩 60kN·m，稳载 3min，本体无变形、无损伤，检验合格。

2）工具轴载试验

工具轴载试验如图 9-84 所示。

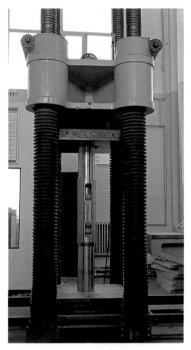

图 9-84 工具轴载试验图

试验结果（图 9-85）表明，工具两端加载至 300t，稳载 3min，本体无变形、无损伤，检验合格。

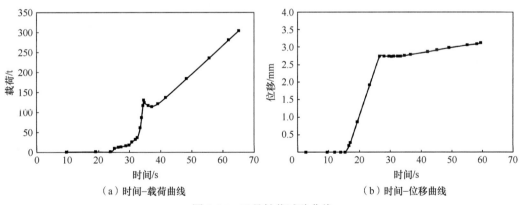

（a）时间-载荷曲线　　　　　　　　（b）时间-位移曲线

图 9-85 工具轴载试验曲线

综上所述：

（1）随钻扩眼器原理样机试验表明，随钻扩眼器的工作原理正确，能够通过投球稳定激活展开刀翼或去激活收回刀翼。改进后的密封效果良好，无钻井液渗漏现象。随钻扩眼器在低压耗（1.4MPa）下能够顺利剪断 M5 镀锌销钉，随钻扩眼器工作性能稳定。

（2）全尺寸样机室内试验结果表明，随钻扩眼器工作性能良好，在较小刚度弹簧（238～476kg）、排量为 20L/s、压耗为 2MPa 的情况下能够稳定剪断销钉从而完全展开刀翼。

（3）随钻扩眼器轴扭破坏试验表明，随钻扩眼器外壳在轴压 300t、扭矩 60kN·m、稳载 3min 的情况下无明显变形、损伤，表明工具外壳能够满足井下极限钻进条件，安全性能良好。

9.6 工具样机现场试验及优化设计

9.6.1 工具样机概况

1. 工具适用范围

随钻扩眼器和常规钻头配合，可以在全面钻进的同时扩大井眼，在井身结构设计、处理复杂地层缩径、减少起下钻次数、提高套管环空间隙、提高固井质量和钻井效率等方面具有较好的应用前景。

（1）优化井壁质量，减少井壁坍塌：对于形成键槽的井段，通过使用扩眼器切削、修整井壁，破坏键槽，减少键槽卡钻风险。

（2）盐膏层缩径：在膨胀性泥岩和盐膏岩层扩大井径，消除膨胀和蠕变影响。

（3）非常规套管程序或膨胀管：为大尺寸套管或膨胀筛管增加环空间隙，解决大尺寸尾管难以下入问题，增加水泥环厚度，提高大尺寸套管固井质量。

2. 工具技术参数

随钻扩眼器外部尺寸及性能参数见图 9-86 和表 9-5。

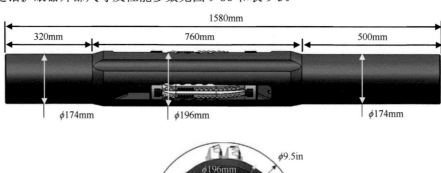

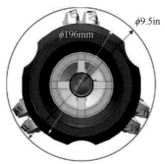

图 9-86　随钻扩眼器外部尺寸

表 9-5　随钻扩眼器性能参数

性能参数	具体数据	性能参数	具体数据
井眼尺寸/in	8.5	整体长度/mm	1580
扩眼尺寸/in	9.5	最大外径/mm	196
最大抗压载荷/t	300	打捞颈外径/mm	174
最大抗拉载荷/t	300	上端扣型	NC50（410）
最大扭转载荷/(kN·m)	80	下端扣型	NC50（410）
最大工作温度/℃	150	上端上扣扭矩/(kN·m)	40
钻压/t	3～12	下端上扣扭矩/(kN·m)	40
转速/(r/min)	40～90	启动排量/(L/s)	20
排量/(L/s)	25-38	启动压耗/MPa	2～3
工作压降/MPa	2～3	喷嘴组合	8#×3

9.6.2　工具样机试验过程

1. 钻具组合

确定的通井钻具组合，采用 196mm 随钻扩眼器代替下扶正器的位置。具体的钻具组合：215.9mm 牙轮×0.26m+165mm 浮阀×0.60m+196mm 随钻扩眼器×1.95m+4A11/410×0.47m+165mm 螺旋钻铤×2×18.41m+212mm 螺旋扶正器×0.61m+165mm 螺旋钻铤×9.00m+4A11/410×0.50m+127mm 加重钻杆×16×148.94m+159mm 随钻震击器×7.11m+127mm 加重钻杆×2×18.62m+127mm 钻杆。

2. 优选喷嘴

基础条件：现场扩眼施工排量在 32L/s 左右，随钻扩眼器自身弹簧力和试验测试刀翼稳定张开需要的压降为 4.3～4.7MPa。

通过计算分析，为确保刀翼能够张开，优选牙轮钻头喷嘴 14.3mm×1、12.7mm×2。

3. 井口测试试验

钻具组合：215.9mm 牙轮×0.26m+165mm 浮阀×0.60m+196mm 随钻扩眼器×1.95m+4A11/410×0.47m+165mm 螺旋钻铤×2×18.41m+212mm 螺旋扶正器×0.61m+165mm 螺旋钻铤×9.00m+4A11/410×0.50m+方钻杆。

操作步骤：井口连接方钻杆，随钻扩眼器刀翼缠胶带，如图 9-87 所示。开泵逐渐加至排量为 34L/s，井口立压为 6～6.5MPa，工具压耗约 1.5MPa，持续 5min 后停泵，上提观察胶带，未崩开，刀翼未张开，随钻扩眼器没有激活。井口测试成功。

图 9-87　工具井口测试

4. 扩眼作业

试验过程：组合好钻具组合，下钻至 1915.41m，采用 18L/s 排量泵送激活球，显示憋压 2～2.5MPa 后回落，有剪断销钉迹象，提至排量为 32L/s，转动转盘有负荷，确认刀翼打开。对东营组起钻挂卡井段 1915.41～1982.69m（共 7 个单根）进行扩眼施工，段长 67.28m，钻时 2.97min/m。

施工参数：密度 1.36g/cm³，钻压 1～2t，排量 32L/s，泵压 16～17MPa，转速 45～46r/min。起钻工具扩眼作业如图 9-88 所示。

图 9-88　起钻工具扩眼作业

5. 钻后扩眼井径对比

上部东营组 1915.41～1982.69m 井段无测井数据，无法反映扩眼情况；下部沙一段 2757.70～2882.52m 平均井径 241.88mm，平均扩大 25.98mm，较上下部井段井眼明显扩大，具体表现为扩眼段上部平均井径 22.7mm，下部平均井径 22.3mm。扩眼曲线如图 9-89 所示。

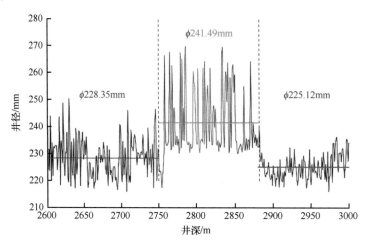

图 9-89　扩眼段井径分布曲线

综上所述：

（1）该次入井随钻扩眼器，刀翼张开最大值为 ϕ241.3mm，领眼钻头尺寸 ϕ215.9mm，主要开展工具井口测试、钻后扩眼等试验。其中 1915.41～1982.69m 扩眼，平均钻时 3.09min/m，2757.70～2882.52m 扩眼，平均钻时 3.06min/m，与相应井段打钻时速度相当。工具完成了未激活、投球激活和再次投球去激活状态转换，动作控制可靠，刀翼张开和收回顺利。试验井段平均钻时 3.07min/m，平均井径 241.88mm，平均扩大了 25.98mm，扩大率 12.03%，有效缓解了东营组、沙一段缩径导致电测遇阻、挂卡等问题。

（2）从扩眼井径分布曲线图 9-89 上来看，有些深度扩眼尺寸小。这与地层岩性、刀翼张开力、扩眼下放钻具的速度、起始扩眼造型等因素有关，刀翼张开力弱、岩性较硬的就不容易破碎。影响刀翼张开力的因素有排量、扩眼器压降、扩眼器下部钻具压降等。结合该井试验情况，需要优化刀翼张开力及施工参数，加强施工参数的控制。

本章附表

附表 9-1　随钻扩眼器性能参数对比

技术指标	斯伦贝谢	哈里伯顿	国民油井华高
推动刀翼方向	由下往上	由下往上	由上往下
刀翼启动压力/MPa	3.5～6	5～12	1.3～2.1
固相含量/%	<1	<0.5	<25
固相粒径	<5mm	<100μm	<25mm
密封圈耐压/MPa	21	30	7
耐温/℃	常规 204 高温 260	200	常规工具 160 高温工具 190
扩眼最大扩大率/%	25	48	20～25

附表 9-2　随钻扩眼器风险描述和预防措施

风险描述	原因	消减措施
刀翼未张开	钻具通径不满足投球要求；下部钻具+钻头回压不满足扩眼器刀翼需要的压力	严格对钻具进行通径及水力计算校核
振动幅度大、黏滑现象严重	钻压过大或转速不够；缩径或坍塌	综合判断，如为参数引起，则调整钻井参数
扭矩持续波动大	膏盐岩井段蠕变缩径或坍塌；机械钻速过快	钻具组合和参数优化设计；加强短起下钻并调整泥浆性能
卡钻	缩径、坍塌	增强泥浆抑制性、防塌性、勤划眼
扩眼钻速异常偏低	扩眼器刀翼磨损；蠕变缩径或井眼不净；地层变化	选择适宜钻井参数，根据岩性选择合适的刀翼
刀翼无法收回	刀翼回收口袋被岩屑等堵塞	做好井眼清洁；靠上部未扩眼部分或套管鞋过提帮助回收

附表 9-3　弹簧推力计算表

序号	名称	外径/mm	丝粗/mm	圈数	推力/kg	压耗/MPa	弹簧系数/(N/mm)
1	钻头喷嘴 4+刀翼喷嘴 1	89	12	4.1	868.7	2.8	21.7
2	钻头喷嘴 4+刀翼喷嘴 2	89	12	4.9	633.3	2.1	15.8
3	钻头喷嘴 4+刀翼喷嘴 3	89	12	5.8	482.0	1.6	12.1
4	钻头喷嘴 5+刀翼喷嘴 1	89	12	5.0	596.1	1.9	14.9
5	钻头喷嘴 5+刀翼喷嘴 2	89	12	6.0	457.2	1.5	11.4
6	钻头喷嘴 5+刀翼喷嘴 3	89	12	7.0	361.8	1.2	9.0
7	钻头喷嘴 6+刀翼喷嘴 1	89	12	6.2	434.3	1.4	10.9
8	钻头喷嘴 6+刀翼喷嘴 2	89	12	7.3	345.5	1.1	8.6
9	钻头喷嘴 6+刀翼喷嘴 3	89	12	8.5	281.5	0.9	7.0
10	钻头喷嘴 7+刀翼喷嘴 1	89	12	7.5	330.4	1.1	8.3

序号	名称	外径/mm	丝粗/mm	圈数	推力/kg	压耗/MPa	弹簧系数/(N/mm)
11	钻头喷嘴 7+刀翼喷嘴 2	89	11	6.6	270.3	0.9	6.8
12	钻头喷嘴 7+刀翼喷嘴 3	89	11	7.5	225.2	0.7	5.6

附表 9-4　原理样机试验方案

试验内容	排量/(L/s)	压耗/MPa	移动距离/mm	驱动环位置	水眼
未投球	12.5	0.7	未移动	渗水	少量喷水
	17	1.4	未移动	渗水加大	喷水加大
未投球加堵水眼	12.6	0.7	未移动	渗水	渗水
	16.9	1.38	移动 15	渗水	渗水
投一球	13	0.7	未移动	渗水	小喷水
	17.8	1.4	移动 25	渗水加大	高压喷水
投一球加堵水眼	17.3	1.4	移动 30	渗水加大	渗水
投二球加堵水眼	10	0.8	未移动	渗水	小喷水
投二球	12.7	1.4	移动 25	渗水加大	小喷水
投二球加堵水眼	13	1.6	移动 25	渗水	渗水
投一球加两端密封	10.6	0.76	移动 15	不漏	高压喷水
	14.8	1.4	移动 40	不漏	高压喷水（完全展开）
投二球加两端密封	10	0.8	未移动	不漏	只有水眼小喷水
	13.2	1.4	未移动	不漏	只有水眼小喷水
投二球加堵水眼加两端密封	10	0.8	移动 10	不漏	只有水眼渗水
	13.2	1.4	移动 30	不漏	只有水眼渗水

附表 9-5　工具密封性能试验项目

试验内容	排量/(L/s)	压耗/MPa	移动距离/mm	弹簧位置	水眼情况
未投球密封试验	12.2	0.7	未移动	不漏水	不漏水
	16.7	1.4	未移动	不漏水	不漏水
改进密封投一球	11.4	0.75	30	不漏水	高压喷水
	14	1.3	44	不漏水	高压喷水
	15	1.42	49	不漏水	高压喷水
	15.8	1.5	49	不漏水	高压喷水
改进密封投二球	12.9	1.5	未移动	不漏水	不漏水

附表 9-6　全尺寸样机试验方案

投球个数	弹簧刚度/kg	销钉/个	排量/(L/s)	压耗/MPa	刀翼展开情况	刀翼收回情况
1	230～440	4	17	1.6	完全打开	收回正常
1	550～1092	4	16.7	1.8	展开 12mm	收回正常
2	550～1092	4	0	1.8	销钉未剪断	

投球个数	弹簧刚度/kg	销钉/个	排量/(L/s)	压耗/MPa	刀翼展开情况	刀翼收回情况
1	300~700	4	0	1.8-1.9	销钉未剪断	
1	300~700	3	18	1.8	展开12mm	弹簧卡住
1	300~700	3	18.6	1.8	展开18mm	收回正常
1	600	3	18.6	1.8	展开25mm	收回正常
1	300~550	3	20	1.7	展开15mm	收回正常
1	200~430	3	20	1.7	展开20mm	收回不到位
1	238~476	4	20	2	完全打开	收回正常
1	151~607	4	20	2	展开23mm	收回正常
1	317~555	4	20	2	展开15mm	收回正常
1	277~515	4	20	2	展开25mm	收回正常

第10章

套铣钻头优化设计

10.1 工具简介及技术要求

10.1.1 工具简介

大庆油田开发进入中后期，油水井套管损坏情况越来越严重，新的套损井数逐年递增。套损类型主要包括套管破裂、套管穿孔、套管缩径、套管弯曲、套管错断等。

套管损坏造成油井停产，同时影响油田二次开发方案的部署和注采井网的完善。近年来，大庆油田在套损井治理上加大了力度，实施了多种套损井治理技术，其中取换套工艺具有其他工艺无法比拟的优越性，此工艺不改变井身结构，不影响开发过程中其他工艺措施的实施，能保证油水井有较长时间的生产周期。

取换套需要专用的套铣钻具，通过套铣钻具，套铣套管外的钻具，下入新套管与原井套管连接，实现取换套作业。该技术适用于 900m 以内 5in 套管系列错断、变形、外漏的直井修复，具有其他任何修井工艺技术无可比拟的优点，即完全可以恢复原井的一切技术指标。目前该工艺技术成功率可达 95% 以上，是修复套损井的主要手段。

大庆油田自 20 世纪 80 年代后期开始研究取换套修井工艺技术，发展至今该工艺技术已经成熟、设备及工具配套完善，能够完成 5.5in 套管井深部取换套[114]，攻克了钻遇管外封隔器和扶正器、小表套及有放气管套损井取换套、油层部位取换套及打不开通道井深部取换套等难题，发展配套了修井液体系、系列专用工具及取换套施工钻具防卡等技术。在提高取套成功率的同时，取套效率问题却日益凸显，存在套铣速度慢、套铣周期长的严重问题，特别是在套铣水泥环段，该问题尤为严重。资料显示，大庆油田套铣过程中，裸眼段平均机械套速为 7.64m/h，水泥段仅为 1.22m/h。因此，亟须对套铣机理进行研究，形成改进的新型套铣工具，显著提高套铣段，特别是水泥环段的套铣速度。

套铣钻头是取换套技术中的核心钻具[115]。套铣钻头本体下端制成 6~8 个牙齿，齿间留有较大的导液通道，齿面刀尖厚 16mm，刃尖角约为 14.5°，切削角为 85° 左右。齿顶刃形略呈斜面，外侧面均镶有 10mm 厚的硬质合金块，如图 10-1 所示。切削性能较好，有利于工作液循环，铣钻综合性能好。

当前，在国内外刊物上对取换套的报道较多，有较为完善的体系，但对套铣钻头的报道较少，并且在这些报道中很多又偏向于打捞一体化工具。

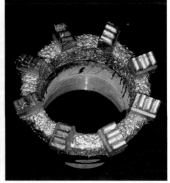

图 10-1　套铣钻头

10.1.2　工具技术要求

在国内外相关资料调研的基础上，系统分析了现有套铣钻头结构上的优缺点，针对套铣钻头在套管–水泥环–岩石的提速设计要求，结合 PDC 齿破岩力学分析，应用平衡切削理论，采用理论分析和现场试验相结合的设计方法完成套铣钻头的优化设计。

1. 具体内容

（1）优化设计套铣钻头的冠部结构，改变切削齿在水泥环上的破岩方式，提高水泥环的破岩效率。

（2）完善套铣钻头的布齿规则，强化水泥环部分的布齿数量。

（3）优化套铣钻头的流道结构，充分发挥钻井液在冲洗、携屑、冷却等方面的特性，促使钻头切削齿能够充分冷却，并及时清除齿前岩屑，提高破岩效率。

（4）优化套铣钻头内部的流道结构，使套铣钻头能够形成逼压式射流，强化钻井液的冲蚀能力，提高机械钻速。

2. 技术路线

针对大庆油田套损井套铣过程中套铣段特别是水泥环段套铣速度慢的问题，在充分调研的基础上，结合套铣钻头破岩力学分析，通过理论和现场试验相结合的手段，开展套铣钻头提速研究，形成改进的套铣钻头和配套技术，可解决套铣速度慢的难题，提高地层套铣速度和工具寿命。技术路线如图 10-2 所示。

3. 设计参数

针对大庆油田套损井套铣作业情况调研，给出了套铣钻头应用井况、目的层情况、工作参数、修井液参数、结构参数的设计参数表，如附表 10-1 所示。

东北石油大学高效钻井破岩技术研究室还深入研

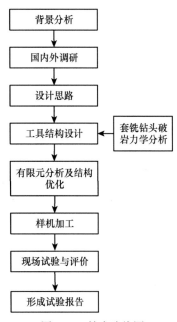

图 10-2　技术路线图

338

究了套铣钻头的工作原理，设计套铣钻头样机，并进行了一系列的室内试验，取得了一定的进展[116]。

10.2　套铣钻头结构设计

10.2.1　冠部形状设计

套铣钻头钻井实践证明[115,117]，冠部剖面形状对破岩效率及切削齿磨损有着明显的影响。当套铣钻头在地层–水泥环–套管段钻进时，考虑到套铣钻头同时破碎水泥环和地层岩石，需要对套铣钻头切削岩石部分和切削水泥环部分进行针对性设计。既要保证岩石部分的钻速，还要提高水泥环部分的钻速。具体设计方案如下：

（1）切削岩石部分和常规的套铣钻头相同，在直刀翼上进行 PDC 布齿。

（2）切削水泥环部分则是在钻头下侧内部设计倾斜内锥结构，PDC 齿分布在斜面托板上。

具体设计结构如图 10-3 所示。

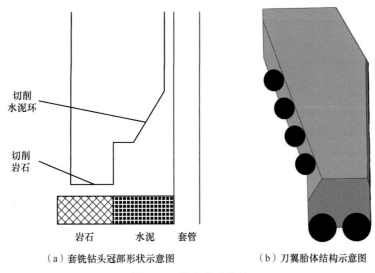

（a）套铣钻头冠部形状示意图　　（b）刀翼胎体结构示意图

图 10-3　钻头结构设计

冠部的倾斜式结构设计具有以下特点：

（1）套铣钻头直刀翼上的切削齿优先破碎掉地层岩石部分，释放掉水泥环所受的围压。

（2）倾斜内锥结构使切削齿由轴向钻进，转变为轴向–径向钻进。这种设计方法可以布置更多的切削齿，增加了水泥环的切削段，提高了单位时间内水泥环的切削效率，可以提高水泥环的机械钻速。

（3）倾斜内锥结构提高了钻头的稳定性，减小了套铣钻头的横向振动。

（4）倾斜内锥结构可布置较多的切削齿，钻头磨损更加均匀，提高了套铣钻头的使用寿命。

对套铣钻头保径结构设计考虑如下：

（1）聚晶粒设计。在刀翼最小半径处设置有聚晶粒，既防止了下部切削齿磨损后切削水泥环外径过大与套铣筒摩擦过大，又减少了钻井液憋压现象。

（2）保径齿设计。在刀翼的外侧镶嵌有 $\phi10mm \times 10mm$ 保径齿，防止井眼缩径，保证套铣钻井液环路通畅。

10.2.2　水泥环切削部分倾角及长度设计

1）水泥环切削部分倾角设计

由金属切削理论中主偏角优选方法可知，在工艺系统刚性很强时，随着主偏角减小，刀具耐用度或可用切削进度显著提高。在某一主偏角时，用硬质合金刀具时此值为 $60°$，刀具耐用度最高。参照金属切削角的确定方法，本方案确定水泥环切削部分倾角为 $60°$，如图 10-4 所示。

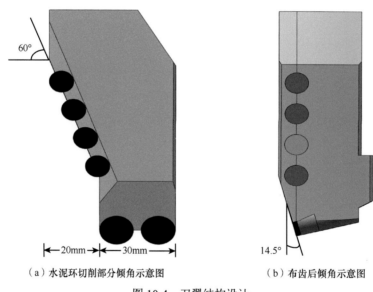

（a）水泥环切削部分倾角示意图　　　　　　（b）布齿后倾角示意图

图 10-4　刀翼结构设计

2）水泥环切削部分长度设计

考虑到套铣钻头同时破碎水泥环和地层岩石的面积不同，结合现场套损段套管和井眼尺寸，确定水泥环切削部分和岩石切割部分的水平投影长度分别为 20mm 和 30mm。结合上面确定的切削部分倾角，可以判断水泥环切削部分长度为 40mm。

10.2.3　切削齿设计

PDC 切削齿是套铣钻头设计的关键，是保证切削速度的核心部件。目前，常用的切削齿有 $\phi19mm$、$\phi16mm$、$\phi13mm$ 和 $\phi8mm$ 四种规格，备用切削齿尺寸有 $\phi9mm$、$\phi10mm$、$\phi11mm$ 等。实践经验表明，$\phi19mm$ 切削齿适合软到中软地层，$\phi16mm$ 切削齿适合中软到中地层，$\phi13mm$ 切削齿适合中到中硬地层，$\phi8mm$ 切削齿设计用于较硬地层。由于布齿空间的限制，设计具体如下：

（1）破碎岩石的直刀翼采用 ϕ13mm 的切削齿，交错布齿；

（2）倾斜内锥结构上采用 ϕ10mm 的切削齿，交错布齿。

10.2.4　切削齿的工作角设计

1. 刃前角

切削齿刃前角又称为负前角，是聚晶金刚石层面和岩石工作面垂线之间的夹角，如图 10-5 中的 α。

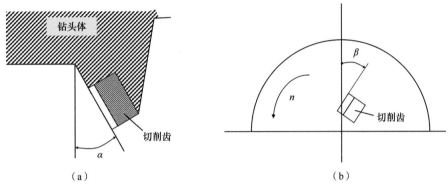

（a）　　　　　　　　　　　　　　　　（b）

图 10-5　布齿后倾角示意图

n-第 n 个刀翼

刮刀钻头切削齿的刃前角一般为 10°～15°，而 PDC 钻头切削齿的刃前角通常取负值，这是经过广泛的实验室单切削齿试验及现场试验总结出来的。随着刃前角的减小，切削作用变强，在其他条件相同的情况下，能获得一个较高的钻速。但是，刃前角越小，钻遇硬地层时，切削齿受冲击时越容易遭到破坏。相反，较大的刃前角产生较小的岩屑，但是在硬地层中更耐用，钻头的寿命延长了。

一般情况下，在页岩地层中钻进，钻头寿命及钻速均佳的刃前角为 –5°～0°，然而在大部分沉积岩中，刃前角以 –20°～–10° 为最佳。由于单只 PDC 钻头穿过的地层变化比较复杂，PDC 钻头的刃前角一般可取 –14°～–8° 作为折中方案。

有时候常用切削比能来衡量一个 PDC 切削齿刃前角布置得是否适当，切削比能定义为切削单位体积岩石所需要的能量。

在 PDC 钻头设计中，切削齿刃前角的取值大小与钻头所钻的地层有关，软地层钻头的切削齿刃前角负值可小些，以保证切削齿快速切削地层；硬地层或硬夹层钻头刃前角负值可取大些。这类地层切削齿容易受到冲击载荷，使金刚石层受到剪切力作用，脱离碳化钨基片，从而使 PDC 钻头的使用寿命缩短。试验结果表明，不管是大理岩（软岩石）还是花岗岩（硬岩石），切削比能损耗最小发生在切削齿刃前角为 –15° 左右。

2. 侧转角

侧转角是指切削刃面和钻头径向平面之间的夹角，如图 10-5 中的 β。侧转角有正偏角、负偏角和零偏角之分。前面讨论切削齿布齿方向是以钻进性能参数和切削齿排屑能力为前提，在实际的切削齿布置上，应综合考虑侧转角的取值。当考虑机械清岩作用时，侧转角应取负值。试验研究表明，侧转角为–15°时黏附机会最小。当转速较低，同时考虑到钻头稳定性时，侧转角可取正值。PDC 钻头的布齿方向，可采用其中一种侧转角，也可在同一钻头上采用正偏角、零偏角和负偏角布齿方向。

在相似条件下，有侧转角的钻头比无侧转角的钻头钻进性能要好，钻速快，并可改善钻头的清洗效果和工作特性。有侧转角的切削齿能够使岩屑斜向排出，其作用好比犁地，减少了岩屑黏附在切削齿上的机会。

由于套铣钻头的结构特点和工作环境，切削齿的工作角设计如下：

（1）后倾角越小，切削齿越容易吃入地层，钻进速度越快；参照现场实际，本设计 PDC 齿后倾角统一选作–14.5°。

（2）对于直刀翼结构的套铣钻头，其切削齿侧转角取零。

10.2.5　布齿密度设计

1. 布齿原则

（1）切削齿应能够覆盖全部井底基线曲面的原则：井底每一点都能受到钻头切削齿的切削，并且在钻头旋转一周过程中，每一个切削齿都起到切削地层岩石的作用，这样可以提高所有切削齿的切削效率，有利于高速钻井。

（2）保证齿间有足够间隙的原则：井底的清洗作用很大程度上取决于相邻切削齿间的间隙。钻头上切削齿之间相互干扰可以明显地降低切削齿上的切削力，因而应发展无干扰布齿。因为切削齿间的干扰作用，切削深度随每个切削齿的宽度而变化。

（3）"内密外疏"原则：即靠近钻头中心布齿要疏一些，距离钻头中心较远的边缘应布齿密一些。

（4）软地层布齿疏，硬地层布齿密原则。

2. 布齿密度

理论及试验研究表明，稀齿钻头每齿上的载荷最大，能以最快的速度钻穿非研磨性地层。中等密度齿钻头兼顾钻速和钻头的使用寿命，所以对带有一定研磨性的地层或夹层效果较好。密齿钻头则在较硬及研磨性较大地层有更长的使用寿命。PDC 钻头切削齿布齿密度设计的原则应当是：以最少切削齿数量，具有足够的金刚石体积，使钻头对设计的地层经济地钻进。一般来说，稀齿钻头适用于软地层，而密齿钻头适用于较硬地层。

对于 PDC 钻头来说，最佳的复合片数量要能同时兼顾钻速和钻头的寿命。复合片增多，钻速下降。首先，由于每一个复合片上压力减小，吃入深度减小；其次，增多的复合片对钻头的清洗和冷却有不良影响。复合片增多减少了每一粒复合片所承担的工作量，因而延长了寿命，增加了 PDC 钻头的进尺。

综合以上分析，最终布齿结果如图 10-6 所示。

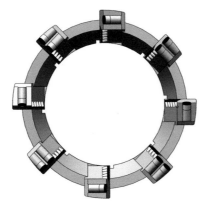

图 10-6　刀翼径向布齿示意图

10.2.6　逼压式射流孔设计

为了降低套铣过程的泵压，提高循环排量，满足带砂要求，达到逼压式射流、提高破碎水泥环效率的目的，在原来流道的基础上设置喷射流道，如图 10-7 所示。喷射流道在刀翼切削齿的前侧，这样既满足辅助破岩要求，又能高效冲洗破碎岩屑。

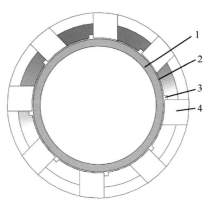

图 10-7　套铣喷射流道示意图

1-套管；2-普通流道；3-分流道；4-套铣钻头本体

利用水电相似原理分析分流道最佳尺寸。套铣钻头原通道和喷射流道可以认为分别为两个并联的具有一定电阻值的电阻，套铣钻头的压耗就是两个电阻两边的电压，钻井液流量就是两个电阻的电流之和，如图 10-8 所示。

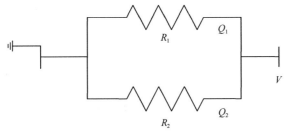

图 10-8　套铣钻头水电等效图

假设两个部分单位流量的压耗（电阻值）分别为 R_1、R_2，总压耗为 V，各个部分的流量为 Q_1、Q_2。

$$\begin{cases} Q_1 \times R_1 = V \\ Q_2 \times R_2 = V \\ Q_1 + Q_2 = Q \end{cases} \tag{10-1}$$

式中，Q 为泵的总排量，为定值。

套铣钻头添加喷射流道后，如图 10-9 所示，原流道单位流量压耗下降，其值可根据原流道现长与原长的比来确定。假设原流道在没有添加喷射流道前单位流量压耗为 C，则

$$R_1 = \frac{2\pi R - 8 \times \arcsin(b/R) \times R}{2\pi R} C \tag{10-2}$$

式中，R 为套铣钻头内径；b 为分流道宽度。

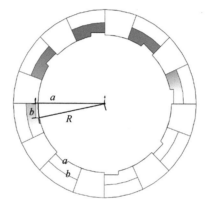

图 10-9 喷射流道参数图

流体力学中将有效断面面积与湿周长的比值称为水力半径，用 r 表示。本节计算的喷射通道的水力半径为

$$r = \frac{S}{2a - R + b + R\arcsin(b/R) - \sqrt{R^2 - b^2}} \tag{10-3}$$

式中，$S = \dfrac{2ab - b\sqrt{R^2 - b^2} - R^2 \times \arcsin(b/R)}{2}$，为单个喷射流道的有效面积。

折算后当量直径为

$$D = 4r \tag{10-4}$$

压力管路沿程水头损失公式为

$$h_f = \beta \frac{Q^{2-m} v^m L}{D^{5-m}} \tag{10-5}$$

则

$$R_2 = 8 \times \beta_{hj} \frac{Q_2^{2-m} v^m L}{D^{5-m}} / (Q_2 \rho g) = 8\beta_{hj} \rho g \frac{Q_2^{1-m} v^m L}{D^{5-m}} \tag{10-6}$$

式中，ρ 为流体密度，g/cm^3；g 为重力加速度，N/kg；L 为管路长度，m；系数 β_{hj} 和指数 m 的数值可以根据流态由表 10-1 获得。

表 10-1 不同流态的系数 β_{hj} 和指数 m

流动状态	β_{hj}	m
层流	4.15	1
紊流水力光滑区	0.0246	0.25
紊流混合摩擦区、完全粗糙区	0.0826λ	0

注：λ 表示沿程摩阻系数。

流态的判断可以根据雷诺数的大小来进行，雷诺数的计算公式为

$$Re = \frac{vd}{v} \quad (10\text{-}7)$$

式中，v 为运动黏度；d 为管道直径；v 为流体流速。

$$v = 0.0731 \times \frac{A+35}{50} - \frac{0.0631}{\dfrac{A+35}{50}} (cm^2/s) \quad (10\text{-}8)$$

式中，A 为漏斗黏度。

根据现场提供的修井液漏斗黏度 50~60s，由运动黏度与漏斗黏度的关系，得到修井液运动黏度为 $0.1721cm^2/s$。

已得修井液流动状态为粗糙区流动状态，则

$$R_2 = 8\beta_{hj}\rho g \frac{Q_2^{1-m} v^m L}{D^{5-m}} = 0.6606\lambda\rho g \frac{Q_2 L}{D^5} \quad (10\text{-}9)$$

其中紊流粗糙区：

$$\lambda = \left[1.74 + 2\lg\left(\frac{d}{2\Delta}\right)\right]^2$$

式中，Δ 为拉普拉斯算子。

查阅资料获得轻微锈蚀钢的绝对粗糙度为 0.1~0.2mm，新的不磨光的混凝土的绝对粗糙度为 0.2~0.8mm，计算得到的 λ 为

$$\lambda = \left[1.74 + 2\lg\left(\frac{d}{0.65}\right)\right]^2 \quad (10\text{-}10)$$

由获得的 R_1、R_2，可得通过喷射孔的流量为

$$Q_2 = Q\frac{R_1}{R_1 + R_2} \quad (10\text{-}11)$$

通过喷射孔流体流速为

$$V_v = Q_2/(8 \times S) = Q\frac{R_1}{8S(R_1 + R_2)} \quad (10\text{-}12)$$

将 R_2 代入式（10-12）得

$$V_v = Q \frac{R_1}{8S\left(R_1 + 0.6606\lambda\rho g \frac{Q_2 L}{D^5}\right)} \tag{10-13}$$

又由 $Q_2 = V \times 8 \times S$ 得

$$V_v = \frac{D^5 R_1 Q}{8S\left(D^5 R_1 + 5.2848\lambda\rho g SVL\right)} = \frac{D^5 R_1 Q}{8S\left(D^5 R_1 + BV_v\right)} \tag{10-14}$$

式中，$B = 5.2848\lambda\rho g SL$。

整理得

$$8SBV_v^2 + 8SD^5 R_1 V_v - D^5 R_1 Q = 0 \tag{10-15}$$

求解 V_v，并考虑 $V_v > 0$，得

$$V_v = \frac{\sqrt{64S^2 D^{10} R_1^2 + 32SBD^5 R_1 Q} - 8SD^5 R_1}{16SB} \tag{10-16}$$

以 V_v 最大为依据即可获得喷射流道的最佳尺寸。

10.2.7 设计结果

依据改进思路，利用三维建模软件设计出套铣钻头的三维模型。

1）主体

主体是套铣钻头按照其他结构零部件的载体，为大尺寸高强度合金短接。在保证切削齿正常破岩的前提下，主体要承受上部钻具产生的钻压、旋转扭矩、弯矩及钻井液内外压差。主体受到的主要外载包括压载、扭矩、弯曲载荷。

另外，主体的尺寸要设计合理，不能太大，也不能太小。尺寸太大，会造成工具与井壁、套铣钻头的间距太小，增加钻井液的通过阻力，影响下部钻具组合的正常工作。尺寸太小，会造成工具内部空间不足，影响工具其他零部件井下工作的安全性，如图 10-10 所示。

  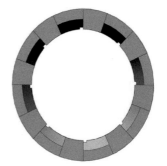

（a）主视图　　　　　（b）剖视图　　　　　（c）仰视图

图 10-10　主体结构视图

2）巴掌

巴掌是封装 PDC 切削齿、保径齿等零部件的高强度合金件，是套铣破碎岩石和水泥环的重要部件，如图 10-11 所示。在正常套铣过程中，巴掌需要承受上部钻铤产生的钻压、旋转扭矩、钻井液冲蚀、轴向振动冲击力。

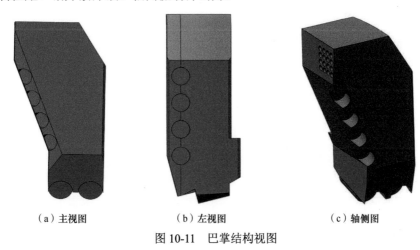

（a）主视图　　　　　　（b）左视图　　　　　　（c）轴侧图

图 10-11　巴掌结构视图

巴掌设计得是否合理，将极大地影响套铣钻头的钻进速度，所以需要多方位、多角度考虑。

3）装配图

将设计好的套铣钻头各部分零部件组装在一起，形成套铣钻头的装配图。套铣钻头一共 8 个巴掌，其中 4 个巴掌底部安装 1 个 PDC 切削齿，侧翼安装 5 个 PDC 切削齿；另外，4 个巴掌底部安装 2 个 PDC 切削齿，侧翼安装 4 个 PDC 切削齿。不同巴掌彼此交错安装在套铣钻头主体上。在保径齿方面，巴掌外圆和内圆部分安装相同结构和数量的保径齿，如图 10-12 所示。

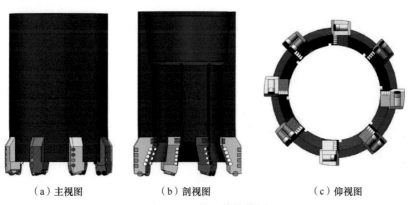

（a）主视图　　　　　　（b）剖视图　　　　　　（c）仰视图

图 10-12　装配体结构图

根据套铣钻头的三维设计图，完成套铣钻头的设计图纸，以便加工部件，并完成现场应用。根据现场试验结果，再优化设计和修改套铣钻头，如图 10-13 所示。

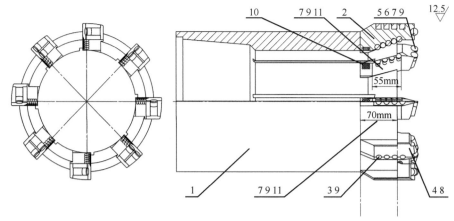

序号	名称	数量	材料	规格
1	本体	1	40CrNiMo锻件	ϕ290mm×420mm
2	刀块骨架	8	40CrNiMo锻件	
3	保径齿	32	复合体	ϕ10mm×10mm
4	烧结体		铸造碳化钨粉	
5	切削齿-倾斜内椎	36	复合片	ϕ10mm×10mm
6	切削齿-直刀翼	12	复合片	ϕ13.5mm×10mm
7	高温焊料		516高温焊料	
8	碳化钨焊条		碳化钨焊条	
9	打底焊条		银焊丝	ϕ3mm×1000mm
10	聚晶片	130	聚晶粒	ϕ3mm×6mm
11	YG硬质合金焊条		硬质合金焊条	2～3

图10-13　套铣钻头的设计图纸

10.3　套铣钻头结构优化

套铣钻头是一个结构形状比较复杂的部件，除了有多种材料组成和数目众多的牙齿外，装配方式也比较复杂。在使用中，套铣钻头有各种损坏特征，如断齿、钻头出心、牙齿碎裂、掉齿、偏心磨损等。设计中很难用较精确的理论分析法对套铣钻头的应力应变分布规律进行研究。有限元法作为一种有效的力学分析手段，可求解结构形状和边界条件都相当复杂的力学问题。应用有限元法能够对套铣钻头进行相对精确的应力应变分析，这无疑对套铣钻头的设计和改进具有重要意义。

这里使用有限元法分析套铣钻头的受力情况，寻找应力集中点，完成套铣钻头的优化设计，减少钻头的应力集中，防止切削齿过早损坏。

10.3.1　有限元法简介

对于不同物理参数和数学模型问题，有限元求解法的基本步骤是相同的，只是具体公式推导和运算求解不同。有限元法解决问题的基本步骤通常如下。

1）问题及求解域定义

根据实际问题近似确定求解域的物理性质和几何区域。

2）求解域离散化

将求解域近似为具有不同有限大小和形状且彼此相连的有限个单元组成的离散域，习惯上称为有限元网络划分。显然，单元越小（网络越细）则离散域的近似程度越好，计算结果也越准确，但计算量及误差都将变大，因此求解域离散化是有限元法的核心技术之一。

3）确定状态变量及控制方法

一个具体的物理问题通常可以用一组包含问题状态变量边界条件的微分方程式表示。为适合有限元求解，通常将微分方程化为等价的泛函形式。

4）单元推导

对单元构造一个适合的近似解，即推导有限元的列式，其中包括选择合理的单元坐标系，建立单元势函数，以某种方法给出单元各状态变量的离散关系，从而形成单元矩阵（结构力学中称刚度阵或柔度阵）。

为保证问题求解的收敛性，单元推导有许多原则要遵循。对工程应用而言，重要的是应注意每一种单元的解题性能与约束。

5）总装求解

将单元总装形成离散域的总矩阵方程（联合方程组），反映对近似求解域的离散域的要求，即单元函数的连续性要满足一定的连续条件。总装是在相邻单元节点进行，状态变量及其导数连续性建立在节点处。

6）建立方程组求解和结果解释

通过有限元方法建立方程组。建立的方程组的求解可用直接法、迭代法和随机法。求解结果是单元节点处状态变量的近似值。对于计算结果的质量，将通过与设计准则提供的允许值比较来评价，并确定是否需要重复计算。

总之，有限元分析可分成 3 个阶段——前处理、求解和后处理。前处理是建立有限元模型，完成单元网格划分；后处理则是采集处理分析结果，使用户能简便提取信息，了解计算结果，如图 10-14 所示。

采用成熟的有限元软件，完全可以满足套铣钻头受力分析的需要。

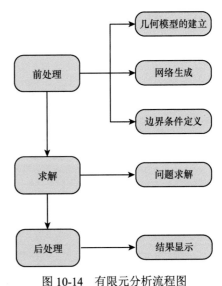

图 10-14　有限元分析流程图

10.3.2　套铣钻头受力有限元分析

1. 套铣钻头建模方案设计

将三维建模软件建立的套铣钻头模型导入有限元数值模拟软件中。研究中周边的保

径硬质合金及内部保径的聚晶齿对主切削 PDC 齿的切削受力影响甚微，再加上套铣钻头

图 10-15　套铣钻头实体简化模型

本身几何形状比较复杂，模型具有很多小的倒角、倒圆和小面等，因此综合考虑钻头的特点后，为便于进行有限元分析，对模型的建立进行了适当的简化：

（1）忽略整体模型上不起主要作用的倒圆和倒角，尤其是容易引起网格划分不均的、尺寸较小的倒角和倒圆。

（2）略去钻头上的内螺纹，内螺纹对整个计算结果的影响很小，而且它在划分网格时易引起单元总数增加若干倍，从而使计算时间呈几何级数增长。

套铣钻头实体简化模型如图 10-15 所示。

2. 钻头模型网格单元划分

对钻头模型进行有限元网格划分。由于模型形状复杂，采取实体网格划分作为单元类型；同时为了获得良好的仿真分析精度，应该选择高品质的网格；并且网格化的自动过渡功能处于打开状态，以便在网格划分时，在容易产生较大应力的部位形成较大的网格密度，而在其余部位产生相对较小的网格密度。这样不仅可以有效提高仿真分析精度，也可以控制计算规模，节约仿真分析时间。网格划分结果如图 10-16 所示。

3. 套铣钻头模型计算

模拟井下实际工况：井深 1000m、地温梯度 3.2℃/100m、地表温度 20℃、钻井液密度 1.0g/cm³。确定模拟实际工作载荷为钻压 100kN、扭矩 25.9kN·m。

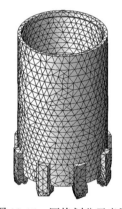

图 10-16　网格划分示意图

建立静态分析算例，材料属性如表 10-2 所示。

表 10-2　材料属性

名称	合金钢
默认失败准则	最大 Mises 应力
屈服强度/(10^8N/m²)	6.20

由有限元算例分析结果（图 10-17）可知，等效应力最集中和应变最大的地方都在 PDC 齿与巴掌相连及巴掌与本体连接受力的部位。位移变化最大的位置在本体的上部。设计时要保证设计成果服务生产，防止发生生产事故，需要对其进行优化设计。默认失败准则为最大 Mises 应力，从 Mises 应力分析图上可以看出，最大应力为 361.02MPa（$3.61026×10^8$N/m²），小于屈服强度 620MPa，因此不发生应力破坏。从位移分析图来看，最大位移为 0.02044mm，位移变形较小。

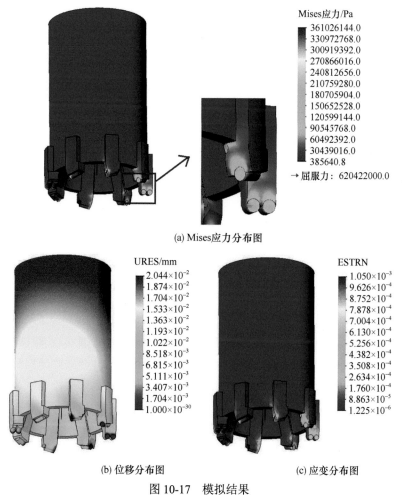

(a) Mises应力分布图

(b) 位移分布图　　　　　　　　　　(c) 应变分布图

图 10-17　模拟结果

10.4　套铣钻头现场试验

10.4.1　现场工况

套铣钻头的结构特征影响钻头的破岩方式。为了分析套铣钻头的破岩机理，设计了全尺寸套铣钻头。套铣钻头的现场试验工况主要分为两种情况：其一是无水泥环井段；其二是有水泥环井段。

1）无水泥环井段

在无水泥环井段，套铣钻头破碎裸眼井段，具体如图 10-18 所示。此时，套铣钻头沿着套管向下钻进，由于没有水泥环填充环空空间，地层岩石相对容易破碎，被破碎的岩石碎屑可以填充环空空间。无水泥环井段套铣钻井钻进速度要快于有水泥环井段。

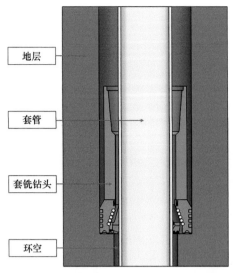

图 10-18　地层—套铣钻头—套管系统示意图

2）有水泥环井段

在有水泥环井段，套铣钻头破碎地层岩石和水泥环井段，具体如图 10-19 所示。此时，套铣钻头沿着套管向下钻进，由于水泥环填充环空空间，在破碎地层岩石的同时破碎水泥环，水泥环韧性好、强度高，相对不容易破碎。有水泥环井段套铣钻井钻进速度比较慢。

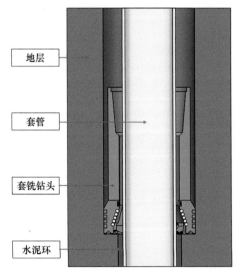

图 10-19　地层—套铣钻头—水泥环—套管示意图

由图 10-18、图 10-19 可知有无水泥环井段的差别：裸眼井段在地层与套管之间存在环空，而固井段中此环空被固井水泥填充。环空的存在减少了钻头破岩的体积。计算可知套铣钻头的破岩面积是水泥环面积的 78.4%，由此可见破岩面积小于水泥环面积。如果没有水泥环，那么套铣钻头则少破碎 56% 面积的水泥环。这会大幅度提高套铣钻头的机械钻速。环空的存在使井壁岩石没有支撑。没有水泥环的支撑，岩石容易破碎，且井壁上的岩石破碎后又可以填充局部空间。这会大幅度提高套铣钻头的机械钻速。

水泥段的地层环空被水泥填充，固井水泥支撑住了井壁岩石使其难以破碎，且需要破碎水泥环。裸眼段机械钻速为 7.64m/h，水泥段机械钻速为 1.22m/h，二者的钻速比值为 6.26。这说明水泥环会大幅度降低套铣钻头的机械钻速。

常规钻井水射流会在很大程度上提高机械钻速，水泥环的存在必然压缩套铣钻头内的钻井液流动空间，或者影响钻井液的均匀流动，这必然会影响钻头切线齿前破碎岩屑的清除，从而大幅度降低套铣钻头的机械钻速。

在浅部地层中，岩石多为软到中硬地层，较容易破碎。而固井水泥的塑性和硬度都十分好，抗破碎性能明显优于地层岩石。这会大幅度降低套铣钻头的机械钻速。

10.4.2 试验案例

套铣钻头在大庆油田进行现场试验。现场试验依据相应的工程方案、地质方案，开展取换套管作业，主要数据如表 10-3 所示。

表 10-3 主要数据

套管规格/mm	射孔井段/m	套管钢级	人工井底/m	水泥返高/m	水泥帽/m	套补距/m
ϕ139.7	974.1～1006	J	1039	688	38.5	2.14

1）试验井基本情况

2005 年 8 月大庆油田采油工程研究院作业二队调整施工：可钻管柱下入喇叭口 1 个，延伸工作筒 1 个，Y443-114 可钻式封隔器 2 级，外插入密封段 1 个，ϕ89mm 油管 99 根，下入深度 954.77m 内插入密封段 1 个，ϕ50mm 油管 2 根，滑套 1 个，ϕ50mm 油管 100 根，下入总长 989.92m。

试验井为北二西一类油层聚驱后弱碱三元复合驱试验封堵，井内有可钻式封隔器，因此转大修。先进行解卡打捞施工，起原井，起出 ϕ50mm 油管 102 根，密封段 1 级；起出 ϕ89mm 油管 99 根，密封段 1 级。下 ϕ118mm 铅模打印，印痕为可钻封隔器接头，下找漏管柱证实在 205.24～210.43m 处套漏。终止施工。转取套。该井目前已关井。

2）开工前准备

（1）固涵管。挖井口，卜 ϕ1500mm×2000mm 水泥涵管或铁管，管外灌注 1.85～1.95g/cm³ 水泥浆封固，候凝 24h。

（2）开工准备。搬家就位，垫井场立井架，安装钻台，连接循环系统，满足环保要求。

（3）配修井液。调配修井液 40m³，密度为 1.15～1.20g/cm³，漏斗黏度 50～60s，失水≤6mL。

主要用工具及材料如附表 10-2 所示。

3）套铣前准备

（1）套铣管下井前，应保证设备性能完好，仪表准确灵敏。

（2）用与钻进尺寸相同的钻头及匹配的稳定器通井，防止中途遇阻或者被卡死。

（3）调整钻井液性能达到套铣作业要求。

（4）井漏时，应堵住漏层再进行套铣作业。

（5）对于因井漏引起的垮塌卡钻，施工前要准备好性能符合要求、数量足够的备用钻井液，并制定出相应的防漏、防塌和防喷措施。

（6）下井前要测量套铣管外径、内径和长度，并做好记录。

（7）套铣管管体及螺纹应严格探伤、检查。

（8）铣鞋、转换接头及其辅助工具应严格检查，并做好记录。仔细检查高效套磨铣工具切削刃有无虚焊、意外崩裂等缺陷。

（9）要用吊车装卸套铣管，上下钻台应平稳，并戴好护丝。

4）套铣程序

套铣钻头工作时经常处于断续切削过程，刀齿将受到较大的机械冲击，切削力也将产生很大的波动，容易引起振动，因此对入井工具的刚性及刀齿的强度要求都应比较高，除了设计与制造时要保证质量外，入井工具要在靠近套铣钻头的钻柱上配置2个以上扶正器，以增加钻柱的稳定性，防止钻杆弯曲和摆动对刀具牙齿造成冲击和碰撞。

（1）下套铣管时要控制下放速度，观察钻井液返出情况。

（2）套铣井段较深时，下套铣管过程中要分段循环钻井液。

（3）套铣管下钻遇阻时，不能用套铣管划眼，应起出套铣管，下钻头重新通井。

（4）套铣钻头对工件处于连续切削时，可以使用较高的转速，以提高切削速度；但是，如果对工件处于断续切削时，就要采用尽可能低的旋转速度，以尽量减少断续切削对刀具牙齿的冲击。

（5）套铣钻头工作时，钻压的施加要平稳，尽量减少钻压波动造成的冲击。

（6）每套铣3～5m，套铣管应上下活动一次，但不要把铣鞋提出鱼顶。

（7）每套铣完一个单根应循环钻井液，保证顺利接单根。

（8）连续套铣作业中，每套铣井段300～400m时，用钻头通井一次，遇到井下复杂情况应提前通井。

（9）套铣管起钻时应控制上提速度，并向井内灌满钻井液。

（10）起出铣鞋，应认真分析磨损情况。

（11）套铣管每使用80～100h，要对螺纹进行探伤；超过200h，应按报废处理。

（12）由于这种套铣工具属于新开发的工具，其结构和使用参数都应在实践中不断地总结、校正和完善。

5）套铣作业

套铣深度按最深漏点以下100m确定，可根据变点附近套管的腐蚀情况另定。套铣参数见表10-4。

表 10-4　套铣参数表

套铣井段	钻压/kN	转数/(r/min)	排量/(L/s)
裸眼段	20～80	80～120	25～28
封固段	30～100	80～120	28～30

（1）套铣钻具结构。自下而上为 ϕ290mm 套铣头+ϕ219mm 套铣筒+四棱（或六棱）方钻杆。接单根重新启泵时排量逐渐加大，避免压力激动；套铣至预计深度后，停钻循环，循环 2 周及以上，当修井液性能达到套管补接的要求方可停泵。

（2）划眼。第四系、明水组、四方台组成岩性差、胶结疏松，套系过程中易井塌、井漏。嫩二段大段泥岩吸水水化膨胀，易剥落，造浆性能强，易泥包钻具，井塌易卡套铣筒。套损部位附近压力较高，易发生水浸。套铣过程中，每套铣完一根单根划眼 3～5次，可达到钻具起下顺利，均匀送钻。

（3）取套：通过切割或倒扣的方法取出套管。每套铣进尺 80～120m 取套一次。钻具丈量准确，割刀下至预定位置后正转钻具，以 10～20r/min 的转速转 4～5 圈停转下放钻具，验证是否坐卡，坐卡后上提管柱 0.1m，继续正转管柱，转速同上，直到切开套管为止。切开后起出切割管串，下入 ϕ140mm 套管打捞矛，将切断的套管捞出。

套铣完成后，将示踪丢手管柱捞出。下入倒扣捞矛，将套管倒扣捞出，保证鱼顶丝扣完好。停泵时间超过 4h，必须进行循环，以防卡钻。

（4）换套。下入同规格的新套管，采取牺牲阳极防腐保护措施，调整好最后一根套管长度，用丝扣连接，不允许焊接，本次施工后套补距不变；充分循环修井液，达到修井液性能要求后方可停止循环。视套管鱼头情况采用对扣或封隔器补接器进行补接。

（5）起套铣筒。充分循环修井液 2 周后将套铣筒起出。

（6）固定井口。在井口套管外下入 ϕ38mm 油管，下深不低于 40m，打水泥浆前先打 4～5m^3 隔离液，水泥浆返至地面。候凝 24h，固井及候凝期间套管应始终保持 4～5kN 的上提拉力。

综上所述：

（1）针对目标区块套铣问题，优化设计了套铣钻头工具，建立了钻头的三维模型。

（2）改进钻头冠部直刀翼+倾斜内锥的结构设计，优先释放掉水泥环所受的围压，增加了水泥环切削段长度，提高了单位时间内水泥环的切削效率，可以提高水泥环的机械钻速。同时又能减小套铣钻头的横向振动，提高钻头的稳定性，以及套铣钻头使用寿命。

（3）改进的套铣钻头针对水泥环和岩石部分各自的破碎特点，采用不同的切削齿尺寸、不同的切削齿密度、不同的布齿方式，确保各部分切削效率最高，切削齿利用效率最高。

（4）改进钻头增设喷射流道，既能满足辅助破岩、提高水泥环段破岩效率要求，又能高效冲洗破碎岩屑，提高岩屑清洁效率。

（5）对钻头进行数值分析，获得了钻头应力、位移、应变分布图，以指导钻头的后续优化设计。各云图显示：钻头最大对等应力远远小于屈服极限，位移应变也较小，设计的钻头安全，能够满足生产需求。

（6）现场应用实例表明，优化后的套铣钻头能够在现场完成去换套作业，提高钻进速度。

本章附表

附表 10-1　套铣钻头设计参数表

工况	项目明细	具体参数
井况	使用井深/m	<900
	套管尺寸/mm	139.7
	井眼尺寸/mm	215.9
	井眼类型	直井
目标层情况	地层岩性	砂岩、泥岩
	地层可钻性	低
	地层岩石硬度	软到中等
工作参数	钻压/t	2～10
	机械转速/(r/min)	80～120
	钻井液排量/(L/s)	25～30
	上扣扭矩/(N·m)	1620～2170
	工作温度/℃	100～200
修井液参数	钻井液类型	水基
	当量密度/(g/cm³)	1.0～1.4
结构参数	套铣钻头类型	I 型
	套铣钻头螺纹	8 5/8in 非标（丙种）钻杆扣
	最大外径/mm	290
	接头外径/mm	260
	最小通径/mm	190

附表 10-2　主要用工具及材料

序号	名称	规范型号	单位	数量
1	套铣头	φ245mm 或 φ290mm	只	2
		φ440mm	只	1
2	套铣筒	φ194mm 或 φ219mm	m	满足要求
		φ440mm	m	10
3	导管	φ406mm	m	10
4	套管	φ139.7mm（壁厚 7.72mm）	m	满足要求
5	套管	φ139.7mm（壁厚 6.20mm）	m	满足要求
6	封隔器	K344-114（95）	个	2
		Y341-95	个	2
7	喷砂器		个	1
8	压裂砂	0.45～0.9	m³	0.12
9	铅模		只	满足需要

序号	名称	规范型号	单位	数量
10	整形器		套	1
11	打捞工具		套	满足需要
12	作业防喷器	2SFZ18-21	套	1
13	套铣防喷器组	TC2FZ32-21	套	—
14	有机硅腐钾	SAKH	kg	1000
15	高温、高压滤失剂	SPNH-1	kg	1000
16	水解聚丙烯腈铵盐	NH_4-NPAN	kg	400
17	降黏剂	FPS	kg	1000
		DJ-C	kg	2500
18	聚丙烯酸钾盐	KPAM	kg	150
19	碳酸钠	Na_2CO_3	kg	250

参 考 文 献

[1] 邹才能, 杨智, 朱如凯, 等. 中国非常规油气勘探开发与理论技术进展 [J]. 地质学报, 2015, 89(6): 979-1007.

[2] 贾承造, 郑民, 张永峰. 中国非常规油气资源与勘探开发前景 [J]. 石油勘探与开发, 2012, 39(2): 129-136.

[3] 苏义脑, 路保平, 刘岩生, 等. 中国陆上深井超深井钻完井技术现状及攻关建议 [J]. 石油钻采工艺, 2020, (5): 527-542.

[4] 滕学清, 陈勉, 杨沛, 等. 库车前陆盆地超深井全井筒提速技术 [J]. 中国石油勘探, 2016, 21(1): 76-88.

[5] 张敏, 丁群洋, 曹立明. 元坝区块超深井钻井提速关键技术应用 [J]. 石油地质与工程, 2021, 35(1): 92-96.

[6] 闫铁, 李玮, 毕学亮, 等. 旋转钻井中岩石破碎能耗的分形分析 [J]. 岩石力学与工程学报, 2008, 27(增2): 3649-3654.

[7] 汪海阁, 黄洪春, 毕文欣, 等. 深井超深井油气钻井技术进展与展望 [J]. 天然气工业, 2021, 41(8): 163-177.

[8] 杨明清, 杨一鹏, 卞玮, 等. 俄罗斯超深井钻井进展及技术进步 [J]. 石油钻采工艺, 2021, 43(1): 15-20.

[9] 郑家伟. 国外金刚石钻头的新进展 [J]. 石油机械, 2016, 44(8): 31-36.

[10] 李玉海, 李博, 柳长鹏, 等. 大庆油田页岩油水平井钻井提速技术 [J]. 石油钻探技术, 2022, 50(5): 9-13.

[11] 袁光杰, 付利, 王元, 等. 我国非常规油气经济有效开发钻井完井技术现状与发展建议 [J]. 石油钻探技术, 2022, 50(1): 1-12.

[12] 赵明文. PDC 钻头钻井参数优化模型与应用研究 [D]. 大庆: 大庆石油学院, 2003.

[13] 滕学清, 白登相, 杨成新, 等. 塔北地区深井钻井提速配套技术及其应用效果 [J]. 天然气工业, 2013, 33(7): 68-73.

[14] 管锋, 万锋, 吴永胜, 等. 涡轮钻具研究现状 [J]. 石油机械, 2021, 49(10): 1-7.

[15] 赵洪激, 董家梅. 阀式反作用液动冲击器参数计算及性能分析 [J]. 中国海上油气 (工程), 1995, 7(3): 6.

[16] 菅志军, 张文华, 刘国辉, 等. 石油钻井用液动冲击器研究现状及发展趋势 [J]. 石油机械, 2001, 11: 43-46.

[17] 李玮, 凌鑫, 赵欢, 等. 石油钻井用液动破岩工具及研究进展 [J]. 中州煤炭, 2017, (11): 24-29.

[18] 周祥林, 张金成, 张东清. TorkBuster 扭力冲击器在元坝地区的试验应用 [J]. 钻采工艺, 2012, (2): 15-17.

[19] 李玮, 何选蓬, 闫铁, 等. 近钻头扭转冲击器破岩机理及应用 [J]. 石油钻采工艺, 2014, 36(5): 1-4.

[20] 李玮, 李卓伦, 刘伟卿, 等. 扭转冲击提速工具在文安区块的现场应用 [J]. 特种油气藏, 2016, 23(4): 144-146.

[21] 李玮, 孙文峰, 闫铁, 等. 扭转冲击器在金 7-1 井的现场试验 [J]. 石油机械, 2017, 45(3): 35-38.

[22] 刘国经, 朱乃正, 王有群. 射吸式冲击器: CN85101970[P]. 1985-11-15.

[23] 刘国经. 蓄能式液压潜孔锤: CN200910094971[P]. 2011-09-28.

[24] 李玮, 高海舰, 张浩, 等. 射吸式冲击器工作原理及性能分析 [J]. 中州煤炭, 2016, 39(12): 138-142.

[25] 邓理, 李黔, 高自力. 岩石可钻性评价方法研究新进展 [J]. 钻采工艺, 2007, 30(6): 3.

[26] 李士斌, 闫铁, 李玮. 地层岩石可钻性的分形表示方法 [J]. 石油学报, 2006, 27(1): 124-127.

[27] 李士斌, 李玮. 岩石可钻性的分形法的可行性分析 [J]. 大庆石油学院学报, 2006, 30(3): 24-27.

[28] 闫铁, 李玮, 李士斌, 等. 牙轮钻头的岩屑破碎机理及可钻性的分形法 [J]. 石油钻采工艺, 2007, 29(2): 27-30.

[29] 李士斌, 李玮, 由洪利, 等. 基于分形理论的岩石可钻性分级方法 [J]. 天然气工业, 2007, 27(10): 63-66.

[30] 齐金铎. 岩石破碎块度特性及计算方法 [J]. 中国矿业, 1995, 17(1): 34-37.

[31] 张磊, 程娣, 张锐, 等. 英买力地区岩石抗钻特性岩性预测和地层可钻性剖面研究 [J]. 钻采工艺, 2007, 30(4): 26-28.

[32] 王克雄, 魏凤奇. 测井资料在地层抗钻特性参数预测中的应用研究 [J]. 石油钻探技术, 2003, 31(5): 61-62.

[33] Hewett T A. Fractal distributions of reservoir heterogeneity and their influence on fluid transport[C]. SPE Annual Technical Conference and Exhibition, New Orleans, 1986.

[34] Lai D J. Estimating the Hurst effect and its application in monitoring clinical trials[J]. Computational Statistics & Data Analysis, 2004, 45(3): 549-562.

[35] Hiramatsu Y, Oka Y. Determination of the tensile strength of rock by a compression test of an irregular test piece[J]. International Journal of Rock Mechanics & Mining Sciences & Geomechanics Abstracts, 1966, 3(2): 89-90.

[36] Zijsling D H. Single cutter testing: A key for PDC bit development[C]. Paper presented at the SPE Ofshore Europe, Aberdeen, 1987.

[37] Hoek E. Rock fracture around mining excarations[C]. Proceedings of the Fourth International Conference on Control and Rock Mechanics, New York, 1964: 334-348.

[38] Miedema S A. New developments of cutting theories with respect to offshore applications[C]. The Twentieth International Offshore and Polar Engineering Conference, Beijing, 2010: 694-701.

[39] Detournay E, Atkinson C. Infuence of pore pressure on the drilling response in low-permeability shear-dilatant rocks[J]. International Journal of Rock Mechanics and Mining Science, 2000, 37(7): 1091-1101.

[40] Li W, Ling X, Pu H. Development of a cutting force model for a single PDC cutter based on the rock stress state[J]. Rock Mechanics and Rock Engineering, 2019, (53): 185-200.

[41] Hibbs L E, Flom D G. Diamond compact cutter studies for geothermal bit design[J]. The Journal of Pressure Vessel Technology, 1978, 100(4): 406-416.

[42] Ai Z J, Han Y W, Kuang Y, et al. Optimization model for polycrystalline diamond compact bits based on reverse design[J]. Advances in Mechanical Engineering, 2018, 10(6): 1-8.

[43] Hoover E R, Middleton J N. Laboratory evaluation of PDC drill bits under high-speed and high-wear conditions[J]. Journal of Petroleum Technology, 1981, 33(12): 2316-2321.

[44] Kovalyshen Y. Understanding root cause of stick-slip vibrations in deep drilling with drag bits[J]. International Journal of Non-Linear Mechanics, 2014, 67: 331-341.

[45] Nishimatsu Y. The Mechanics of rock cutting[J]. International Journal of Rock Mechanics and Mining Science & Geomechanics Abstracts, 1972, (9): 261-270.

[46] 李玮, 高海舰, 王新胜, 等. 基于离散元法的 PDC 钻头破岩过程仿真研究 [J]. 西部探矿工程, 2017, 29(5): 25-30.

[47] 祝效华, 刘伟吉. 旋冲钻井技术的破岩及提速机理 [J]. 石油学报, 2018, 39(2): 216-222.

[48] 王家骏, 邹德永, 杨光, 等. PDC 切削齿与岩石相互作用模型 [J]. 中国石油大学学报 (自然科学版), 2014, 38(4): 104-109.

[49] 陈子贺, 张玉广, 李玮, 等. 振动冲击下 PDC 切削齿在层理岩层的破岩仿真分析 [J]. 中国锰业. 2020, 38(1): 16-21.

[50] 陈子贺. 松辽火山岩地层 PDC 钻头切削齿破岩机理研究 [D]. 大庆: 东北石油大学, 2020.

[51] Teale R. The concept of specific energy in rock drilling [J]. International Journal of Rock Mechanics and Mining Sciences & Geomechanics Abstracts, 1965, 2(1): 57-73.

[52] Hareland G , Yan W, Nygaard R, et al. Cutting efficiency of a single PDC cutter on hard rock[J]. Journal of Canadian Petroleum Technology, 2009, 48(6): 60-65.

[53] Pelfrene G, Sellami H, Gerbaud L. Mitigating stick-slip in deep drilling based on optimization of PDC bit design[C]. The SPE/IADC Drilling Conference and Exhibition, Amsterdam, 2011.

[54] 凌鑫. 轴向振动冲击下粘滑效应的特性研究 [D]. 大庆: 东北石油大学, 2019.

[55] 邵冬冬, 管志川, 温欣, 等. 水平旋转钻柱横向振动特性试验 [J]. 中国石油大学学报 (自然科学版), 2013, 37(4): 100-103, 108.

[56] 杨进. 岩石抗钻强度与地层孔隙压力关系模型及其应用 [J]. 中国石油大学学报: 自然科学版, 2001, 25(2): 1-5.

[57] 李玮, 郑浩然, 开月, 等. 基于单齿侵入理论的牙轮钻头钻速方程 [J]. 东北石油大学学报, 2013, 37(1): 85-90.

[58] 李玮, 李亚楠, 陈世春, 等. 井底牙轮钻头的钻速方程及现场应用 [J]. 中国石油大学学报 (自然科学版), 2013, 37(3): 74-77.

[59] 李玮, 许兴华, 闫铁, 等. 欠平衡条件下牙轮钻头牙齿侵入系数及钻速研究 [J]. 西南石油大学学报 (自然科学版), 2013, 35(3): 168-173.

[60] 刘军波, 韦红术, 赵景芳, 等. 考虑钻头转速影响的新三维钻速方程 [J]. 石油钻探技术, 2015, 43(1): 52-57.

[61] Romero S U, Gomez B B. Brittle and plastic failure of rocks[J]. International Society for Rock Mechanics, 1970, 106(1): 1-13.

[62] 史阿坚. 钻井模式及优化方法的研究 [J]. 石油学报, 1988, (3): 78-86.

[63] 杨雄, 吴文秀, 刘昌明, 等. 真空扩散焊接的 PDC 钻头的试验研究 [J]. 江汉石油学院学报, 1995, 17(3): 86-89.

[64] 徐济银, 李祖奎, 王绍先, 等. 胜利油田通用钻速预测方程的建立与验证 [J]. 石油钻探技术, 1995(1): 15-17, 61.

[65] 闫铁, 李玮, 毕雪亮, 等. 一种基于破碎比功的岩石破碎效率评价新方法 [J]. 石油学报, 2009, 30(2): 291-294.

[66] 李玮, 闫铁. 基于分形岩石破碎比功方程的钻井优化 [J]. 石油学报, 2011, 32(4): 693-696.

[67] Dupriest F E, Koederitz W L. Maximizing drill rates with real-time surveillance of mechanical specific energy[C]. Paper Presented at the SPE/IADC Drilling Conference, Amsterdam, 2005.

[68] 孟英峰, 杨谋, 李皋, 等. 基于机械比能理论的钻井效率随钻评价及优化新方法价 [J]. 中国石油大学学报: 自然科学版, 2012, 36(2): 110-114, 119.

[69] 陈绪跃, 樊洪海, 高德利, 等. 机械比能理论及其在钻井工程中的应用 [J]. 钻采工艺, 2015, (1): 6-10.

[70] 崔猛, 李佳军, 纪国栋, 等. 基于机械比能理论的复合钻井参数优选方法 [J]. 石油钻探技术, 2014, (1): 66-70.

[71] Winters W J, Doiron H H. The 1987 IADC fixed cutter bit classification system[C]. SPE/IADC Drilling Conference, New Orleans, 1987.

[72] Chen S, Arfele R, Anderle S, et al. A new theory on cutter layout for improving PDC-bit performance in hard and transit formation drilling[J]. SPE Drilling & Completion, 2013, 28(4): 338-349.

[73] 邹德永, 王瑞和. 刀翼式 PDC 钻头的侧向力平衡设计 [J]. 石油大学学报: 自然科学版, 2005, (2): 42-44.

[74] 欧阳义平, 杨启. 圆锥齿切削破岩的切削力估算 [J]. 上海交通大学学报, 2016, 50(1): 35-46.

[75] 李峰. PDC 钻头设计方法及软件编制 [D]. 北京: 中国石油大学 (北京), 2024.

[76] Chen P J, Chen M, Miska S, et al. Study on integrated effect of PDC double cutters[J]. Journal of Petroleum Science and Engineering, 2019, 178: 1128-1142.

[77] 盖京明. 基于定向双齿的 PDC 钻头自平衡布齿方法及破岩机理研究 [D]. 大庆: 东北石油大学, 2021.

[78] 李玮, 盖京明, 董家盼, 等. 一种适用于软硬夹层的定向双齿自平衡 PDC 钻头: 202110863336[P]. 2021-07-29.

[79] 李玮, 殷代印, 刘维凯, 等. 一种高频低幅轴向冲击器: 201410087259[P]. 2014-03-11.

[80] 李玮, 纪照生, 夏法峰, 等. 水力振荡轴向冲击器: 201410359479[P]. 2014-07-28.

[81] 李玮, 李卓伦, 闫铁, 等. 一种液动冲击器: 201510797525[P]. 2015-11-18.

[82] 李玮, 纪照生, 徐彤鑫, 等. 液动冲击: 201610233873[P]. 2016-04-16.

[83] 李玮, 闫铁, 吴红军, 等. 活塞调控的液动冲击器: 201810013196[P]. 2018-01-06.

[84] 陈朝达, 高建强, 郝建华, 等. 射吸式双作用油井深井冲击器设计 [J]. 石油矿场机械, 1999, (6): 43-46.

[85] 陶兴华. 提高深井钻井速度的有效技术方法 [J]. 石油钻采工艺, 2001, (5): 4-8.

[86] 李玮, 高海舰, 顾明勇, 等. 射吸式冲击器冲击效果离散元分析 [J]. 中国煤炭地质, 2017, 29(7): 60-64.

[87] 李玮, 高海舰. 射吸式冲击器在塔里木地区的现场应用 [J]. 辽宁石油化工大学学报, 2017, 29(7): 60-64.

[88] 李玮, 李兵, 李思琪, 等. 一种分流式射吸液动冲击器: 201711174989[P]. 2017-11-22.

[89] 李玮, 盖京明, 曲景伟, 等. 小井眼射吸式液动冲击器工作性能的数值模拟分析 [J]. 石油钻采工艺, 2020, 42(6): 691-696.

[90] 吕晓平, 李国兴, 王震宇, 等. 扭力冲击器在鸭深 1 井志留系地层的试验应用 [J]. 石油钻采工艺, 2012, 34(2): 99-101.

[91] 张金成, 张东清, 张新军. 元坝地区超深井钻井提速难点与技术对策 [J]. 石油钻探技术, 2011, 39(6): 5.

[92] 李玮, 闫铁. 一种近钻头周向谐振冲击器: 201220694167[P]. 2012-12-11.

[93] 李占东, 李玮, 纪照生, 等. 一种水力振荡周向冲击器: 201510421490[P]. 2015-07-17.

[94] 李玮, 纪照生, 李士斌, 等. 一种分流式水力振荡周向冲击器: 201510421540[P]. 2015-07-17.

[95] 李思琪, 毕福庆, 李玮, 等. 扭转冲击钻井稳态钻进动力学特性及现场应用 [J]. 中国石油大学学报 (自然科学版), 2019, 43(2): 97-104.

[96] 苏崭, 王博, 盖京明, 等. 复合式扭力冲击器在坚硬地层中的应用 [J]. 中国煤炭地质, 2021, 33(5): 47-50.

[97] Nina M R. Particle-impact drilling blasts away hard rock[J]. Oil & Gas Journal, 2007, 105(2): 43-45.

[98] 伍开松, 古剑飞, 况雨春. 粒子冲击钻井技术述评 [J]. 西南石油大学学报 (自然科学版), 2008, (2): 142-146.

[99] 王瑞和, 王方祥, 周卫东, 等. 粒子破岩钻进技术研究进展及发展趋势 [J]. 中国石油大学学报 (自然科学版), 2016, 40(6): 71-79.

[100] 李世昌, 闫立鹏, 李建冰, 等. 自循环粒子射流钻井提速工具机理研究 [J]. 中国锰业, 2018, 36(3): 98-102.

[101] 李玮, 李世昌, 闫立鹏, 等. 脉冲射流式液动冲击工具的研制及现场应用 [J]. 天然气工业, 2018, 35(5): 87-93.

[102] 李玮, 李世昌, 李卓伦, 等. 基于文丘里效应的自循环粒子射流钻井工具设计及模拟分析 [J]. 特种油气藏, 2018, 25(2): 154-158.

[103] 李玮, 李世昌, 孙玉学, 等. 基于文丘里效应的一种井下自吸式粒子射流钻井装置: 201811179656[P]. 2018-12-18.

[104] 李世昌. 基于文丘里效应的粒子冲击钻井工具研究 [D]. 大庆: 东北石油大学, 2019.

[105] 魏同成. 喷射管与文丘里管的设计 [J]. 化工设计, 1993, (6): 21-27.

[106] Leach S J, Walker G L. The application of high speed liquid jets to cutting, philosophical transactions of the Royal Society of London Series A[J]. Mathematical and Physical Sciences, 1966, 260(1110): 295-310.

[107] 剪树旭, 文均红, 王向东, 等. 国产扩孔器研究应用现状及展望 [J]. 石油钻探技术, 2003, (6): 42-43.

[108] 石晓兵, 刘鹏, 吴应凯, 等. 3RWD 随钻扩眼下部钻具组合的强度分析 [J]. 钻采工艺, 2007, (1): 7-9.

[109] 苏伟, 甘霖, 孙月明, 等. Rhino XS8000 型扩器在渝东南首次运用的认识 [J]. 钻采工艺, 2016, 39(6): 97-99.

[110] 顾亦新, 李万军, 肖月, 等. 偏心扩眼器在中石油尼日尔项目首次应用 [J]. 钻采工艺, 2021, 44(5): 114-117.

[111] 黄韬, 何世明, 汤明, 等. 井下扩眼工具的研究现状分析 [J]. 石油矿场机械, 2021, 50(3): 8-16.

[112] 余荣华, 袁鹏斌. 随钻扩眼技术研究进展 [J]. 石油机械, 2016, 44(8): 6-10.

[113] 闫铁, 张立刚, 李士斌, 等. 一种旋冲–扩孔复合钻头: ZL201110115962[P]. 2011-05-06.

[114] 曲兆峰, 何秀清, 张国良. 大庆油田油层部位套损井取换套技术研究 [J]. 大庆石油地质与开发, 2007, (5): 84-86.

[115] 王涛, 张相生, 刘利. 高效铣削式套铣头的研究与应用 [J]. 油气井测试, 2003, (4): 58-59.

[116] 闫铁, 张立刚, 李士斌, 等. 硬质合金齿和聚晶金刚石复合片混合布齿钻头: 201110007193[P]. 2011-01-13.

[117] 艾池, 史晓东. 油水井取套过程中套铣筒摩擦阻力分析计算 [J]. 力学与实践, 2010, 32(2): 68-71.